Aus den Elfenbeintürmen der Wissenschaft

1. XLAB Science Festival

Aus den Elfenbeintürmen der Wissenschaft

1. XLAB Science Festival

Herausgegeben von
Eva-Maria Neher

WALLSTEIN VERLAG

Inhalt

Eva-Maria Neher und Manfred Eigen

XLAB Science Festival oder Die Elfenbeintürme der Wissenschaft öffnen sich

Seit mittlerweile vielen Jahren wenden sich Wissenschaftler an die Öffentlichkeit, schreiben populärwissenschaftliche Bücher, halten Vorträge in Schulen und Rathäusern oder werden zu Entertainern in den Shows der Medien.

Der vielzitierten »Bringschuld der Wissenschaft« wird also nachgekommen, und die meisten Bürger bezweifeln nicht die Notwendigkeit, wissenschaftliche Forschung mit Steuergeldern zu finanzieren. Man hat inzwischen verstanden, daß naturwissenschaftliche Forschung zu Ergebnissen führt, von denen letztendlich jeder einzelne in der einen oder anderen Form spürbar profitiert.

Die Horrorszenarien der letzten zwei Jahrzehnte des 20. Jahrhunderts – genährt durch Katastrophen und Störfälle in Atomreaktoren, Unfälle in der chemischen Industrie, Waldsterben oder drohende Klimakatastrophen – hatten das Vertrauen der Bevölkerung in den technischen Fortschritt erschüttert und ein tiefes Mißtrauen geweckt. Seit Beginn des 21. Jahrhunderts ist das verlorene Vertrauen zurückgewonnen: Wissenschaft ist in einer Sprache, die reich an Bildern und Metaphern ist, verständlicher gemacht worden – auf die Gefahr hin, daß sie dabei stärker vereinfacht oder verspielter dargestellt wurde, als es den Wissenschaftlern lieb und der Wissenschaft nützlich sein kann.

Ein zentrales Problem blieb dabei ungelöst: Der Mangel an wissenschaftlichem Nachwuchs war noch nicht behoben.

Die »Tage der offenen Tür«, die langen »Nächte der Wissenschaft«, die »Wissenschaftssommer« und viele Aktivitäten im Rahmen der – jedes Jahr einer anderen Fachrichtung gewidmeten – »Themenjahre«, sie alle haben viel Aufmerksamkeit erhalten. Der Unterhaltungswert war groß und der finanzielle Einsatz für diese Events unglaublich hoch! Die Strategien des Marktes haben funktioniert, das »Medikament« ist gut verkauft worden. Doch wie steht es mit der Wirkung?

Mit großem Erfolg sind die interessierte Öffentlichkeit und Familien mit Kindern angesprochen worden. Wenn jedoch Nachwuchsprobleme zu lösen sind, dann sollten die Zielgruppen Schüler und Lehrer sein. Sicher wurden auch diese erreicht, doch waren die Mittel so gewählt, daß sie einen langfristigen Erfolg zeigen werden?

Die meisten Aktivitäten setzten und setzen in erster Linie auf Unterhalten, Beeindrucken und Belehren, während doch eher Erkennen, Erfahren und Verstehen gefordert sind. Das erforderte einen anderen, meist weniger spektakulären und in der heutigen Zeit sehr selten gewordenen Rahmen, der geprägt ist durch so kostbare Güter wie *Zeit* und *Zuwendung*. Denn nur ausreichend Zeit ermöglicht Konzentration ohne Ablenkung und die Zuwendung eines erfahrenen und wissenden Lehrmeisters weckt das Interesse für die Inhalte.

Seit TIMSS (Third International Mathematics and Science Study) und PISA (Programme for International Student Assessment) ist es unumstritten: Das deutsche Schulsystem ist reformbedürftig, und der Lehrerausbildung sowie der kontinuierlichen Weiterbildung muß ein größerer Stellenwert beigemessen werden. Viele Lehrer sehen sich heute vor der Schwierigkeit, daß sie vieles unterrichten müssen, was es zur Zeit ihres eigenen Studiums noch gar nicht gab. Wie sollten sie also in der Lage sein, Begeisterung für ihr Fachgebiet auszustrahlen und junge Menschen für ein Studium der Naturwissenschaften zu motivieren?

Der Ruf nach Reformen scheint unüberhörbar, doch diese sind in der Regel langwierige bürokratische Prozesse. Großangelegte Reformvorschläge zur naturwissenschaftlichen Ausbildung an Schulen und Universitäten wären im Jahr 2000 noch auf Unverständnis und Widerspruch gestoßen. Für die Gründung einer Modellinstitution aber, wie das XLAB Göttinger Experimentallabor für junge Leute, gab es großes Verständnis und die unbürokratische Unterstützung der Ministerien.

Das XLAB bietet während des ganzen Jahres für Schulklassen aus Deutschland und den europäischen Nachbarländern Experimentalkurse in allen naturwissenschaftlichen Disziplinen an und erfreut sich eines großen Zuspruchs bei Lehrern und Schülern. Im Sommer treffen sich seit drei Jahren Jugendliche aus der ganzen Welt während der internationalen Science Camps zum gemeinsamen Experimentieren auf wissenschaftlichem Niveau.

Nichts im Angebot des XLAB ist nur als Exponat oder als Demonstration erlebbar, nichts hat Eventcharakter. Mit unserem Konzept setzen wir auf Begeisterung durch eigenes Experimentieren und Faszination durch Erkenntnis und auf das Erfolgserlebnis durch eigene Leistung. Gleichzeitig ermöglicht das XLAB als zentrale Einrichtung auf dem Campus der Georg-August-Universität Göttingen modernste Experimente mit einer professionellen Ausstattung, wie sie im Rahmen einer einzelnen Schule nicht möglich wäre.

Seit dem Bezug des neuen Laborgebäudes im Dezember 2004 ist ein Science Festival kurz vor Weihnachten die Krönung unseres Jahresprogramms.

Schülern, Lehrern, Wissenschaftlern und der interessierten Öffentlichkeit wird an zwei aufeinanderfolgenden Tagen ein hochkarätiges Vortragsprogramm geboten. Für Wissenschaftler ist der Termin ungewöhnlich, doch Schulklassen erlaubt er die Wahrnehmung auswärtiger Termine, da keine Arbeiten mehr geschrieben werden.

Das Ziel des Science Festivals ist es, alle Naturwissenschaften zu repräsentieren und deren inhaltliche Vernetzung aufzuzeigen. Gleichwohl soll sich in jedem Jahr ein Schwerpunkt herauskristallisieren. Im Jahre 2004 war es die Chemie, im Jahr 2005 wird es die Physik sein. Wichtig ist es uns auch, eine sichtbare Verbindung zu den Geisteswissenschaften herzustellen und die heute im wissenschaftlichen Umfeld vorherrschende Trennung zwischen den Geistes- und den Naturwissenschaften zu durchbrechen. Unseren überwiegend jungen Zuhörern möchten wir ein ganzheitliches Bild von den Wissenschaften vermitteln und so an historische Traditionen anknüpfen. Universalgelehrte, wie frühere Jahrhunderte sie kannten, wird es heute unter den Naturwissenschaftlern praktisch nicht mehr geben können.

Die Wissensgebiete sind so sehr spezialisiert, daß es mehrere Vortragende geben muß, wenn man aufzeigen will, daß das Wissen vieler Fachdisziplinen erforderlich ist, um die großen noch ungelösten Fragen mit verschiedenen Methoden zu bearbeiten.

Aber mehr noch, die Vortragenden beim Science Festival sollen auch als große Persönlichkeiten erkennbar werden, die den jungen Zuhörern als beeindruckende Leitbilder in Erinnerung bleiben könnten.

Die Vorträge des Science Festivals wurden aufgezeichnet, und diese einzigartigen Dokumente werden wie ein kostbarer Schatz von uns aufbewahrt. Als Druckvorlage ist der Originalton jedoch ungeeignet. So bleibt der Besuch eines Vortrages wie beispielsweise der von Richard R.

Ernst (Nobelpreis für Physik 1991) mit seiner einmaligen Verbindung autobiographischer und wissenschaftlicher Inhalte für alle Besucher ein tief beeindruckendes, unvergeßliches Erlebnis. Das gilt für die Vorträge und die unverwechselbare Ausstrahlung von Robert Huber (Nobelpreis für Chemie 1985) und Erwin Neher (Nobelpreis für Physiologie oder Medizin 1991) in gleicher Weise.

Statt der Vorträge beim Science Festival 2004 sind in dem vorliegenden Band die originalen Nobel-Vorträge in deutscher Übersetzung abgedruckt. Für Studierende, Schüler und Lehrer werden so diese einzigartigen Dokumente exzellenter naturwissenschaftlicher Forschung zugänglich.

Das Science Festival versammelt aber nicht nur Wissenschaftler, die mit dem Nobelpreis ausgezeichnet wurden. So war die inzwischen weltweit bekannte Weihnachtsvorlesung von Herbert W. Roesky mit den fantastischen, von Dichtung und Musik untermalten chemischen Experimenten einer der Höhepunkte des Science Festivals 2004. Herbert W. Roesky bescherte dem begeisterten Publikum seine Vorlesung gleich zweimal. Das war nicht geplant, vielmehr ist er eingesprungen für seinen plötzlich erkrankten Kollegen Paul Crutzen (Nobelpreis für Chemie 1995), der seinen Vortrag beim Science Festival 2005 nachholen wird. So mußten die 600 angemeldeten Zuhörer nicht enttäuscht werden.

Der Göttinger Zoologe Michael Hörner beeindruckte das Publikum mit Experimenten zu seinem Vortrag »Der 7. Sinn elektrischer Fische«. Diese Experimente waren die ersten, die zum Experimentalprogramm des XLAB im Gründungsjahr 1999/2000 gehörten.

Die Naturwissenschaften werden von den jungen Menschen in der Schule nur isoliert von den Geisteswissenschaften erlebt. Jedoch sind Philosophie, Literaturwissenschaft oder Geschichte und Kunst, ja eigentlich alle Wissenschaften, als ein mit den Naturwissenschaften verwobenes Netz erfahrbar, je vielseitiger man einen bestimmten Aspekt betrachtet. Ein schier unerschöpfliches Thema!

Das naturwissenschaftliche Vortragsprogramm eines jeden Science Festivals wird deshalb durch einen Abendvortrag aus den Geisteswissenschaften ergänzt. Den Anfang machte der Göttinger Germanist Albrecht Schöne mit seiner Rede über »Lichtenbergs Göttinger Zwieback«.

Die lebendige Schilderung akademischen Lebens an der jungen Georgia Augusta und die kleine Geschichte des damals berühmten Göttinger Zwiebacks bilden hier den Rahmen für eine Darstellung des Experimentalphysikers und berühmten Aufklärungsschriftstellers Georg Christoph Lichtenberg (1742-1799) und seiner hochaktuellen Lehrsätze für ein unvoreingenommen kritisches, auf Entdeckung und Erfindung gerichtetes Denken. Albrecht Schöne zitiert Lichtenberg mit dem Ausspruch: »Wenn man die Menschen lehrt, *wie* sie denken sollen, und nicht ewig hin, *was* sie denken sollen.« Das könnte auch ein Motto für die Ziele sein, die am XLAB durch das Experimentieren erreicht werden sollen. Keine Theorie wird am XLAB allein aus den Textbüchern gelehrt und als reproduzierbares Wissen eingesetzt. Jede Theorie steht in einem untrennbaren Zusammenhang mit der Nachvollziehbarkeit durch das Experiment, und Fragen an die Theorie sollen durch weitere Experimente beantwortet und bestätigt werden. Dies setzt selbständiges und kritisches Denken voraus, denn wissenschaftliches Experimentieren erfordert sorgfältige Planung und verantwortungsvolles Handeln. Auch wenn manche großen Ergebnisse einem Forscher in einem unerwarteten Augenblick gelungen sind, sind sie doch Resultat einer ehrgeizigen und langjährigen Arbeit.

Im XLAB sollen die Schüler sich nicht nur über bunte Farben und laute Explosionen freuen, sondern die Erfahrung machen, wie Erkenntnis gewonnen wird.

Experimentieren ist kein Ausprobieren, und ein Forschungslaboratorium ist kein Tummelplatz für Zauberlehrlinge.

Richard R. Ernst

Kernresonanz-Fourier-Transformations-Spektroskopie

(Nobel-Vortrag)

1 Einleitung

Die Welt der Kernspins (s. Farbabb. 1) ist ein wahres Paradies für theoretisch und experimentell arbeitende Physiker. Sie liefert zum Beispiel sehr einfache Testsysteme zur Veranschaulichung der grundlegenden Begriffe der Quantenmechanik und Quantenstatistik und hat zahlreiche Lehrbuchbeispiele hervorgebracht. Kernspinsysteme sind zudem leicht zu handhaben, so daß sie ideal zur Erprobung neuer experimenteller Konzepte eingesetzt werden können. Tatsächlich wurden die für kohärente Spektroskopien allgemein anwendbaren Verfahren vor allem in der Kernspinresonanz(NMR)-Spektroskopie entwickelt, um dann in einer Reihe anderer Gebiete eine breite Anwendung zu finden.

Einige Schlüsselexperimente zur Kernspinresonanz sind bereits mit dem Physik-Nobelpreis ausgezeichnet worden: zunächst 1944 die berühmten Molekularstrahlexperimente von Isidor I. Rabi [1-6], anschließend 1952 die klassischen NMR-Experimente von Edward M. Purcell [7] und Felix Bloch [8, 9] und schließlich 1966 die optische Detektion magnetischer Resonanz durch Alfred Kastler [10, 11]. Einige weitere Physik-Nobel-Preisträger waren auf die eine oder andere Art eng mit der Kernspinresonanz verbunden: John H. Van Vleck entwickelte die Theorie des Dia- und Paramagnetismus und führte die Momentenmethode in die NMR-Theorie ein; Nicolaas Bloembergen übte einen großen Einfluß auf die Anfänge der Relaxationstheorie und der Relaxationszeitmessungen aus; Karl Alex Müller trug maßgeblich zur paramagnetischen Elektronenspinresonanz bei, von Norman F. Ramsey stammt die grundlegende Theorie der chemischen Verschiebung und der J-Kopplungen; Hans G. Dehmelt schließlich entwickelte die reine Kernquadrupolresonanz.

Aber nicht nur auf Physiker übt die Kernspinresonanz eine starke Faszination aus. Vielmehr entdecken auch immer mehr Chemiker, Biologen und Mediziner die NMR-Spektroskopie, allerdings nicht so sehr wegen ihrer konzeptionellen Schönheit, sondern vielmehr wegen ihres außergewöhnlichen praktischen Nutzens. Dies führte zur Entwicklung einer großen Zahl von Methoden, um die Leistungsfähigkeit der NMR-Technik im Hinblick auf eine Vielzahl von Anwendungen zu verbessern [12-20].

Dieser Nobel-Vortrag soll einen kleinen Einblick geben in das, was hinter den Kulissen einer NMR-Methodenschmiede geschieht.

Kernspinsysteme weisen einzigartige Eigenschaften auf, die sie zum idealen Instrument für die Untersuchung von Molekülen machen:

1) Die als Sensoren dienenden Atomkerne sind mit einem Durchmesser von wenigen Femtometern außergewöhnlich gut lokalisiert und können über Gegebenheiten in ihrer unmittelbaren Umgebung berichten. Auf diese Weise ist es möglich, Moleküle und Materialien sehr genau zu untersuchen.

2) Die Energie der Wechselwirkung zwischen diesen Sensoren und ihrer Umgebung ist extrem klein; mit weniger als 0.2 J mol^{-1} ist sie kleiner als die thermische Energie bei 30 mK; die Beobachtung der Moleküleigenschaften ist damit nahezu störungsfrei. Dennoch reagiert die Wechselwirkung höchst empfindlich auf das lokale Umfeld.

3) Es ist möglich, aus den Wechselwirkungen zwischen Kernpaaren Informationen über die Molekülstruktur zu erhalten: Magnetische Dipol-Dipol-Wechselwirkungen liefern Abstandsinformationen, während aus skalaren J-Kopplungen Diederwinkel bestimmt werden können.

Auf den ersten Blick mag es erstaunlich scheinen, daß sich Kernabstände mit Radiofrequenzen, d.h. Wellenlängen $\lambda \approx 1$ m, exakt bestimmen lassen, da dies die quantenmechanische Unschärferelation $\sigma_q \sigma_p \geq \hbar/2$ mit dem linearen Impuls $p = 2\pi\hbar/\lambda$, wie sie für Streuexperimente oder ein Mikroskop gilt, zu verletzen scheint. Wichtig ist, daß in der Kernspinresonanz die Strukturinformation im Spin-Hamilton-Operator $\mathcal{H} = \mathcal{H}(q_1, \ldots q_k)$ codiert ist, wobei q_k für die Kernkoordinaten steht. Damit läuft eine exakte Strukturbestimmung auf eine exakte Energiemessung hinaus, die so genau wie gewünscht durchgeführt werden kann, sofern die Beobachtungsdauer t so gewählt wird, daß $\sigma_E t \geq \hbar/2$ gilt. Eine obere Grenze für t ist in der Praxis durch die wegen Relaxationsprozessen endliche Lebensdauer der Energieeigenzustände gegeben. Die Genauigkeit von NMR-Messungen ist also nicht durch die Wellenlänge, sondern vielmehr durch die aufgrund von Relaxation begrenzte Lebensdauer von Zuständen beschränkt.

Der Informationsgehalt eines Kernspin-Hamilton-Operators und des zugeordneten Relaxations-Superoperators eines großen Moleküls, z.B. eines Proteins, ist außerordentlich groß: Man kann die Frequenzen der chemischen Verschiebung von mehreren hundert verschiedenen Spins in einem Molekül mit einer Genauigkeit bis zu 16-18 bits bestimmen; Kernabstände für mehrere tausend Protonenpaare können bis auf etwa 0.1 Å genau ermittelt werden; mehrere hundert Diederwinkel in einem Molekül können mit einem Fehler von weniger als 10° bestimmt werden.

Die Schwäche der Kernspinwechselwirkungen, die bislang als Vorteil dargestellt wurde, führt allerdings zu gravierenden Schwierigkeiten bei der Detektion. Eine große Zahl von Spins ist notwendig, um die schwachen Signale vom Rauschen unterscheiden zu können. Unter optimalen Bedingungen mit modernen Hochfeld-NMR-Spektrometern benötigt man 10^{14}–10^{15} Spins einer Art, um nach einer einstündigen Messung ein Signal zu detektieren. Das schlechte Signal-Rausch-Verhältnis ist der am stärksten limitierende Faktor in der Anwendung von Kernresonanzmethoden. Jegliche Verbesserung dieses Verhältnisses durch technische Mittel wird den NMR-Anwendungsbereich bedeutend erweitern.

Damit sind die beiden Ziele klar definiert, die in den vergangenen dreißig Jahren erreicht werden mußten, um die NMR-Spektroskopie zu einem einsatzfähigen Instrument für die Bestimmung von Molekülstrukturen zu machen: 1) Optimierung des Signal-Rausch-Verhältnisses; 2) Entwicklung von Verfahren zur Handhabung der ungeheuren Menge an inhärenter molekularer Information.

2 Eindimensionale Fourier-Transformations-Spektroskopie

Eine entscheidende Verbesserung des Signal-Rausch-Verhältnisses von NMR-Spektren brachte 1964 die Entwicklung der Fourier-Transformations(FT)-Spektroskopie. Das Grundprinzip – parallele Datenakquisition zur Nutzung des Multiplexvorteils – wurde bereits 1891 von

Michelson in der optischen Spektroskopie angewendet [21, 22] und 1951 von Fellgett explizit formuliert [23, 24]. Der in der Optik verwendete Ansatz, die räumliche Interferometrie, ist jedoch für die NMR-Spektroskopie nicht geeignet, da hier ein Interferometer mit der notwendigen Auflösung eine Strahlganglänge von mindestens 3×10^8 m erfordern würde.

Weston A. Anderson bei Varian in Palo Alto experimentierte Anfang der sechziger Jahre mit einem mechanischen Multifrequenzgenerator, dem »wheel of fortune«, der ein Spinsystem gleichzeitig mit N Frequenzen anregen sollte, um die Meßzeit eines Experiments durch parallele Aufzeichnung der Antwort von N spektralen Elementen um einen Faktor N zu verkürzen [25, 26]. Man stellte jedoch schnell fest, daß für einen kommerziellen Erfolg elegantere Lösungen nötig waren.

Es sind zahlreiche Möglichkeiten denkbar, eine breitbandige Frequenzquelle zu verwirklichen, mit der alle Spins eines Spinsystems gleichzeitig angeregt werden können. Folgende vier gehören dazu: 1) Radiofrequenzpulse, 2) stochastisches Zufallsrauschen, 3) rasches Durchfahren des Frequenzbereichs (rapid scan), 4) Computer-synthetisierte Mehrfrequenzwellenformen. Für jede Methode wird eine entsprechende Art der Datenverarbeitung benötigt, um das gewünschte NMR-Spektrum zu erhalten.

Der Vorschlag, Radiofrequenz(rf)-Pulse zur Anregung zu verwenden, stammt von Weston A. Anderson und veranlaßte den Autor zu einer detaillierten experimentellen Untersuchung in den Jahren 1964 und 1965 [27-29]. Das Experiment wird in Abb. 1 erklärt. Auf die in einem statischen Magnetfeld entlang der z-Achse polarisierte Probe wird ein rf-Puls entlang der y-Achse angewendet, der die Magnetisierungsvektoren $\boldsymbol{M}_k$ aller Spins I_k um $\pi/2$ dreht, so daß sie dann senkrecht zum statischen Feld ausgerichtet sind. In der üblichen Pfeilschreibweise [30] mit Angabe des Operators, in diesem Fall eine $(\pi/2)_y$-Rotation, über dem Pfeil ergibt sich Gleichung (1).

$$\boldsymbol{M}_{kz} \xrightarrow{(\pi/2)_y} \boldsymbol{M}_{kx} \tag{1}$$

Der darauf folgende freie Induktionsabfall (FID) besteht aus einer Überlagerung aller Eigenmoden des Systems. Der Operator einer Observablen D wird verwendet, um das Signal zu detektieren, das anschließend Fourier-transformiert wird, um die Beiträge der einzelnen

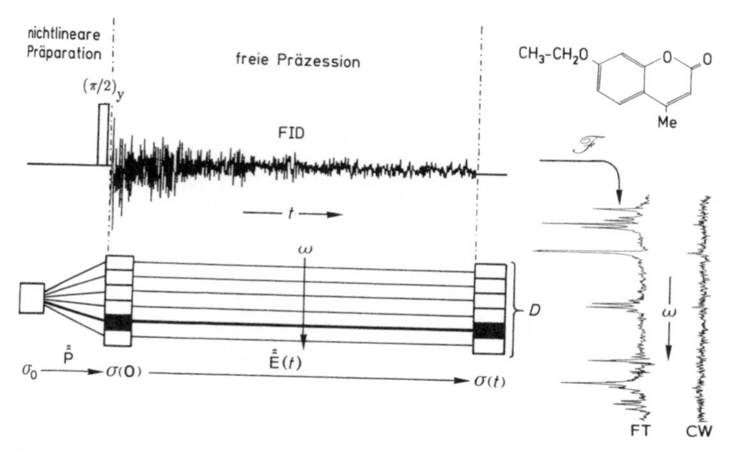

Abbildung 1: Schematische Darstellung der Puls-FT-Spektroskopie am Beispiel eines 60 MHz-^{1}H-NMR-Spektrums von 7-Ethoxy-4-methylcumarin [31]. Ein erster $(\pi/2)_y$-rf-Puls, beschrieben durch den Rotations-Superoperator $\hat{\hat{P}}$, erzeugt transversale Magnetisierung $\sigma(0)$ aus dem Gleichgewichtszustand σ_0. Synchrone freie Präzession aller Kohärenzen unter dem Einfluß des Evolutions-Superoperators $\hat{\hat{E}}(t)$ führt zum Endzustand $\sigma(t)$. Detektion mit dem Detektionsoperator $\boldsymbol{D}$ erzeugt den gezeigten FID (die Summe aus 500 Experimenten), der nach Fourier-Transformation $\mathscr{F}$ das Spektrum FT ergibt. Zum Vergleich ist das durch kontinuierliches Durchfahren des Resonanzbereichs (CW) erzeugte Spektrum abgebildet, wie es nach ebenfalls 500 s unter sonst identischen Bedingungen erhalten wurde.

spektralen Elemente zu trennen. Abbildung 1 zeigt ein frühes Beispiel der FT-NMR-Spektroskopie an 7-Ethoxy-4-methylcumarin als Probe; dabei wurden 500 FIDs aufaddiert und Fourier-transformiert, um das FT-Spektrum zu erhalten [31]. Zum Vergleich ist das durch langsames Durchfahren des Resonanzbereichs mit einer schwachen Radiofrequenzeinstrahlung (CW) in der gleichen Zeit erhaltene Spektrum gezeigt.

Für den mathematisch interessierten Leser sei angemerkt, daß das Experiment auch durch die Entwicklung des Dichteoperators $\boldsymbol{\sigma}(t)$ unter Einwirkung des Präparations-Superoperators $\hat{\hat{P}} = \exp(-i\hat{\hat{F}}_y\pi/2)$ und des Evolutions-Superoperators $\hat{\hat{E}}(t) = \exp(-i\hat{\hat{\mathscr{H}}}t - \hat{\hat{\Gamma}}t)$ mit dem Hamilton-Kommutator $\hat{\hat{\mathscr{H}}}A = [\mathscr{H}, A]$ und dem Relaxations-Superoperator $\hat{\hat{\Gamma}}$ beschrieben werden kann. Der Erwartungswert $\langle \boldsymbol{D}\rangle(t)$ des

Operators der Observablen D ist dann gegeben durch Gleichung (2), in der $\boldsymbol{\sigma}_0$ der Dichteoperator des Spinsystems im thermischen Gleichgewicht ist.

$$\langle \boldsymbol{D} \rangle(t) = \mathrm{Tr}\{\boldsymbol{D}\hat{\hat{\mathrm{E}}}(t)\hat{\hat{\mathrm{P}}}\boldsymbol{\sigma}_0\} \tag{2}$$

Die Verringerung der Meßzeit für *ein* Spektrum wird bestimmt durch die Zahl der spektralen Elemente N, d.h. die Zahl der signifikanten Punkte im Spektrum, die grob gegeben ist als $N = F/\Delta f$, wobei F der gesamte Resonanzbereich und Δf eine typische Signalbreite sind. Bei konstanter Meßzeit kann daher eine Erhöhung des Signal-Rausch-Verhältnisses um $\sqrt{N}$ erreicht werden, indem eine geeignete Zahl von FID-Signalen aus sukzessiven Pulsexperimenten aufaddiert wird. Die Verbesserung des Signal-Rausch-Verhältnisses kann durch Vergleich der Spektren in Abb. 1 beurteilt werden.

Es ist seit langem bekannt, daß die Frequenzantwortfunktion (Spektrum) eines linearen Systems die Fourier-Transformierte der Impulsantwort (FID) ist. Dies zeigte sich schon implizit in den Arbeiten von Jean Baptiste Joseph Fourier, der 1822 die Wärmeleitfähigkeit in Festkörpern untersuchte [32]. Lowe und Norberg bewiesen 1957, daß diese Beziehung auch für Spinsysteme gilt, obwohl deren Antwortverhalten stark nichtlineare Merkmale aufweist [33].

Die Untersuchung unbekannter Systeme durch eine stochastische Störung mit weißem Zufallsrauschen wurde in den vierziger Jahren von Norbert Wiener [34, 35] vorgeschlagen. Die spektrale Information über das untersuchte System liegt sozusagen in der Farbe des »Output«-Rauschens. Die ersten Anwendungen der Anregung durch Zufallsrauschen in der NMR-Spektroskopie wurden unabhängig voneinander von Russel H. Varian [36] für die Breitbandanregung und von Hans Primas [37, 38] für die Breitbandentkopplung vorgeschlagen. Die ersten erfolgreichen Experimente mit der Anregung durch Zufallsrauschen führten zur heteronuclearen Rauschentkopplung [39, 40], einer Methode, die sich als wesentlich für den praktischen Erfolg der ^{13}C-NMR-Spektroskopie in chemischen Anwendungen erwiesen hat.

1970 zeigten Reinhold Kaiser [41] und der Autor [42, 43] unabhängig voneinander, daß stochastische Resonanz ein Mittel ist, um das Signal-Rausch-Verhältnis bei NMR-Experimenten durch Breitbandanregung zu verbessern. In diesem Fall ist die berechnete Kreuzkorrelationsfunktion (3) des

$$c_1(\tau) = \overline{n_0(t) n_i(t - \tau)} \tag{3}$$

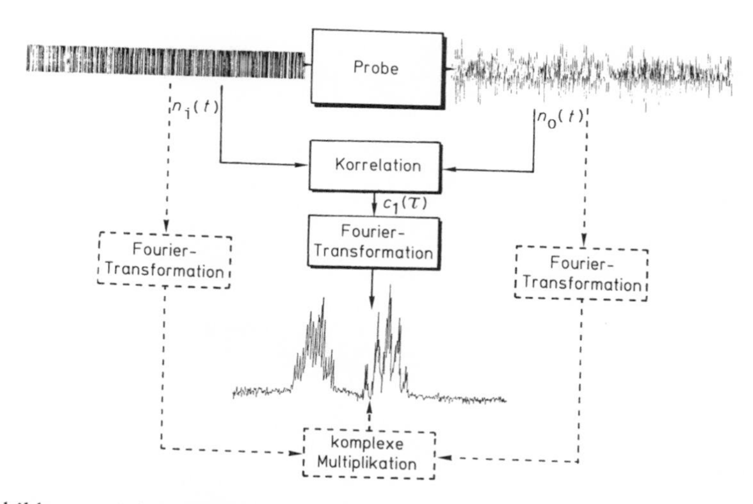

Abbildung 2: Schematische Darstellung der stochastischen Resonanz am Beispiel eines 56.4 MHz-^{19}F-NMR-Spektrums von 2,4-Difluortoluol [42, 43]. Anregung durch eine binäre pseudostochastische Sequenz $n_i(t)$ mit einer Länge von 1023 Punkten ruft die Antwort $n_0(t)$ hervor. Kreuzkorrelation der beiden Signale erzeugt $c_1(\tau)$, das nach Fourier-Transformation das gezeigte Spektrum ergibt. In einem alternativen und in diesem Fall auch angewendeten Verfahren werden die Fourier-Transformierten von $n_i(t)$ und $n_0(t)$ getrennt berechnet und die komplex konjugierte Frequenzfunktion $\mathcal{F}\{n_i(t)\}^*$ mit $\mathcal{F}\{n_0(t)\}$ multipliziert, um das gleiche Spektrum zu erhalten.

»Input«-Rauschens $n_i(t)$ und des Output-Rauschens $n_0(t)$ gleich dem FID der Puls-FT-Spektroskopie. Dies wird in Abb. 2 für die Fluorsignale von 2,4-Difluortoluol gezeigt. Zur Anregung diente eine binäre Pseudo-Zufallssequenz mit maximalem weißem Spektrum. Ihre Vorteile sind die vorhersagbaren spektralen Merkmale und die konstante rf-Feldstärke. Die niedrige Peakfeldstärke stellt geringere Anforderungen an die elektronische Ausrüstung. Nachteile resultieren aus der gleichzeitigen Anregung und Detektion, da dies Linienverbreiterungen mit sich bringen kann, die in der Puls-FT-Spektroskopie nicht auftreten, weil dort Störung und Detektion zeitlich getrennt sind. Ein weiterer Nachteil bei der Verwendung realen Zufallsrauschens ist der probabilistische Charakter der Antwort, der dazu führt, daß eine extensive Mitteilung notwendig ist, um einen Mittelwert mit geringer Varianz zu erhalten. Korrelationsfunktionen höherer Ordnung wie (4) ermöglichen auch die Charakterisierung nicht-linearer Transfereigenschaften

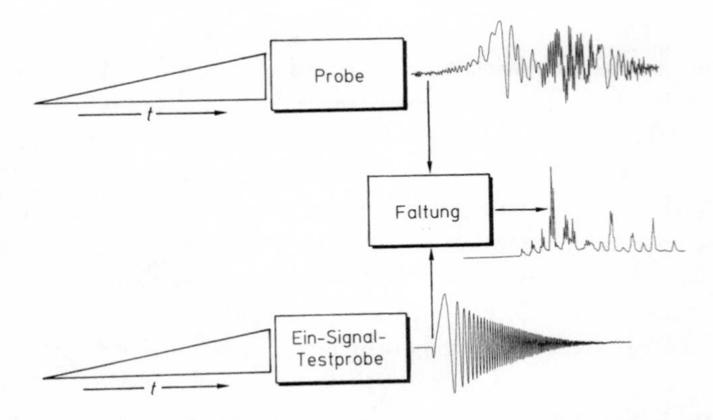

Abbildung 3: Schematische Darstellung der Rapid-scan-Spektroskopie. Das stark verzerrte Spektrum, das man durch rasches Durchfahren der Frequenzen während der Zeit t erhält, kann durch Faltung mit dem auf die gleiche Art erhaltenen Spektrum einer Testsubstanz mit nur einer Resonanzlinie korrigiert werden.

des untersuchten Systems [34, 35]. Diese Tatsache wurde von Blümich und Ziessow ausgiebig für NMR-Messungen genutzt [42-45].

$$c_3(\tau_1, \tau_2, \tau_3) = \overline{n_0(t) n_i(t - \tau_1) n_i(t - \tau_2) n_i(t - \tau_3)} \qquad (4)$$

Ein dritter Ansatz, die Rapid-scan-Spektroskopie, die zunächst von Dadok und Sprecher [46] vorgeschlagen wurde, erzielt eine nahezu gleichzeitige Anregung aller Spins durch ein schnelles Durchfahren des Resonanzbereichs [47, 48]. Das resultierende Spektrum ist stark verzerrt, kann jedoch mathematisch korrigiert werden, da die Verzerrung voraussagbarer Art ist. Die Korrektur besteht in der Faltung (Konvolution) mit einem Ein-Spin-Signal, das unter identischen Bedingungen gemessen oder am Computer simuliert wurde. Ein Beispiel zeigt Abb. 3. Es ist interessant festzustellen, daß ein Rapid-scan-Spektrum mit Ausnahme der sukzessiv steigenden Oszillationsfrequenzen einem FID sehr ähnlich ist.

Schließlich kann durch Computer-Synthese eine Anregungsfunktion mit nahezu beliebigem Anregungsprofil erstellt werden. Dies wurde zunächst von Tomlinson und Hill [49] für Entkopplungszwecke genutzt, ist aber auch die Grundlage für die Anregung mit zusammengesetzten Pulsen, die sich als sehr leistungsfähig herausgestellt hat [50, 51].

Unter den Breitbandanregungstechniken ist die Pulsanregung die einzige, für die eine konsequente analytische Behandlung unabhängig von der Komplexität des Spinsystems möglich ist. Sie führt weder zu methodenbedingten Signalverbreiterungen wie die stochastische Resonanz noch zu nicht korrigierbaren Signalverzerrungen wie die Rapid-scan-Spektroskopie von gekoppelten Spinsystemen [48]. Die Puls-FT-Spektroskopie ist in konzeptioneller wie experimenteller Hinsicht einfach und kann zudem leicht erweitert und nahezu allen denkbaren experimentellen Situationen angepaßt werden. Relaxationsstudien erfordern z.B. lediglich eine modifizierte, relaxationsempfindliche Präparationssequenz, etwa ein π-$\pi/2$-Pulspaar für T_1-Messungen [52] oder ein $\pi/2$-π-Pulspaar für T_2-Messungen [53]. Auch die Ausweitung auf Untersuchungen des chemischen Austauchs mit Hilfe des Sättigungstransferexperiments von Forsén und Hoffman [54] ist problemlos möglich.

An dieser Stelle sollte erwähnt werden, daß Puls-NMR-Experimente bereits von Felix Bloch in seiner berühmten Arbeit aus dem Jahr 1946 [9] vorgeschlagen wurden; die ersten Experimente zur magnetischen Resonanz in der Zeitdomäne wurden 1949 von H.C. Torrey [55, 56] und insbesondere Erwin L. Hahn [57-59] durchgeführt, der als der wahre Vater der Pulsspektroskopie gelten kann. Er erfand das Spinechoexperiment [57] und entwickelte außergewöhnlich bedeutende und konzeptionell schöne Festkörperexperimente [60, 61].

Die Puls-FT-Spektroskopie hat nicht nur die hochauflösende NMR-Spektroskopie in flüssiger Phase revolutioniert, sondern auch die NMR-Methodologie auf allen Gebieten vereinheitlicht, von der Festkörperuntersuchung über Relaxationszeitmessungen bis hin zur hochauflösenden NMR-Spektroskopie mit zahlreichen Auswirkungen auf andere Gebiete wie die Ionencyclotronresonanzspektroskopie [62, 63], die Mikrowellenspektroskopie [64] und die paramagnetische Elektronenspin-Resonanzspektroskopie [65]. Darüber hinaus bildete sie auch den Keim für die Entwicklung der hier im Mittelpunkt stehenden mehrdimensionalen NMR-Spektroskopie.

3 Zweidimensionale Fourier-Transformations-Spektroskopie

Solange rein spektroskopische Messungen wie Bestimmungen der Eigenfrequenzen oder Normalschwingungen eines Systems durchgeführt werden, ist die eindimensionale (1D) Spektroskopie völlig ausreichend. Bei der NMR-Spektroskopie gilt dies für die Messung der chemischen Verschiebung, die die lokale chemische Umgebung der Kerne charakterisiert. Auf diese Art können jedoch keine Informationen über die räumlichen Beziehungen zwischen den beobachteten Kernen erhalten werden.

Es gibt zwei wichtige Paarwechselwirkungen in Kernspinsystemen: die skalare, durch die Bindung wirkende und von Elektronen vermittelte Spin-Spin-Wechselwirkung (J-Kopplung) und die durch den Raum wirkende magnetische Dipol-Dipol-Wechselwirkung (Abb. 4). Die J-Kopplung wird durch den skalaren Term $\mathcal{H}_{kl} = 2\pi J_{kl} \boldsymbol{I}_k \boldsymbol{I}_l$ im Spin-Hamilton-Operator beschrieben. Sie bewirkt die Multiplettenaufspaltung in hochaufgelösten Spektren von Flüssigkeiten. Unter günstigen Bedingungen kann sie zu einem oszillierenden Transfer der Spinordnung zwischen den beiden Spins I_k und I_l führen. Die magnetische Dipol-Dipol-Wechselwirkung D_{mn} wird durch einen spurlosen Tensor des zweiten Ranges beschrieben. Ihr Mittelwert ist in isotroper Lösung gleich null; sie kann nur in anisotropen Medien zu einer Signalaufspaltung führen. Ihre zeitliche Modulation löst jedoch auch in isotroper Lösung Relaxationsprozesse aus, die nach einer Störung eine multiexponentielle Rückkehr der Spins in das thermische Gleichgewicht zur Folge haben. Die Kenntnis dieser Wechselwirkungen ermöglicht es, Informationen über die Molekülstruktur in Lösung [66, 67] und die Anordnung von Atomen in Festkörpern abzuleiten. Im optimalen Fall kann die vollständige dreidimensionale Struktur eines Moleküls bestimmt werden [68].

Obwohl diese Wechselwirkungen 1D-Spektren beeinflussen, sind spezielle Techniken zu ihrer Messung nötig. In der Näherung eines linearen Antwortverhaltens ist es zunächst grundsätzlich unmöglich, zwei unabhängige Signale von einem durch Spin-Spin-Wechselwirkungen erzeugten Dublett zu unterscheiden. Seit den fünfziger Jahren sind Experimente zur Untersuchung der nichtlinearen Antworteigenschaften von Kernspinsystemen bekannt. Sättigungsexperimente unter Verwendung starker rf-Felder ermöglichen das Auftreten von Mehrquantenübergängen, die wegen der gleichzeitigen Anregung mehrerer

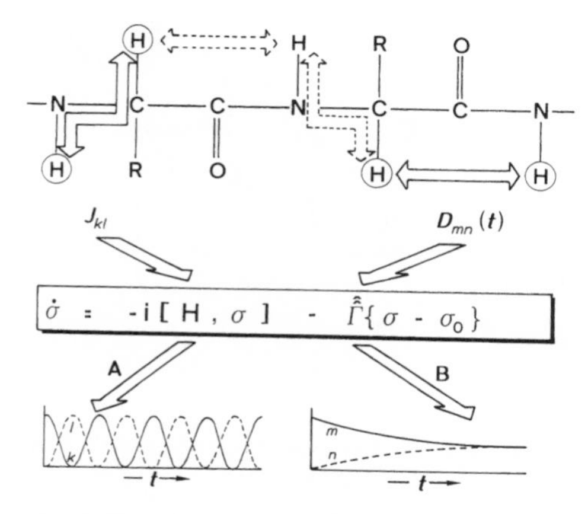

Abbildung 4: Die beiden in der NMR-Spektroskopie wichtigen Paarwechselwirkungen. Die durch die Bindung vermittelte skalare J_{kl}-Kopplung ist Teil des Hamilton-Operators und führt zu einem kohärenten Transfer (A) von Spinordnung zwischen den Spins I_k und I_l. Die zeitmodulierte, durch den Raum wirkende Dipol-Dipol-Wechselwirkung $D_{mn}(t)$ bewirkt multiexponentielle Kreuzrelaxation (B) zwischen den Spins I_m und I_n. Die beiden Wechselwirkungen ermöglichen die sequentielle Zuordnung der Resonanzsignale benachbarter Spins im gezeigten Peptidfragment und die Bestimmung von Strukturparametern: Die über drei Bindungen wirkende J-Kopplung ist ein Maß für die Diederwinkel um die zentrale Bindung, die Dipol-Dipol-Wechselwirkung ein Maß für die Kern-Kern-Abstände.

Spins ein und desselben gekoppelten Spinsystems Konnektivitätsinformationen enthalten [69]. Besonders erfolgreich waren Doppel- und Tripelresonanzexperimente, bei denen durch die gleichzeitige Anwendung von zwei bzw. drei rf-Feldern Entkopplungs- und »Spintickling«-Effekte erzielt werden [70-72].

Die frühen Mehrresonanzexperimente sind in der Zwischenzeit durch mehrdimensionale Experimente ersetzt worden. Paarwechselwirkungen von Spins werden am zweckmäßigsten in Form eines Korrelationsdiagramms dargestellt (Abb. 5). Dies legt die Aufnahme eines »zweidimensionalen Spektrums« nahe, das eine solche Korrelationskarte der entsprechenden spektralen Merkmale direkt liefert. Der einfachste Ansatz ist vielleicht ein systematisches Doppelresonanzexperiment, wobei das Spektrum $S(\omega_1, \omega_2)$ in Abhängigkeit von den Frequenzen ω_1 und ω_2 der beiden angelegten rf-Felder dargestellt werden kann [12, 70].

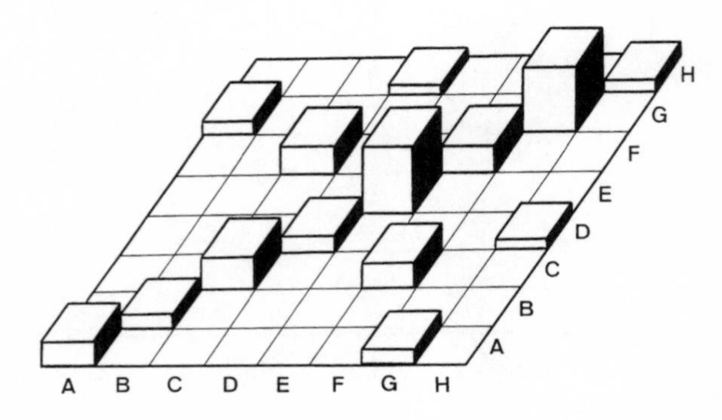

Abbildung 5: Schematisches Korrelationsdiagramm zur Darstellung von Paarwechselwirkungen zwischen Kernspins.

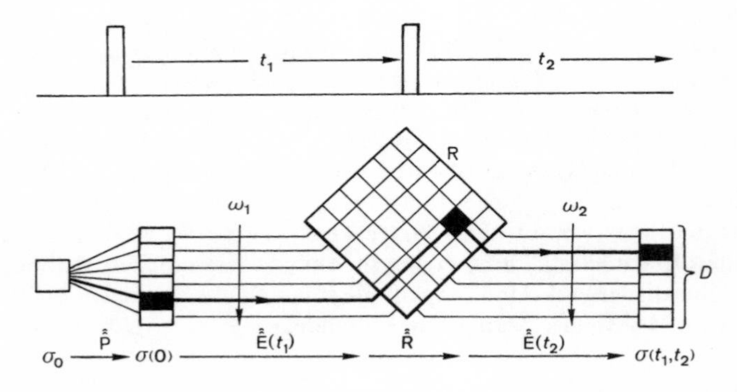

Abbildung 6: Schematische Darstellung eines 2D-Experiments, hier mit einer einfachen Zweipulssequenz. Der erste Puls regt Kohärenzen an, die während t_1 präzedieren und durch den zweiten Puls auf andere Übergänge übertragen werden, in denen die Kohärenzen mit neuen Präzessionsfrequenzen präzedieren. Das nach 2D-Fourier-Transformation von $\langle D\rangle(t_1, t_2)$ erhaltene 2D-Spektrum kann als Visualisierung der Transfermatrix R betrachtet werden.

Eine neue Idee zur Messung von 2D-Spektren wurde 1971 von Jean Jeener geäußert [73]. Er schlug ein 2D-FT-Experiment vor, das aus zwei $\pi/2$-Pulsen mit variabler Zeit t_1 zwischen den Pulsen und der Zeitvariablen t_2 nach dem zweiten Puls besteht, wie es in Abb. 6 in Erweiterung der Prinzipien von Abb. 1 dargestellt ist (siehe auch Abb. 10a). Die Antwort $s(t_1, t_2)$ auf die Zweipulssequenz, gemessen nach dem zweiten Puls und bezüglich beider Zeitvariablen Fourier-transformiert, ergibt ein zweidimensionales Spektrum $S(\omega_1, \omega_2)$ der gewünschten Form [74, 75].

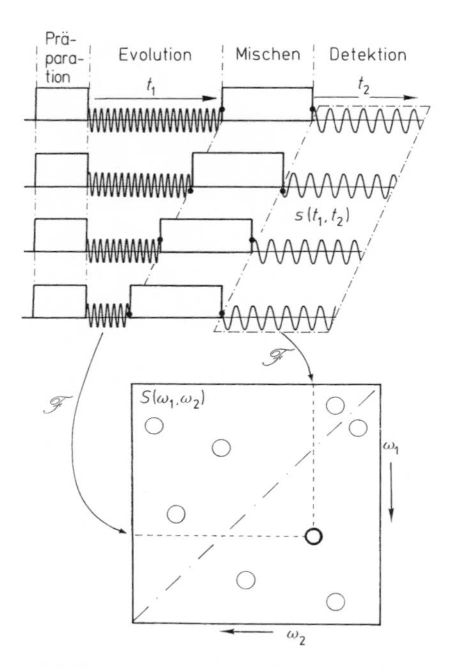

Abbildung 7: Schematische Darstellung eines 2D-Experiments mit Präparations-, Evolutions-, Misch- und Detektionsphase. Die Zeit t_1, der Evolutionsphase wird von Experiment zu Experiment systematisch variiert. Das resultierende Signal $s(t_1, t_2) \sim \langle \boldsymbol{D} \rangle (t_1, t_2)$ wird bezüglich zweier Dimensionen Fourier-transformiert, um das 2D-Spektrum $S(\omega_1, \omega_2)$ zu erhalten.

Dieses Zweipulsexperiment von Jean Jeener ist der Ursprung einer ganzen Kategorie von 2D-Experimenten [12, 75], die auch leicht auf noch mehr Dimensionen ausgeweitet werden können. Jedes 2D-Experiment beginnt, wie den Abb. 6 und 7 zu entnehmen ist, mit einer Präparationspulssequenz $\hat{\hat{\mathrm{P}}}$, die (durch den Dichteoperator $\boldsymbol{\sigma}(O)$ repräsentierte) Kohärenzen anregt, die während der Evolutionszeit t_1 unter dem Evolutions-Superoperator $\hat{\hat{\mathrm{E}}}(t_1)$ präzedieren können. Während dieser Zeit werden die Kohärenzen sozusagen frequenzmarkiert. Die nachfolgende Mischsequenz $\hat{\hat{\mathrm{R}}}$ führt einen kontrollierten Transfer von Kohärenzen auf andere Kernspinübergänge durch, die sich dann während der Detektionsphase in Abhängigkeit von t_2 unter dem Evolutions-Superoperator $\hat{\hat{\mathrm{E}}}(t_2)$ weiterentwickeln. Die Detektion geschieht analog zu Abb. 1 über den Detektionsoperator $\boldsymbol{D}$, so daß man den Ausdruck (5) erhält.

$$\langle \boldsymbol{D} \rangle (t_1, t_2) = \mathrm{tr}\{\boldsymbol{D}\hat{\hat{\mathrm{E}}}(t_2)\hat{\hat{\mathrm{R}}}\hat{\hat{\mathrm{E}}}(t_1)\hat{\hat{\mathrm{P}}}\boldsymbol{\sigma}_0\} \tag{5}$$

Es genügt nicht, ein einziges Zweipulsexperiment durchzuführen. Um die notwendigen Daten $\langle \boldsymbol{D} \rangle (t_1, t_2)$ zur Erstellung eines 2D-Spektrums $S(\omega_1, \omega_2)$ zu erhalten, muß t_1 in einer Reihe von Experimenten systematisch variiert und eine 2D-Datenmatrix angelegt werden, die dann bezüglich zweier Dimensionen Fourier-transformiert wird, wie schematisch in Abb. 7 dargestellt. Das resultierende 2D-Spektrum korreliert die Präzessionsfrequenzen während der Evolutionsphase mit den Präzessionsfrequenzen während der Detektionsphase. Es ist eine anschauliche und leicht interpretierbare Darstellung des Mischprozesses. Die Diagonal- und Kreuzpeaks sind Meßgrößen für die Elemente der Transfermatrix der Mischpulssequenz in Abb. 6.

Zu den zahlreichen Transferprozessen, die in dieser Art dargestellt werden können, gehören insbesondere [12]

1) die skalare J-Kopplung, die zur COSY abgekürzten 2D-Korrelationsspektroskopie führt,

2) die Kreuzrelaxation zwischen Kernen, die in der mit NOESY abgekürzten 2D-Kern-Overhauser-Effekt-Spektroskopie gemessen wird, und

3) der chemische Austausch, der zur EXSY abgekürzten 2D-Austauschspektroskopie führt.

Der COSY-Transfer, der über J-Kopplungen zustande kommt, ist ein echter quantenmechanischer Effekt, für den es keine zufriedenstellende klassische Erklärung gibt. Mit einem einzigen $(\pi/2)_x$-rf-Mischpuls, wie in Abb. 6 dargestellt, ist es möglich, Antiphasenkohärenz des Spins k, im Dichteoperator durch den Operatorterm $2\boldsymbol{I}_{ky}\boldsymbol{I}_{lz}$ beschrieben, in Antiphasenkohärenz des Spins l zu überführen, die durch $-2\boldsymbol{I}_{kz}\boldsymbol{I}_{ly}$ beschrieben wird (6), wobei jeder Faktor des Produkt-Spinoperators um $\pi/2$ um die x-Achse gedreht wird.

$$2\boldsymbol{I}_{ky}\boldsymbol{I}_{lz} \xrightarrow{(\pi/2)_x} -2\boldsymbol{I}_{kz}\boldsymbol{I}_{ly} \tag{6}$$

Antiphasenkohärenz des Typs $2I_{ky}I_{lz}$ bildet sich während der Evolutionsphase nur, wenn es eine direkte Spin-Spin-Kopplung zwischen den Spins I_k und I_l gibt (7). Dies bedeutet, daß in einem zweidimensionalen Korrelationsspektrum Kreuzpeaks nur zwischen direkt gekoppelten Spins auftreten (solange die Näherung der schwachen Kopplung gilt). Es ist auch offensichtlich, daß es keinen Netto-Kohärenztransfer, z.B. $I_{kx} \rightarrow I_{lx}$, geben kann; das Integral über den Kreuzpeak muß notwendigerweise null ergeben, d.h., es tritt eine gleiche Zahl von Kreuzpeak-Multiplettlinien mit positiver und mit negativer Intensität auf.

$$I_{kx} \xrightarrow{2\pi J_{kl} I_{kz} I_{lz} t_1} I_{kx} \cos(\pi J_{kl} t_1) + 2I_{ky} I_{lz} \sin(\pi J_{kl} t_1) \qquad (7)$$

Ein COSY-Spektrum, wie es in Abb. 8 für das cyclische Decapeptid Antamanid **1** gezeigt ist, kann dazu genutzt werden, die Spinpaare zu finden, die zum selben Kopplungsnetzwerk eines Aminosäurerestes im Molekül gehören. Alle intensiven Kreuzpeaks entstehen durch Kopplungen über zwei oder drei Bindungen, die vor allem die Zuordnung der Paare von NH- und C_αH-Rückgratprotonen ermöglichen. So konnten für die sechs NH enthaltenden Aminosäurereste von **1** die in Abb. 9 mit einem C gekennzeichneten Kopplungen identifiziert werden. Es ist zudem möglich, mit einem COSY-Experiment die Seitenkettenprotonen zuzuordnen.

Die Transfers der NOESY- und EXSY-Experimente beinhalten inkohärente, dissipative Prozesse, die das System nach einer Störung exponentiell oder multiexponentiell zurück ins Gleichgewicht bringen. Sie benötigen eine genügend lange Mischzeit, damit die Zufallsprozesse ablaufen können. Beide Prozesse können mit demselben Dreipulsschema (Abb. 10b) untersucht werden [12, 76-79]. Die Mischzeit wird von zwei $\pi/2$-Pulsen begrenzt, die Kohärenz in statische Spinordnung und zurück in Kohärenz verwandeln. Die Austauschprozesse transferieren die Spinordnung zwischen verschiedenen Spins bzw. zwischen verschiedenen chemischen Spezies. Dieser Transfertyp kann auf der Grundlage klassischer Kinetik verstanden werden. Die Kreuzpeakintensitäten des resultierenden 2D-Spektrums sind proportional zu den Austauschgeschwindigkeitskonstanten für die Reaktionen pseudoerster Ordnung.

Die Austauschgeschwindigkeitskonstanten beim NOESY-Transfer sind durch die Kreuzrelaxationsraten gegeben, die auf magnetische Dipol-Dipol-Wechselwirkung zurückzuführen und proportional zu $1/r_{kl}^6$

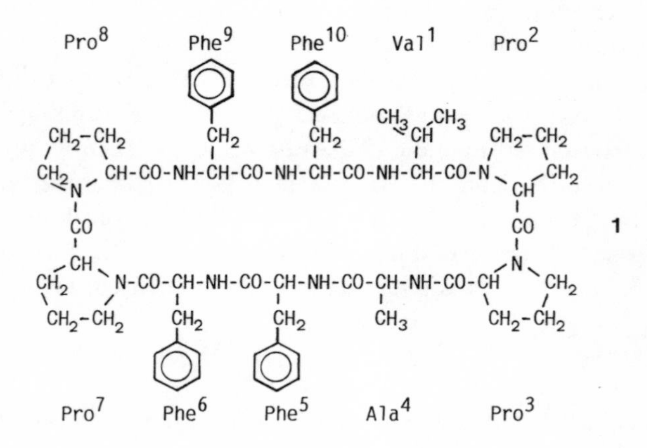

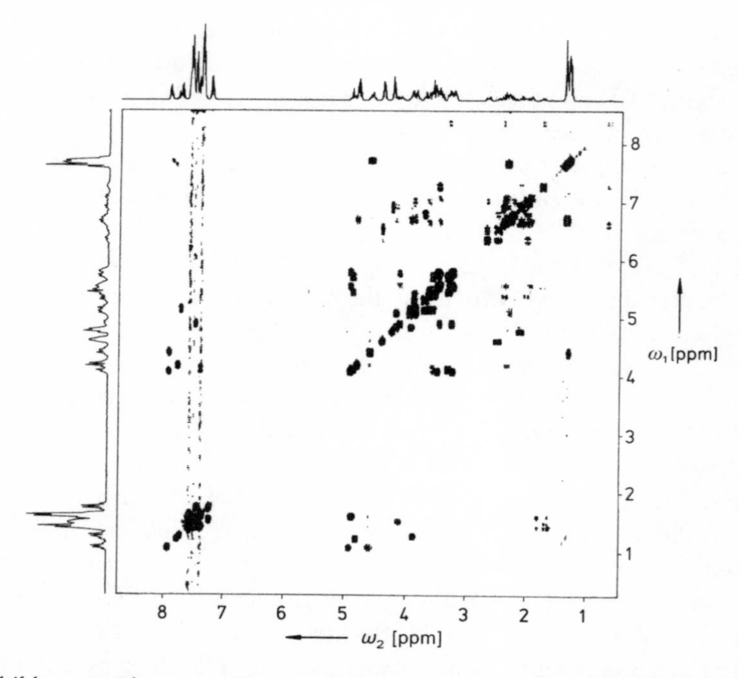

Abbildung 8: Phasensensitives 400 MHz-^{1}H-COSY-Spektrum von Antamanid **1** in Chloroform (bei 250 K) in einer Konturliniendarstellung. Positive und negative Konturlinien sind nicht unterschieden. Das Spektrum wurde von Dr. Martin Blackledge aufgenommen.

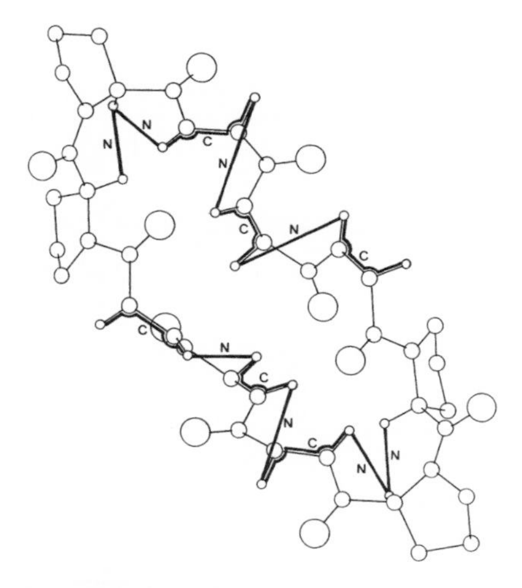

Abbildung 9: Zuordnung der Rückgratprotonen in Antamanid **1** durch eine Kombination von COSY-(C) und NOESY-Kreuzpeaks (N). Die in den vier Prolinresten fehlenden NH-Protonen unterbrechen die Kette der sequentiellen C-N-Konnektivitäten.

für die Kernpaare I_k und I_l sind sowie von der Korrelationszeit τ_c der Molekülbewegungen in Lösung abhängen. Diese Abhängigkeit vom Abstand kann genutzt werden, um relative oder, wenn τ_c bekannt ist, absolute Abstände im Molekül zu bestimmen. Die NOESY-Kreuzpeaks ermöglichen damit die Identifizierung räumlich benachbarter Protonen in einem Molekül, was z.B. für Protonen wichtig ist, die zu aufeinanderfolgenden Aminosäureresten in Peptiden gehören.

Abbildung 11 zeigt ein NOESY-Spektrum von Antamanid **1**. Die zu Kreuzpeaks zwischen sequentiellen Rückgratprotonen benachbarter Aminosäurereste gehörenden Wechselwirkungen sind in Abb. 9 mit einem N gekennzeichnet. Man erkennt in Abb. 9, daß zusammen mit den *J*-Kreuzpeaks aus dem COSY-Spektrum der Abb. 8 zwei ununterbrochene Konnektivitätsketten gefunden werden, die zur Zuordnung der Rückgratprotonensignale herangezogen werden können. Die beiden Ketten sind nicht verbunden, da die vier Prolinreste keine NH-Protonen enthalten. Das allgemeine, auf COSY- und NOESY-Spektren basierende Zuordnungsverfahren von Protonenresonanzfrequenzen wurde von Wüthrich und seiner Forschungsgruppe erarbeitet [68].

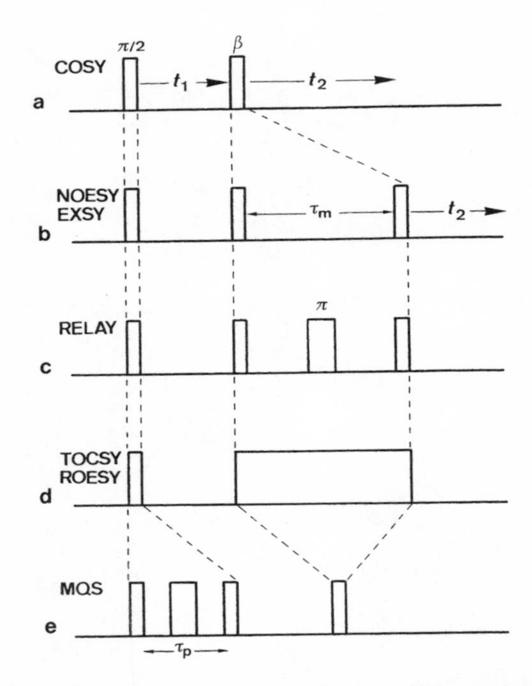

Abbildung 10: Pulssequenzen für einige der nützlichsten 2D-Experimente: a) COSY, b) NOESY oder EXSY, c) Relayed COSY, d) TOCSY oder ROESY im rotierenden Koordinatensystem, e) Mehrquantenspektroskopie.

Auf der Grundlage eines vollständigen oder teilweisen Satzes zugeordneter Resonanzsignale ist es dann möglich, Informationen über die Molekülstruktur abzuleiten. Jede NOESY-Kreuzpeakintensität ergibt einen Abstand zwischen zwei Kernen, der in einem manuellen oder computerisierten Verfahren genutzt werden kann, um ein mit den experimentellen Daten übereinstimmendes Molekülmodell zu erstellen. Bei diesem Verfahren können zusätzlich skalare Kopplungskonstanten aus COSYartigen Spektren herangezogen werden (insbesondere aus E. COSY-Spektren, wie später erläutert wird). Gemäß den Karplus-Beziehungen [66] ist das Verhältnis zwischen vicinalen Kopplungskonstanten und Diederwinkeln exakt definiert. Leistungsfähige Computerverfahren zur Bestimmung von Molekülstrukturen auf der Grundlage von NMR-Daten wurden zuerst von Kurt Wüthrich und seinem Arbeitskreis entwickelt und an einer großen Zahl kleiner bis mittlerer Proteine

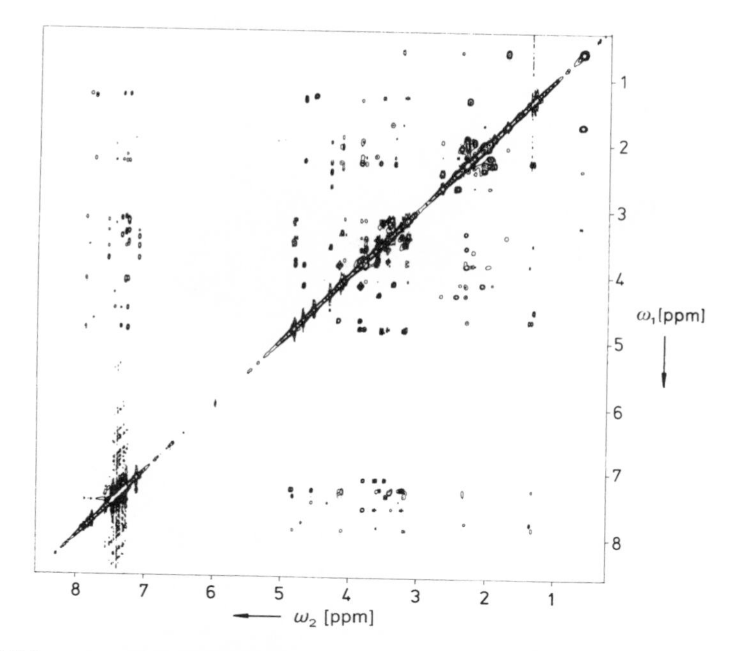

Abbildung 11: 400 MHz-[1]H-NOESY-Spektrum von Antamanid **1** in Chloroform (bei 250 K) in einer Konturliniendarstellung. Das Spektrum wurde von Dr. Martin Blackledge aufgenommen.

getestet [68, 80-83]. Heute werden vor allem zwei Computeralgorithmen verwendet, der »Distance-geometry«-Algorithmus [84, 85] in mehreren Versionen und der »Restrained-molecular-dynamics«-Algorithmus [86, 87], wiederum in zahlreichen Varianten. Das Strukturproblem bei Antamanid **1** wird später noch ausführlich behandelt werden, da intramolekulare dynamische Prozesse eine Rolle spielen, was zusätzliche Probleme mit sich bringt.

Kreuzpeaks in einem NOESY-artigen Austauschspektrum können auch durch chemischen Austausch zustande kommen, das Dreipulsexperiment von Abb. 10b ist in der Tat sehr dazu geeignet, Netzwerke chemischen Austauschs zu untersuchen [76, 77, 88]. Eine Unterscheidung der beiden Signalarten ist nicht anhand eines einzigen Spektrums möglich. Untersuchungen bei mehreren Temperaturen lassen jedoch häufig Schlußfolgerungen zu. Bei genügend tiefen Temperaturen, bei denen der chemische Austausch langsam wird, sollten nur NOESY-Kreuzpeaks übrigbleiben. Eine andere Möglichkeit zur Unterscheidung

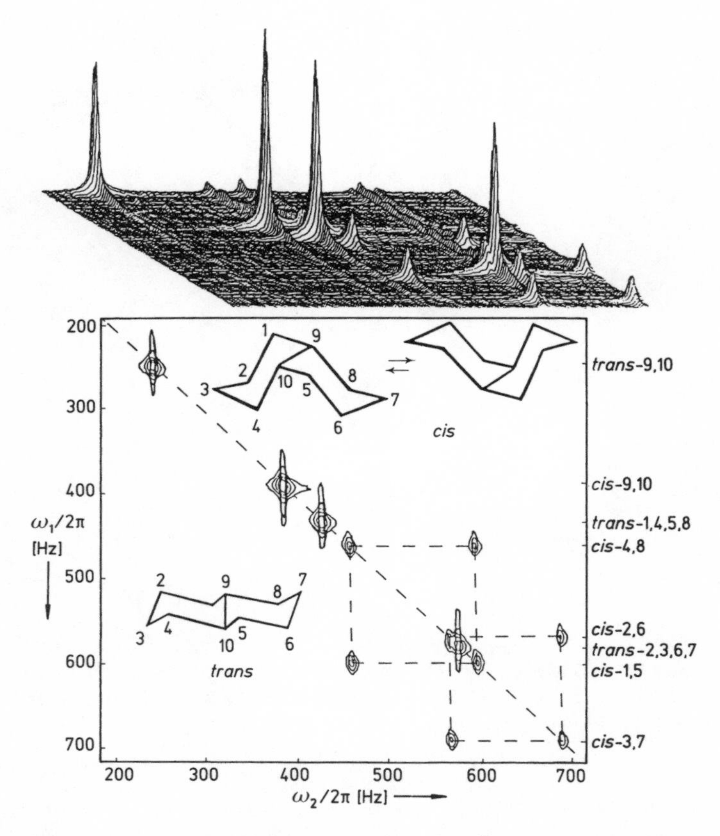

Abbildung 12: 2D-^{13}C-EXSY-Spektrum einer Mischung aus *cis*- und *trans*-Dekalin, das bei 22.5 MHz und 241 K aufgenommen wurde [88]. Oben: dreidimensionale Darstellung (stacked plot); unten: Konturliniendarstellung mit Signalzuordnung.

der beiden Signalarten sind Experimente im rotierenden Koordinatensystem, die im folgenden Abschnitt behandelt werden.

Das in Abb. 12 gezeigte 2D-^{13}C-NMR-Spektrum einer Mischung aus *cis*- und *trans*-Dekalin ist typisch für ein 2D-Austauschspektrum. Es zeigt die wohlbekannte konformative Stabilität von *trans*-Dekalin, während bei *cis*-Dekalin vier Paare von Kohlenstoffspins an einem Konformationsaustauschprozeß beteiligt sind, der zwei Kreuzpeakpaare hervorruft [88].

4 Modifizierte zweidimensionale FT-NMR-Experimente

Ausgehend von den beiden Prototyp-2D-FT-NMR-Experimenten wurde eine große Zahl modifizierter, erweiterter und verbesserter Experimente vorgeschlagen. Viele davon sind zu Routinemethoden des NMR-Spektroskopikers geworden. Eine erste Experimentkategorie führt, wie in Abb. 13 im oberen Bereich dargestellt wird, durch zwei oder mehr Transferschritte zu zusätzlichen Korrelationen: »Relayed«-Korrelationsexperimente erfassen Zweischrittkorrelationen, die Totalkorrelationsspektroskopie (TOCSY) Mehrstufenkorrelationen. Letzteres Experiment führt zu der wichtigen Kategorie der Experimente im rotierenden Koordinatensystem, darunter die Rotating-frame-Overhauser-effect-Spektroskopie (ROESY), eine Alternative zu NOESY. Schließlich ermöglicht es die Mehrquantenspektroskopie, die Konnektivität in Spinsystemen zu untersuchen. Eine zweite Experimentkategorie (Abb. 13 unterer Bereich) versucht die Spektren durch exklusive Korrelation (E. COSY), Mehrquantenfilterung und Filterung gemäß Spinkopplungstopologien (Spintopologiefilterung) zu vereinfachen.

4.1 Relayed-Korrelationsexperimente

In einem Standard-COSY-Experiment wird Kohärenz ausschließlich zwischen direkt gekoppelten Spins durch einen einzigen Mischpuls übertragen. Durch eine Folge zweier $\pi/2$-Pulse wie in Abb. 10c ist es möglich, eine Kohärenzübertragung von Spin I_k zu Spin I_l durch zwei sequentielle Kopplungen über den Relay-Spin I_r zu bewirken [89, 90]. Für die Beziehung (8) wurde $J_{kr} t_1 = J_{kr} \tau_m = J_{rt} \tau_m = 1/2$ angenommen. Während der langen Mischzeit τ_m muß also der Antiphasencharakter der I_r-Spinkohärenz bezüglich des Spins I_k refokussiert und ein Antiphasencharakter bezüglich des Spins I_e erzeugt werden, um einen zweiten Transfer durch den zweiten Mischpuls zu ermöglichen. Die relayed Korrelation ist immer dann hilfreich, wenn das Resonanzsignal des Relay-Spins I_r nicht eindeutig identifiziert werden kann, da mit ihr die Spins I_k und I_l dennoch demselben Kopplungsnetzwerk zugeordnet werden können (z.B. als zum selben Aminosäurerest einer Polypeptidkette gehörig). Gewöhnlich ist es vorteilhaft, die Effekte

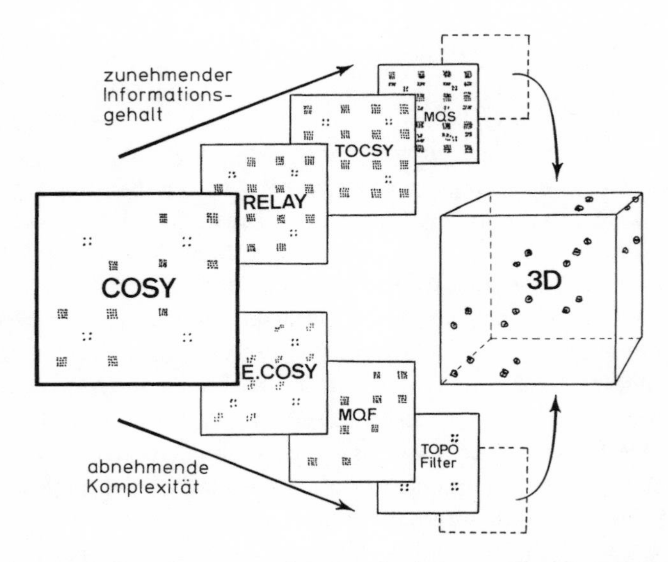

Abbildung 13: Erweiterungen des Standard-COSY-Experiments. Relayed Korrelation, Totalkorrelationsspektroskopie (TOCSY) und Mehrquantenspektroskopie (MQS) erhöhen den Informationsgehalt, während exklusive Korrelation (E. COSY), Mehrquantenfilterung und Filterung gemäß Spintopologien die Komplexität reduzieren. Beide Wege können zur dreidimensionalen NMR-Spektroskopie führen.

der durch die chemische Verschiebung verursachten Präzession während der Mischzeit zu refokussieren, indem ein zentraler π-Puls wie in Abb. 10c angewendet wird.

$$\boldsymbol{I}_{kz} \xrightarrow{(\pi/2)\boldsymbol{I}_{ky}} \boldsymbol{I}_{kx} \xrightarrow{2\pi J_{kr}\boldsymbol{I}_{kz}\boldsymbol{I}_{rz}t_1} 2\boldsymbol{I}_{ky}\boldsymbol{I}_{rz} \xrightarrow{(\pi/2)(\boldsymbol{I}_{kx}+\boldsymbol{I}_{rx})} -2\boldsymbol{I}_{kz}\boldsymbol{I}_{ry}$$
$$\xrightarrow{2\pi J_{kr}\boldsymbol{I}_{kz}\boldsymbol{I}_{rz}\tau_m+2\pi J_{rl}\boldsymbol{I}_{rz}\boldsymbol{I}_{lz}\tau_m} 2\boldsymbol{I}_{ry}\boldsymbol{I}_{lz} \xrightarrow{(\pi/2)(\boldsymbol{I}_{rx}+\boldsymbol{I}_{lx})} -2\boldsymbol{I}_{rz}\boldsymbol{I}_{ly} \quad (8)$$

Der Relayed-Kohärenztransfer sei an 300 MHz-^{1}H-NMR-Spektren des linearen Nonapeptids Buserilin, pyro-Glu-His-Trp-Ser-Tyr-D-Ser-Leu-Arg-Pro-$NHCH_2CH_3$ dargestellt. Abbildung 14a zeigt ein doppelquantengefiltertes COSY-Spektrum und Abb. 14b das entsprechende Relayed-COSY-Spektrum [91]. In beiden Spektren sind die Signalkonnektivitäten für den Leucinrest gekennzeichnet. Es ist offensichtlich, daß im COSY-Spektrum nur Nachbarprotonen durch Kreuzpeaks verbunden sind: NH-C_αH, C_αH-$C_\beta H^{1,2}$, $C_\beta H^{1,2}$-C_γH und C_γH-$(C_\delta H_3)^{1,2}$. Dagegen sind im Relayed-COSY-Spektrum auch die übernächsten Protonennachbarn NH-$C_\beta H^{1,2}$ und $C_\beta H^{1,2}$-$(C_\delta H_3)^{1,2}$ durch Kreuzpeaks verbunden. Das dritte mögliche Relayed-Kreuzpeakpaar, C_αH-C_γH, ist aufgrund der hohen Multiplizität des C_γH-Signals schwach und in der Konturliniendarstellung von Abb. 14b nicht zu erkennen. Ähnliche Relayed-Kreuzpeaks treten auch für die anderen Aminosäurereste auf.

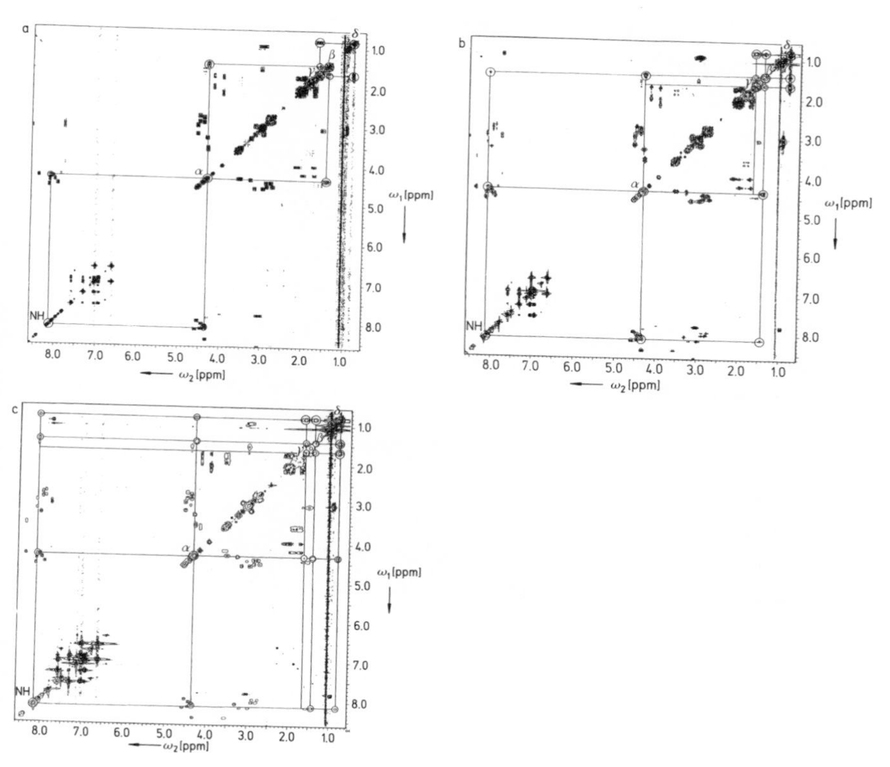

Abbildung 14: 300 MHz-Korrelationsspektren des Nonapeptids Buserilin in Dimethylsulfoxid (DMSO). Es sind phasensensitive Spektren mit gleicher Darstellung der positiven und negativen Konturlinien zu sehen. Die Signalkonnektivitäten und die Lagen der NH-, C_αH-, C_βH-, C_γH- und C_δH-Diagonalpeaks sind für den Leucinrest angegeben [91]. a) Doppelquantengefiltertes COSY-Spektrum mit der Sequenz aus Abb. 19; b) Relayed-COSY-Spektrum mit der Sequenz aus Abb. 10c mit $\tau_m = 25$ ms; c) TOCSY-Spektrum mit der Sequenz aus Abb. 10d mit $\tau_m = 112$ ms und einer MLEV-17-Pulssequenz, die während τ_m angewendet wurde.

4.2 Experimente im rotierenden Koordinatensystem

Mit Hilfe einer erweiterten Mischpulssequenz ist ein Kohärenztransfer über eine beliebige Zahl von Schritten grundsätzlich möglich. Insbesondere kontinuierliche rf-Anregung führt zur Mischung aller Eigenmoden eines Spinsystems und damit zu Kohärenztransfers zwischen ihnen allen. Dies wird in der Totalkorrelationsspektroskopie (TOCSY) mit der in Abb. 10d dargestellten Sequenz genutzt. Alle Spins, die demselben J-Kopplungsnetz angehören, können mit TOCSY identifiziert werden [92, 93]. Die möglichst präzise Angleichung der Präzessionsfrequenzen der verschiedenen Spins in Gegenwart einer Radiofrequenz ist wesentlich, um einen effizienten Kohärenztransfer zu ermöglichen. Für diesen Zweck benötigt man entweder sehr starke Radiofrequenzfelder oder eigens entwickelte Pulssequenzen [93]. Kohärenztransfer ist möglich, wenn die effektiven mittleren Magnetfeldstärken B_k^{eff} im rotierenden Koordinatensystem innerhalb der Größe der J-Kopplungskonstanten gleich sind $|\gamma(B_k^{\mathrm{eff}} - B_l^{\mathrm{eff}}| < |2\pi J_{kl}|$, was dem Fall starker Kopplung im rotierenden Koordinatensystem entspricht.

Das TOCSY-Experiment ist hilfreich, um die Protonenresonanzen einzelner Aminosäurereste in einem Protein zuzuordnen. Ein besonderer Vorteil besteht darin, daß seine Transfergeschwindigkeit im Vergleich zu COSY- oder Relayed-Transferexperimenten im Laborkoordinatensystem um einen Faktor 2 größer ist [92]. Ein weiteres Merkmal ist, daß aufgrund des Vorhandenseins eines Spinlock-Feldes In-Phase-Kohärenz transferiert werden kann (9), so daß die Kreuzpeaks eine In-Phase-Multiplettstruktur erhalten.

$$I_{kx} \xrightarrow{2\pi J_{kl} I_k I_l \tau_{\mathrm{m}}} I_{lx} \tag{9}$$

Ein TOCSY-Spektrum von Buserilin ist in Abb. 14c enthalten, um einen Vergleich mit den abgebildeten Relayed- und Standard-COSY-Spektren zu ermöglichen. Hier sind Dreischrittransfers $C_\alpha H$-$(C_\delta H_3)^{1,2}$ und sogar Vierschrittransfers NH-$(C_\delta H_3)^{1,2}$ sichtbar; wiederum fehlen einige zu erwartende Kreuzpeaks für $C_\gamma H$, was auf die komplexe Multiplettstruktur des $C_\gamma H$-Signals zurückzuführen ist.

Die Eliminierung der durch die chemische Verschiebung verursachten Präzession durch die rf-Einstrahlung führt nicht nur zum kohärenten Transfer über das J-Kopplungsnetz, sondern auch zu einem inkohärenten Transfer der Spinordnung über transversale Kreuzrelaxation. Die Terme der transversalen Kreuzrelaxation sind im Prinzip ständig vorhanden. Stark unterschiedliche chemische Verschiebungen von Spinpaaren führen jedoch im Normalfall zu einer Unterbindung des Transfers im Sinne der Störungstheorie erster Ordnung. In Gegenwart eines starken rf-Feldes ist diese Unterbindung nicht mehr wirksam, und es kommt zu transversaler Kreuzrelaxation. Dies ist der Transfermechanismus im Rotating-frame-Overhauser-effect-spectroscopy(ROESY)-Experiment [94].

ROESY hat ähnliche Eigenschaften wie NOESY, unterscheidet sich aber in der Abhängigkeit der Kreuzrelaxations-Geschwindigkeitskonstanten Γ_{kl} von der Korrelationszeit τ_c der molekularen Rotationsbewegung, die die für die Kreuzrelaxation ursächliche Dipol-Dipol-Wechselwirkung zwischen Kernen moduliert [Gl. (10) und (11)]. Dabei ist J [Gl. (12)] die spektrale Leistungsdichte und ω_0 die Larmor-Frequenz der beiden Kerne mit dem Abstand r_{kl}. Aus (10) und (12) folgt, daß $\Gamma_{kl}^{\mathrm{NOE}}$ das Vorzeichen bei einer mittleren Korrelationszeit τ_c von $(5/4)^{1/2}\omega_0^{-1}$ wechselt, d.h., die Kreuzrelaxationsrate wird nahe dieser Bedingung sehr klein. In Abhängigkeit von der Viskosität des Lösungsmittels und der Resonanzfrequenz ω_0 ist dies für kugelförmige Moleküle bei einem Molekulargewicht zwischen 500 und 2000 der Fall. $\Gamma_{kl}^{\mathrm{ROE}}$ dagegen ist weniger empfindlich gegenüber τ_c und bleibt für jegliches Molekulargewicht positiv. Daher ist das ROESY-Experiment für Moleküle mittlerer Größe nützlicher als das NOESY-Experiment.

$$\Gamma_{kl}^{\mathrm{NOE}} = \frac{\gamma^4 \hbar^2}{10 r_{kl}^6} \left(\frac{\mu_0}{4\pi}\right)^2 \left[-\frac{1}{2}J(0) + 3J(2\omega_0)\right] \tag{10}$$

$$\Gamma_{kl}^{\mathrm{ROE}} = \frac{\gamma^4 \hbar^2}{10 r_{kl}^6} \left(\frac{\mu_0}{4\pi}\right)^2 \left[J(0) + \frac{3}{2}J(\omega_0)\right] \tag{11}$$

$$J(\omega) = \frac{2\tau_c}{1 + (\omega\tau_c)^2} \tag{12}$$

Die unterschiedliche Empfindlichkeit von NOE und ROE gegenüber τ_c ermöglicht es zudem, Informationen über die intramolekulare Mobilität durch Vergleich der beiden Messungen abzuleiten [95]. Ein Vorteil von ROESY- gegenüber NOESY-Experimenten ist die negative Kreuzpeakamplitude, da dies zu einer leichten Unterscheidung von ebenfalls auftretenden, aber positiven Kreuzpeaks aufgrund chemischen Austauschs führt, wenn die Signale nicht überlappen.

Es sollte angemerkt werden, daß im rotierenden Koordinatensystem Kohärenztransfer durch J-Kopplung und Kreuzrelaxation gleichzeitig auftritt, wobei TOCSY-Kreuzpeaks positiv sind und ROESY-Kreuzpeaks mit negativer Amplitude erscheinen. Dadurch wird das 2D-Spektrum sehr kompliziert und erfordert Trennverfahren. Die Unterdrückung des kohärenten Transfers durch J-Kopplung (TOCSY) ist einfach, da es lediglich notwendig ist, die Bedingung $|\gamma(B_k^{\text{eff}} - B_l^{\text{eff}})| < |2\pi J_{ke}|$ zu verletzen, z.B. durch einen leichten Frequenz-Offset in Gegenwart nicht zu starker rf-Felder. Die Kreuzrelaxationsraten sind weniger empfindlich gegenüber solch einer Abweichung von den Idealbedingungen, so daß man auf diese Art ein reines ROESY-Spektrum erhält.

Ein reines TOCSY-Spektrum zu bekommen ist schwieriger, da man die Relaxation nicht leicht beeinflussen kann. Eine Technik wurde von C. Griesinger vorgeschlagen [96]. Sie beruht auf einer Verknüpfung der Gleichungen (10) und (11), um eine mittlere Kreuzrelaxations-Geschwindigkeitskonstante auf null zu bringen [Gl. (13)]. Ein geeigneter Wichtungsfaktor p kann immer dann gefunden werden, wenn $\Gamma_{kl}^{\text{NOE}} < 0$, d.h. für genügend große Moleküle mit $\tau_c > (5/4)^{1/2}\omega_0^{-1}$. Dies erfordert, daß sich die Magnetisierung während der Mischperiode auf einer Trajektorie bewegt, die einen Bruchteil p der Zeit entlang der z-Achse und einen anderen Teil $(1-p)$ in der transversalen Ebene verbringt. Für $\tau_c \rightarrow \infty$ ist die Bedingung $p = 2/3$ und damit $\bar{\Gamma}_{kl} = 0$. Eine geeignete Pulssequenz, eine Variante der MLEV-17-Spinlock-Sequenz, wurde in Lit. [96] vorgeschlagen.

$$\bar{\Gamma}_{kl} = p\Gamma_{kl}^{\text{NOE}} + (1-p)\Gamma_{kl}^{\text{ROE}} \stackrel{!}{=} 0 \qquad (13)$$

Eine weitere optimierte Sequenz mit dem Namen »Clean CITY« wurde von J. Briand entwickelt [97]. Ein reines TOCSY-Spektrum des Rindertrypsin-Inhibitors, BPTI (bovine pancreatic trypsin inhibitor), erhalten mit der Clean-CITY-Sequenz, wird in Abb. 15 mit einem konventionellen TOCSY-Spektrum verglichen, um die wirksame Unterdrückung der (negativen) ROESY-Peaks zu veranschaulichen.

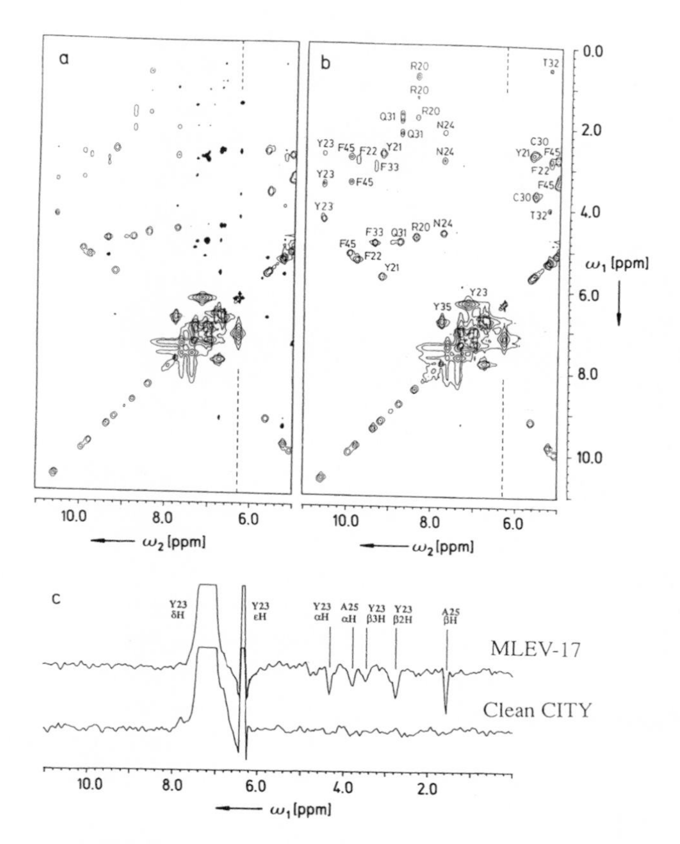

Abbildung 15: Phasensensitive 300 MHz-^{1}H-TOCSY-Spektren einer 15 mM Probe von BPTI in D_2O mit einer Mischzeit von 69 ms [97]. a) Mischprozeß mit der MLEV-17-Pulssequenz. Die negativen Peaks sind schwarz ausgefüllt. b) Mischprozeß mit der Clean-CITY-Pulssequenz. c) Eindimensionaler Schnitt entlang ω_1 durch den Tyr^{23}-εH-Diagonalpeak bei $\omega_2 = 6.33$ ppm in den Spektren a) und b) (angedeutet durch gestrichelte Linien).

4.3 Mehrquantenspektroskopie

In der Spektroskopie sind im allgemeinen nur die Übergänge direkt beobachtbar, für die der Observablenoperator Matrixelemente ungleich null aufweist (erlaubte Übergänge). Bei der magnetischen Resonanz im starken Magnetfeld mit schwacher CW-Störung oder beim freien Induktionsabfall in Abwesenheit von rf-Feldern hat der Observablenoperator der transversalen Magnetisierung $F_x = \sum_k I_{kx}$ nur Matrixelemente zwischen den Eigenzuständen des Hamilton-Operators, die sich in der magnetischen Quantenzahl M um ± 1 unterscheiden. Damit sind Einquantenübergänge erlaubte Übergänge, während Mehrquantenübergänge mit $|\Delta M| > 1$ verboten sind. Mehrquantenübergänge können jedoch durch starke CW-rf-Felder, die zu einem Mischen der Zustände führen [12, 69], oder durch eine Folge von mindestens zwei rf-Pulsen (Abb. 10e) [12, 75, 98, 99] erzeugt werden. Eine Beobachtung ist wiederum in Gegenwart eines starken rf-Feldes [12, 69] oder nach einem zusätzlichen Detektionspuls [12, 75, 98, 99] möglich.

Bei Spinsystemen mit $I = 1/2$-Kernen involvieren Mehrquantenübergänge notwendigerweise mehrere Spins, so daß die Mehrquantenspektren analog zu 2D-Korrelationsspektren Informationen über die Konnektivität der Spins innerhalb des J-Kopplungsnetzes enthalten. Insbesondere kann aus dem Übergang mit der höchsten Ordnung die Zahl der gekoppelten Spins abgeleitet werden. Relaxationsgeschwindigkeitskonstanten von Mehrquantenkohärenzen hängen von der Korrelation der Zufallsstörungen ab, die die beteiligten Spins beeinflussen, und liefern Informationen über Bewegungsprozesse [100].

An einem einfachen, anschaulichen Beispiel eines 2D-Doppelquantenspektrums (Abb. 16) sei gezeigt, wie Mehrquantenübergänge für die Zuordnung von Resonanzsignalen genutzt werden können [101]. Entlang ω_1 sind Doppelquantenübergänge und entlang ω_2 Einquantenübergänge für das Sechsspinsystem von $[D_3]$3-Aminopropanol $DOCH_2CH_2CH_2ND_2$ aufgetragen. Im allgemeinen gibt es drei Kategorien von Doppelquantenübergängen:

1) Doppelquantenübergänge unter Beteiligung von zwei direkt gekoppelten Spins. Sie erzeugen Kreuzpeakpaare, die symmetrisch zur Doppelquantendiagonalen ($\omega_1 = 2\omega_2$) liegen, mit ω_2-Koordinaten, die den Larmor-Frequenzen der beiden Spins entsprechen (z.B. $\omega_1 = \Omega_A + \Omega_M + \Omega_x$).

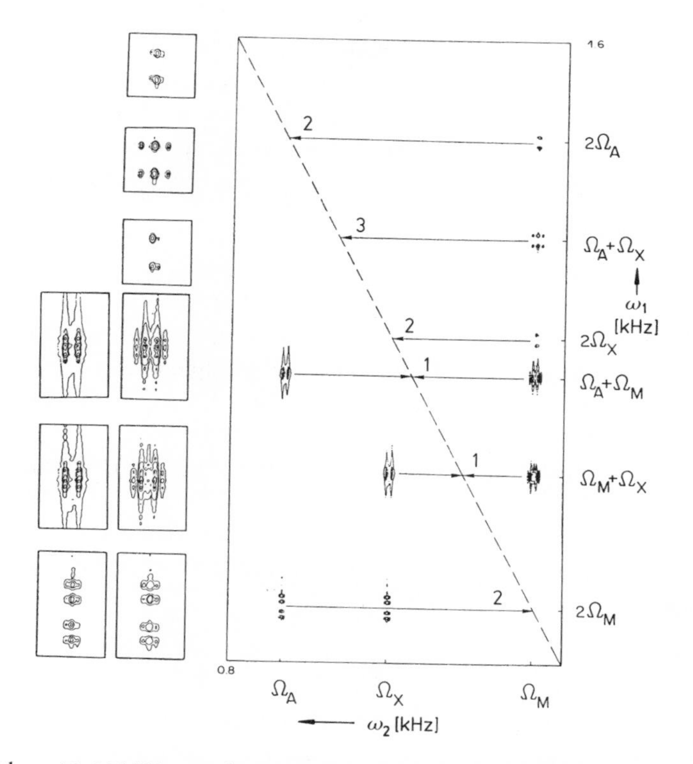

Abbildung 16: 90 MHz-2D-^{1}H-Korrelationsspektrum von $[D_3]$3-Aminopropanol mit den Doppelquantenübergängen entlang ω_1 und den Einquantenübergängen entlang ω_2. Die im Text erwähnten drei Arten von Doppelquantenübergängen sind mit 1-3 bezeichnet. Vergrößerungen der Kreuzpeaks sind im linken Teil abgebildet. Das Spektrum ist in der Absolutwertdarstellung wiedergegeben (aus [101]).

2) Doppelquantenübergänge unter Beteiligung von zwei magnetisch äquivalenten Spins. Sie rufen einen oder mehrere Kreuzpeaks bei einer ω_1-Frequenz hervor, die die Doppelquantendiagonale bei derjenigen ω_2-Frequenz schneidet, die der gemeinsamen Larmor-Frequenz der beiden Spins entspricht (z.B. $\omega_1 = 2\Omega_A$, $2\Omega_M$, $2\Omega_x$). Magnetische Äquivalenz ist im vorliegenden Beispiel nur im Rahmen der experimentellen Genauigkeit erfüllt.

3) Doppelquantenübergänge unter Beteiligung von zwei indirekt gekoppelten Spins. Sie rufen einzelne Kreuzpeaks bei einer ω_1-Frequenz hervor, die die Doppelquantendiagonale bei ω_2 gleich dem Mittelwert der beiden Larmor-Frequenzen schneidet (z.B. $\omega_1 = \Omega_A + \Omega_x$). Diese Kreuzpeaks enthalten die gleiche Information wie die in Relayed-Korrelationsspektren.

Für die praktische Anwendung ist es wesentlich, daß ein Mehrquantenspektrum keine Diagonalpeaks enthält, die üblicherweise das 2D-Spektrum dominieren. Es sollte nicht unerwähnt bleiben, daß eine schöne und nützliche Form eines Doppelquantenexperiments die 2D-INADEQUATE-Spektroskopie von Bax, Freeman und Kempsell ist [102, 103]. Dort können nur Peaks des Typs 1 auftreten.

Die bislang erwähnten Methoden liefern zusätzliche Kreuzpeaks, deren Informationen nicht mit Standard-COSY- und NOESY-Experimenten zugänglich sind. Im folgenden werden Techniken behandelt, die zu vereinfachten Spektren führen, die die Interpretation erleichtern können.

4.4 Mehrquantenfilterung

Eine selektive Filterung kann dadurch erreicht werden, daß zunächst Mehrquantenkohärenzen angeregt, dann eine bestimmte Quantenordnung p ausgewählt und die ausgewählte Ordnung in beobachtbare Magnetisierung zurückverwandelt wird. Das Verfahren wird entsprechend als p-Quantenfilterung bezeichnet. Der spinsystemselektive Effekt beruht auf Kohärenztransferauswahlregeln, die die erlaubten Transfers für schwach gekoppelte Spins begrenzen [12, 104]:

1) Es ist nicht möglich, p-Quantenkohärenzen in Spinsystemen mit weniger als p gekoppelten $I = 1/2$-Spins anzuregen.

2) Das Auftreten eines Diagonalpeaks für den Spin I_k in einem p-quantengefilterten COSY-Spektrum erfordert, daß dieser Spin direkt mit mindestens $p-1$ weiteren Spins gekoppelt ist.

3) Für das Auftreten von Kreuzpeaks zwischen den Signalen der Spins I_k und I_l in einem p-quantengefilterten COSY-Spektrum ist es notwendig, daß beide Spins gleichzeitig mit mindestens $p-2$ weiteren Spins gekoppelt sind.

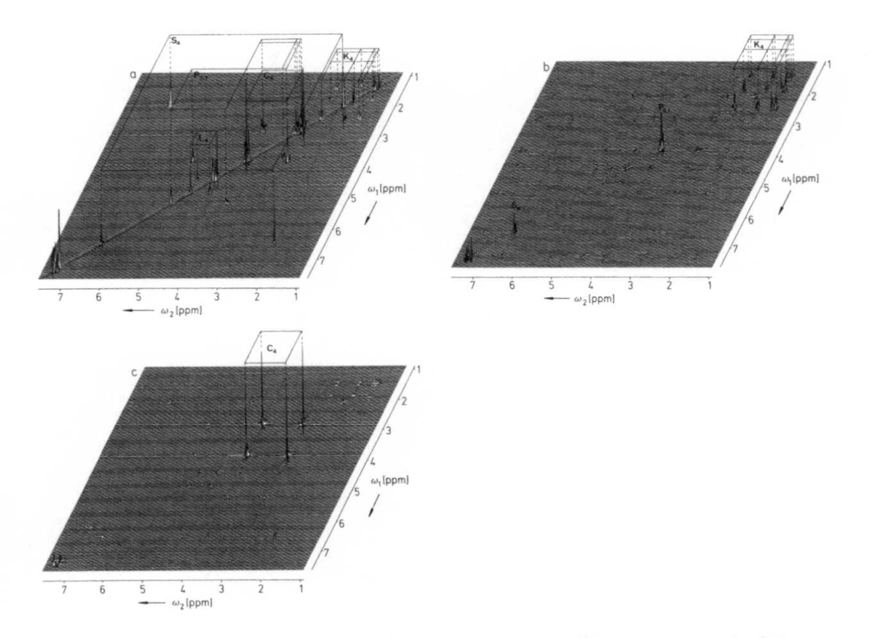

Abbildung 17: Mehrquanten- und spintopologiengefilterte 300 MHz-^{1}H-COSY-Spektren eines Gemisches der Vierspinsysteme enthaltenden Verbindungen aus Abb. 18. a) Doppelquantengefiltertes Spektrum, aufgenommen mit der Pulssequenz aus Abb. 19; b) vierquantengefiltertes Spektrum, aufgenommen mit der Pulssequenz aus Abb. 19; c) C_4-spintopologiegefiltertes Spektrum, aufgenommen mit der Pulssequenz aus Abb. 20 (aus [106]).

Diese Auswahlregeln für den Kohärenztransfer werden bei starker Kopplung und bei besonderen Relaxationsphänomenen verletzt [105].

In Abb. 17 wird der Effekt einer Vierquantenfilterung an mehreren Vierspinsystemen gezeigt. Die Probe besteht aus einem Gemisch der fünf Verbindungen *trans*-Phenylcyclopropancarbonsäure (K_4), DL-Isocitronensäurelacton ($P_{3,1}$), 1,1-Dichlorethan (S_4), 2-Chlorpropionsäure (C_4) und D-Saccharinsäure-1,4-Lacton (L_4) mit den in Abb. 18 angegebenen Kopplungstopologien [106].

In Abb. 17a ist ein konventionelles (doppelquantengefiltertes) COSY-Spektrum dieses Gemisches zu sehen, während Abb. 17b das entsprechende vierquantengefilterte Spektrum zeigt. Der Filtereffekt kann auf der Grundlage der gegebenen Regeln und der in Abb. 18 gezeigten Kopplungstopologien ohne Schwierigkeiten erklärt werden. Dies soll dem Leser überlassen werden. Es verbleiben lediglich die

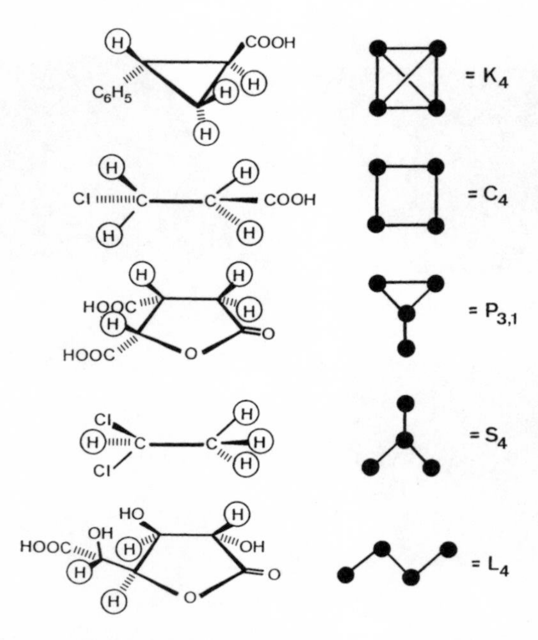

Abbildung 18: Für die Spektren in Abb. 17 verwendete Verbindungen und ihre Spinkopplungstopologien.

Kreuzpeaks des Moleküls mit K_4-Topologie und die Diagonalpeaks der Moleküle mit $P_{3,1}$-, S_4- und K_4-Topologie.

Technisch gesehen nutzt die Mehrquantenfilterung (Abb. 19) die charakteristische Abhängigkeit eines Mehrquantenkohärenztransfers von der rf-Phase der angewendeten Pulssequenz [12, 104, 107, 108]. Nehmen wir an, Kohärenz $c_{p1}(t)$ werde durch eine unitäre Transformation $U(0)$, die eine bestimmte Pulssequenz repräsentiert, in Kohärenz $c_{p2}(t)$ umgewandelt (14), wobei p_1 und p_2 Kohärenzordnungen sind. Alle rf-Pulse in der Sequenz $U(0)$ sollen nun um Φ phasenverschoben werden, so daß $U(\Phi)$ erhalten wird. Es kann dann gezeigt werden, daß die entstehende Kohärenz $c_{p2}(t)$ um den Betrag $(p_2 - p_1)\Phi$ phasenverschoben ist (15).

$$c_{p1}(t) \xrightarrow{U(0)} c_{p2}(t) \tag{14}$$

$$c_{p1}(t) \xrightarrow{U(\Phi)} c_{p2}(t)e^{i(p_2-p_1)\Phi} \tag{15}$$

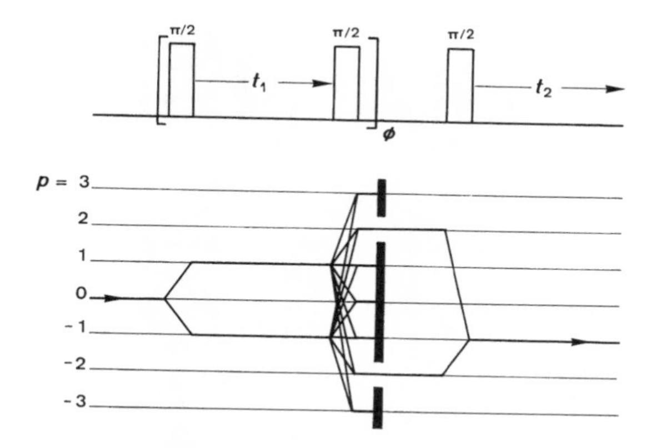

Abbildung 19: Pulssequenz für ein mehrquantengefiltertes COSY-Experiment mit dem Kohärenztransferdiagramm für Doppelquantenfilterung. Die Phase Φ wird in einer Reihe von N Experimenten systematisch inkrementiert, und die experimentellen Ergebnisse werden Gleichung (16) entsprechend kombiniert.

Die Phasenverschiebung ist also proportional zur Änderung der Kohärenzordnung ($\Delta p = p_2 - p_1$). Nach Durchführung einer Reihe von Experimenten, bei denen die Phase Φ in konstanten Intervallen $2\pi/N$ von 0 auf $2\pi(N-I)/N$ erhöht wird, ist es durch Fourier-Analyse nach Δp möglich, ein bestimmtes Δp zu selektionieren: Es sei $s(t,\Phi)$ das aufgezeichnete Signal eines Experiments mit einer Phasenverschiebung um Φ, dann erhält man das gefilterte Signal gemäß (16). Die erforderliche Zahl an Inkrementen N der Phase Φ hängt von der Zahl an Δp-Werten ab, die zu unterscheiden sind [108].

$$s(t,\Delta p) = \sum_{k=0}^{N=1} s(t, 2\pi k/N) e^{\frac{-i2\pi k \Delta p}{N}} \tag{16}$$

Es ist offensichtlich, daß keine bestimmte Kohärenzordnung p_2 auf diese Art herausgefiltert werden kann, solange nicht die ursprüngliche Kohärenzordnung p_1 bekannt ist. Am günstigsten ist es, als ursprünglichen Zustand denjenigen im thermischen Gleichgewicht mit $p_1 = 0$ zu wählen. Dann muß die gesamte Pulssequenz, die dem Punkt, an dem eine Kohärenzordnung ausgewählt werden soll, vorausgeht, den Phasencyclus Φ durchlaufen. Für mehrquantengefilterte COSY-Experimente führt dies zu der in Abb. 19 gezeigten Pulssequenz.

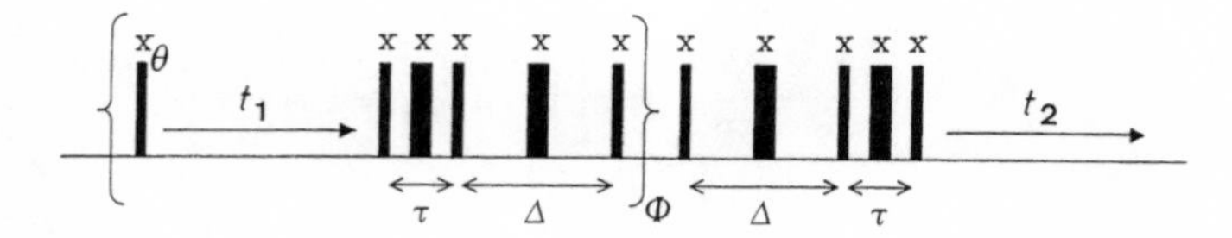

Abbildung 20: Pulssequenz zur C_4-Spintopologiefilterung. Als Delays sind $\tau = 1/(8J)$ und $\Delta = 1/(2J)$ eingestellt, wobei J die einheitliche J-Kopplungskonstante ist. ϕ durchläuft zur Vierquantenselektion und θ zur Unterdrückung von Axialpeaks einen Phasencyclus [106].

Es ist offensichtlich, daß Mehrquantenfilterung und Phasencyclen die N-fache Zahl an Experimenten erfordern. Es geht jedoch keine Information verloren, da in jedem Term von Gleichung (16) gerade der Phasenfaktor kompensiert wird und identische Signale für die relevanten Pfade aufaddiert werden. Somit wird die längere Meßdauer durch ein besseres Signal-Rausch-Verhältnis kompensiert.

4.5 Spintopologiefilterung

Es kann wünschenswert sein, die in Abb. 17 gezeigten Filtereffekte zu verstärken und einzelne Spinkopplungstopologien zu selektieren. Tatsächlich kann man umfangreiche Pulssequenzen in Verbindung mit Mehrquantenfilterung entwerfen, maßgeschneidert für bestimmte Spinkopplungstopologien [106, 109, 110]. Eine in ein 2D-COSY-Experiment eingebaute Pulssequenz, die cyclische C_4-Spinkopplungstopologien selektiert, ist in Abb. 20 zu sehen.

Auf das Gemisch von Vierspinsystemen (Abb. 18) angewendet, erhält man das 2D-Spektrum der Abb. 17c. Es zeigt eine wirksame Unterdrückung aller anderen Spinsysteme. Es sollte jedoch angemerkt werden, daß wir es hier mit einem nahezu idealen Fall zu tun haben. Häufig ist die Wirkung der Filter nicht so gut, da für ihre Konstruktion von der Gleichheit aller von Null verschiedenen Spinkopplungen ausgegangen wurde. In Wirklichkeit gibt es starke und schwache Kopplungen, die nicht ausschließlich unter topologischen Gesichtspunkten charakterisiert werden können. Häufig nehmen auch die Signalintensitäten während der langen Pulssequenzen aufgrund von Relaxation ab. Dadurch sind dem praktischen Nutzen solcher Experimente Grenzen gesetzt.

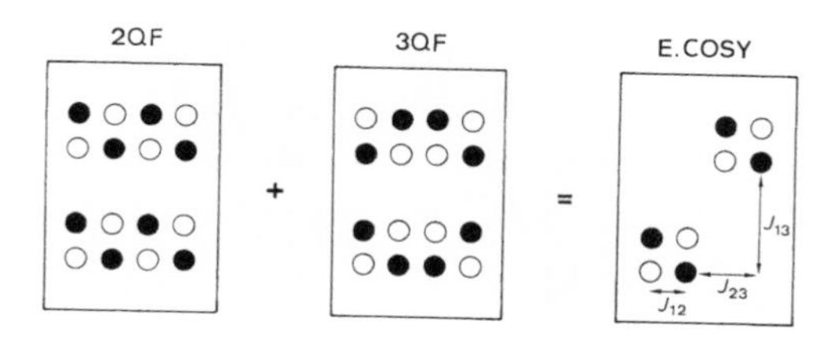

Abbildung 21: E. COSY-Experiment zur Vereinfachung der Multiplettstruktur von Kreuzpeaks. Die doppel- und die tripelquantengefilterten Kreuzpeaks zwischen den Spins I_1 und I_2 eines Dreispinsystems werden zum E. COSY-Peakmuster kombiniert. Positive und negative Komponenten sind durch weiße und schwarze Kreise unterschieden.

4.6 Exklusive Korrelationsspektroskopie

Mehrquantenfilterung unterdrückt nicht nur Diagonal- und Kreuzpeaks in 2D-Spektren, sondern ändert auch das Signalmuster in der Kreuzpeak-Multiplettstruktur. Durch geeignete Kombination unterschiedlich mehrquantengefilterter 2D-Spektren kann man die Multiplettstruktur vereinfachen, indem die Zahl der Multiplettkomponenten verringert wird. Die exklusive Korrelationsspektroskopie (E. COSY), die von O.W. Sørensen vorgeschlagen wurde, eliminiert alle Multiplettkomponenten aus einem COSY-Spektrum außer denjenigen, die zu Transferpaaren mit einem gemeinsamen Energieniveau gehören [111-113]. In der Praxis ist es nicht notwendig, mehrquantengefilterte Spektren im eigentlichen Sinne des Wortes zu kombinieren; es ist vielmehr möglich, die experimentellen Ergebnisse eines Phasencyclus direkt mit geeigneten Gewichtungsfaktoren aufzuaddieren.

Abbildung 21 zeigt schematisch die Kombination der Kreuzpeakmultipletts von zwei Spins, I_1 und I_2, in einem Dreispinsystem, die nach Doppelquanten- und Tripelquantenfilterung resultierten. Das verbleibende Muster besteht aus zwei einfachen Quadraten, deren Seitenlänge der für den Kohärenztransfer ursächlichen aktiven J_{12}-Kopplungskonstante entspricht. Der Verschiebungsvektor, der die beiden Quadrate ineinander überführt, ist durch die beiden passiven Kopplungen J_{13} und J_{23} zum dritten (passiven) Spin gegeben. Es sollte erwähnt werden, daß diese Multiplettstruktur mit derjenigen übereinstimmt, die man bei einem COSY-Experiment mit extrem kleinen Flipwinkel des Mischpulses erhält [114].

E. COSY ist immer dann von praktischem Nutzen, wenn die Kreuzpeak-Multiplettstruktur analysiert werden muß, um *J*-Kopplungskonstanten zu bestimmen. Dies kann gut per Hand durchgeführt werden, indem die Verschiebung der peripheren Multiplettkomponenten gemessen wird [113], oder aber durch rechnergestützte rekursive Kontraktion [115].

4.7 Heteronucleare zweidimensionale Experimente

Zusätzlich zu den bislang behandelten homonuclearen 2D-Experimenten wurde eine zumindest gleich große Zahl heteronuclearer Experimente vorgeschlagen und in die Laboratorien eingeführt. Von besonders großer praktischer Bedeutung sind heteronucleare Verschiebungskorrelationsspektren, die die chemische Verschiebung direkt gebundener oder voneinander entfernter, aber wechselwirkender Heterokerne korrelieren [116, 117]. In diesem Zusammenhang sind die Experimente mit inverser Detektion von besonderem Interesse, bei denen Protonen-I-Spinkohärenz in t_2 beobachtet wird, während sich die Spinkohärenz eines wenig empfindlichen S-Kerns geringer natürlicher Häufigkeit in t_1 entwickelt [116]. Die leistungsfähigsten Pulssequenzen erzeugen heteronucleare Zweispinkohärenzen, die in t_1 evolvieren und mit der Frequenz-Information der S-Spinkohärenz markiert werden [118]. Auch in heteronuclearen Experimenten sind sowohl Relayed-Kohärenztransfer- [90] als auch Experimente im rotierenden Koordinatensystem [119] wichtig. Spinfilterung kann dabei zur Multiplizitätsselektion genutzt werden, d.h. zur Unterscheidung von S-Spins, die mit einem, zwei oder drei I-Spins gekoppelt sind [120], oder aber als *J*-Filterung zur Unterscheidung von Kopplungen über eine oder mehrere Bindungen [121]. Diese Aufzählung heteronuclearer Experimente erhebt in keiner Weise Anspruch auf Vollständigkeit.

5 Dreidimensionale Fourier-Transformations-Spektroskopie

Um 3D-NMR-Spektroskopie zu entwickeln, sind keine neuen Prinzipien notwendig. Sie stellt lediglich eine logische Erweiterung der 2D-NMR-Spektroskopie dar. Anstelle eines einzigen Mischprozesses, der zwei Frequenzvariablen korreliert, verknüpfen zwei Mischprozesse

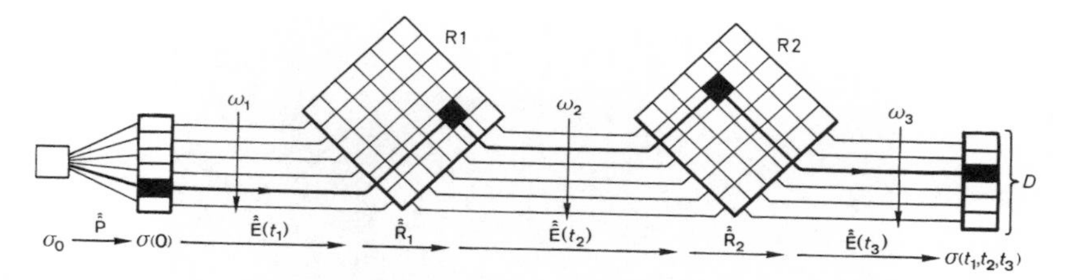

Abbildung 22: Schematische Darstellung eines 3D-Experiments in Erweiterung der Abb. 1 und 6. Drei Evolutionsperioden mit den Zeitvariablen t_1, t_2 und t_3 sind durch zwei Transfer-/Mischprozesse mit den Transfermatrizen R1 und R2 getrennt. Ein 3D-Experiment kann als die Kontraktion zweier 2D-Experimente angesehen werden.

drei Frequenzen: die Ausgangsfrequenz ω_1, die Relay-Frequenz ω_2 und die detektierte Frequenz ω_3 (Abb. 22). In diesem Sinne kann ein 3D-Experiment als Kombination zweier 2D-Experimente aufgefaßt werden. Es ist offensichtlich, daß eine sehr große Zahl an 3D-Experimenten erdacht werden kann. Allerdings haben sich bislang nur wenige davon als unentbehrlich erwiesen [122-130].

Zwei Anwendungen des Konzepts der 3D-Spektroskopie haben sich durchgesetzt: 1) 3D-Korrelations- und 2) 3D-Dispersionsspektroskopie (siehe auch Abb. 13). Dreidimensionale Korrelation spielt in homonuclearen Experimenten eine Rolle. Es wurde erwähnt, daß das Zuordnungsverfahren für Biomoleküle ein COSY-artiges und ein NOESY-artiges 2D-Experiment erfordert. Diese beiden 2D-Experimente könnten durch Kombination eines *J*-Kopplungs- und eines kreuzrelaxationsvermittelten Transfers in einem 3D-Experiment zusammengefaßt werden. Ein 3D-COSY-NOESY-Spektrum hat den Vorteil, daß das gesamte Zuordnungsverfahren mit einem einzigen homogenen Datensatz durchgeführt werden kann [127, 128]. Es enthält zudem redundante Informationen, so daß die Zuordnungen überprüft werden können. Um quantitative Informationen zu erhalten, sind 3D-Spektren allerdings weniger geeignet, da alle Peakintensitäten das Produkt zweier schwer zu trennender Transferkoeffizienten sind.

Ein 3D-ROESY-TOCSY-Spektrum des linearen Nonapeptids Buserilin ist in Abb. 23 wiedergegeben (vgl. auch Abb. 14) [128]. Für Buserilin ist eine ROESY- statt einer NOESY-Sequenz notwendig, da es sich um ein Molekül mittlerer Größe handelt, bei dem die NOE-Intensitäten klein sind. Die TOCSY-Sequenz hat den Vorteil, daß man

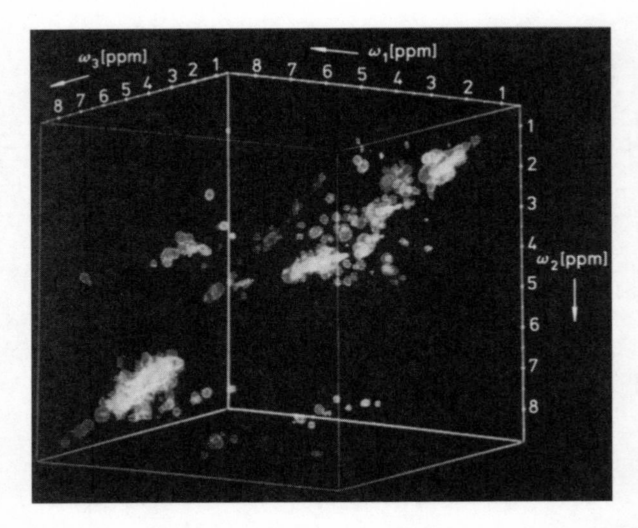

Abbildung 23: 3D-Darstellung eines homonuclearen 300 MHz-3D-ROESY-TOCSY-Spektrums von Buserilin in [D_6]DMSO, abphotographiert von einem Evans-and-Sutherland-Graphikbildschirm [128].

Ketten von Mehrschrittkreuzpeaks erhält, die auch Kerne der Seitenketten erfassen und so die Identifizierung der Aminosäurereste erleichtern.

Es sollte erwähnt werden, daß die Aufnahme eines 3D-Spektrums wesentlich mehr Zeit erfordert als die zweier 2D-Spektren, da zwei Zeitparameter, t_1 und t_2, unabhängig voneinander inkrementiert werden müssen, so daß eine große Zahl von 2D-Experimenten notwendig ist. Damit stellt sich die Frage, wann es die Mühe lohnt, ein 3D-Spektrum aufzunehmen. Mit dieser Frage haben sich bereits mehrere Veröffentlichungen [128, 131, 132] beschäftigt.

Wenden wir uns nun einem bestimmten Kreuzpeak in einem 3D-Spektrum zu, der die Kohärenzen $\{tu\}$ in der ω_1-, $\{rs\}$ in der ω_2- und $\{pq\}$ in der ω_3-Dimension korreliert. Seine Intensität wird durch das Produkt (17) aus Matrixelementen in der Eigenbasis des ungestörten Hamilton-Operators $\mathcal{H}_0$ bestimmt [128]. Aus einer Intensität ungleich null folgt somit eine Zweischrittkorrelation $\{tu\}$-$\{rs\}$-$\{pq\}$.

$$Z_{\{pq\}\{rs\}\{tu\}} = D_{qp} R^{(2)}_{\{pq\}\{rs\}} R^{(1)}_{\{rs\}\{tu\}} \left(\hat{\hat{\mathrm{P}}} \boldsymbol{\sigma}_0\right)_{tu} \tag{17}$$

Das 3D-Experiment kann mit zwei 2D-Experimenten verglichen werden, die die Mischverfahren $\hat{\hat{R}}^{(1)}$ bzw. $\hat{\hat{R}}^{(2)}$ verwenden. Die entsprechenden Intensitäten wären durch (18) bzw. (19) gegeben.

$$Z^{(1)}_{\{rs\}\{tu\}} = D^{(1)}_{sr} R^{(1)}_{\{rs\}\{tu\}} \left(\hat{\hat{P}}\boldsymbol{\sigma}_0\right)_{tu} \tag{18}$$

$$Z^{(2)}_{\{pq\}\{rs\}} = D_{qp} R^{(2)}_{\{pq\}\{rs\}} \left(\hat{\hat{P}}^{(2)}\boldsymbol{\sigma}_0\right)_{rs} \tag{19}$$

Wenn in den 2D-Spektren die beiden relevanten Peaks mit den Intensitäten $Z^{(1)}_{\{rs\}\{tu\}}$ und $Z^{(2)}_{\{pq\}\{rs\}}$ – möglicherweise in peakreichen Regionen – identifiziert werden können, könnte die Zweischrittkorrelation, die durch einen 3D-Peak repräsentiert wird, auch auf der Grundlage der beiden 2D-Spektren $\{tu\}$-$\{rs\}$ und $\{rs\}$-$\{pq\}$ festgestellt werden. Unter der Voraussetzung, daß $Z_{\{pq\}\{rs\}\{tu\}} \neq 0$ gilt, sind auch die Intensitäten $Z^{(1)}_{\{rs\}\{tu\}}$ und $Z^{(2)}_{\{pq\}\{rs\}}$ von Null verschieden, wenn zusätzlich gilt: $D^{(1)}_{sr} \neq 0$ und $\left(\hat{\hat{P}}^{(2)}\boldsymbol{\sigma}_0\right)_{rs} \neq 0$. Dies bedeutet, daß der Relayed-Übergang $\{rs\}$ im Präparationszustand $P^{(2)}$ angeregt und durch die Observable $D^{(1)}$ detektierbar sein muß. Für erlaubte Einspin-Einquantenkohärenzen ist diese Bedingung bei Anregung durch einen Einzelpuls und direkter Detektion erfüllt. Dagegen können verbotene Mehrspin-Einquantenkohärenzen und Mehrquantenkohärenzen weder durch einen einzelnen nichtselektiven Puls angeregt, noch können sie direkt detektiert werden. Solche Kohärenzen treten regelmäßig in der ω_2-Dimension eines 3D-Experiments auf. Die Anregung und indirekte Detektion dieser Kohärenzen in 2D-Experimenten erfordert besondere Anregungs- und Detektionspulssequenzen.

Zusammenfassend kann man sagen, daß die beiden zugrundeliegenden 2D-Experimente die gleiche Information über das Spinsystem liefern wie das 3D-Spektrum, wenn 1) die relevanten Frequenzen in der ω_2-Dimension des 3D-Spektrums in den 2D-Experimenten angeregt und detektiert werden können und 2) die Kreuzpeaks nicht durch Signalüberlappungen verdeckt sind, sondern in den 2D-Spektren identifiziert werden können. Die erste Bedingung ist im Normalfall leicht zu erfüllen, da die 2D-Experimente bei Bedarf für die Anregung und Detektion verbotener Übergänge modiziert werden können. Das begrenzte Auflösungsvermögen von 2D-Spektren dagegen ist die wichtigste Rechtfertigung für 3D- und möglicherweise noch höherdimensionale spektroskopische Verfahren.

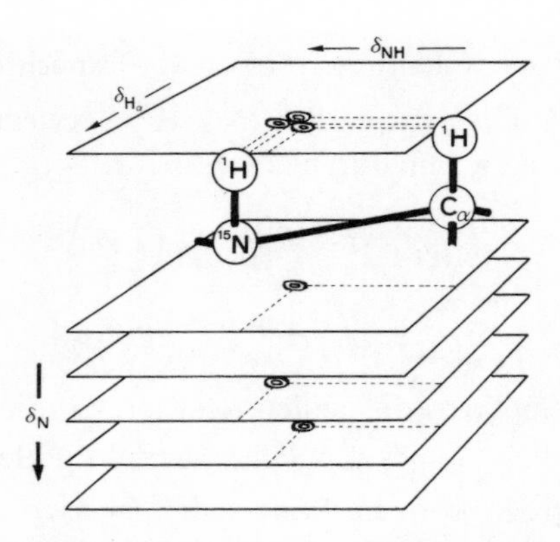

Abbildung 24: 3D-Auflösung eines 2D-^{1}H-NMR-Spektrums durch Spreizung mit den entsprechenden ^{15}N-Resonanzen. Die NH-C_αH-Kreuzpeaks werden in eine dritte Dimension gemäß den ^{15}N-chemischen Verschiebungen verschoben.

Da die Verbesserung der Auflösung die 3D-Spektroskopie rechtfertigt, kann es lohnend sein, eine dritte Frequenzachse nur für Auflösungszwecke einzuführen, statt zwei Prozesse zu kombinieren, die für das Zuordnungsverfahren relevant sind, das gleichzeitig eine hohe Auflösung in allen drei Dimensionen erfordert. Es ist dann möglich, das 3D-Auflösungsvermögen willkürlich zu wählen und die Gesamtdauer des 3D-Experiments zu optimieren. Für das Spreizen eines 2D-Spektrums in eine dritte Dimension können homonucleare oder heteronucleare Transfers genutzt werden. Heteronucleare Transfers über eine Bindung sind jedoch bei weitem wirksamer, da die starken heteronuclearen Kopplungen über eine Bindung eine Verteilung auf weitere Spins verhindern. Dies ermöglicht einen wirksamen Transfer nahezu ohne Magnetisierungsverlust. Zudem weisen Kerne wie ^{13}C oder ^{15}N weite Bereiche der chemischen Verschiebung auf, was ein hohes Auflösungsvermögen zur Folge hat. Das Prinzip der Spreizung ist in Abb. 24 dargestellt.

Ein in die dritte Dimension ^{15}N-gespreiztes TOCSY-Spektrum von Ribonuclease A ist in Abb. 25 wiedergegeben. Die heteronucleare Spreizung erfordert im allgemeinen isotopenmarkierte Moleküle. In diesem Fall wurde die Ribonuclease A in einem *E. coli*-Medium mit ^{15}N-markierten Nährstoffen hergestellt. Das Spektrum wurde mit der in Abb. 26 gezeigten Pulssequenz aufgenommen. Zunächst wird Protonenkohärenz angeregt, die während t_1 präzediert, wobei der in dieser

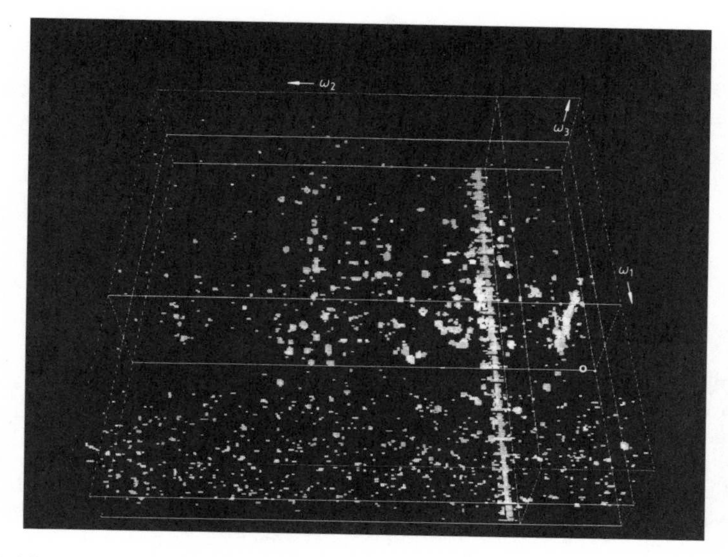

Abbildung 25: In eine dritte Dimension ^{15}N-gespreiztes 600 MHz-^{1}H-TOCSY-Spektrum von ^{15}N-markierter Ribonuclease A in Wasser. Das 3D-Spektrum zeigt die ^{15}N-Resonanzen entlang der ω_2-Achse. Das Spektrum wurde von C. Griesinger mit der Pulssequenz von Abb. 26 aufgenommen und von S. Boentges prozessiert. Die Probe wurde von Professor S. Benner (ETH Zürich) zur Verfügung gestellt.

Zeit angewendete π-Puls zur ^{15}N-Refokussierung dient. Während der Mischzeit τ_m erfolgt mit einer TOCSY-Multipulssequenz der Kohärenztransfer im rotierenden Koordinatensystem zu den NH-Protonen. Die NH-Kohärenz wird dann in ^{15}NH-heteronucleare Mehrquantenkohärenz (HMQC) überführt, die während t_2 präzediert und (unter Protonenrefokussierung) mit der ^{15}N-Resonanzinformation versehen wird. Nach Rückführung in NH-Kohärenz erfolgt Detektion während t_3 unter ^{15}N-Entkopplung. Um die Protonenresonanzsignale vollständig zuzuordnen, ist zusätzlich ein ^{15}N-gespreiztes NOESY-Spektrum notwendig.

Der Schritt hin zur 4D-Spektroskopie [133] ist ein kleiner und logischer Schritt: In 2D-Experimenten sind Spins paarweise korreliert, z.B. NH- und C_αH-Protonen. Dreidimensionale Dispersion verwendet entweder die ^{15}N- oder die $^{13}C_\alpha$-Resonanz, um die NH- bzw. C_αH-Resonanzsignale auseinanderzuziehen. In einem 4D-Experiment werden beide Spreizungen gleichzeitig angewendet (Abb. 27).

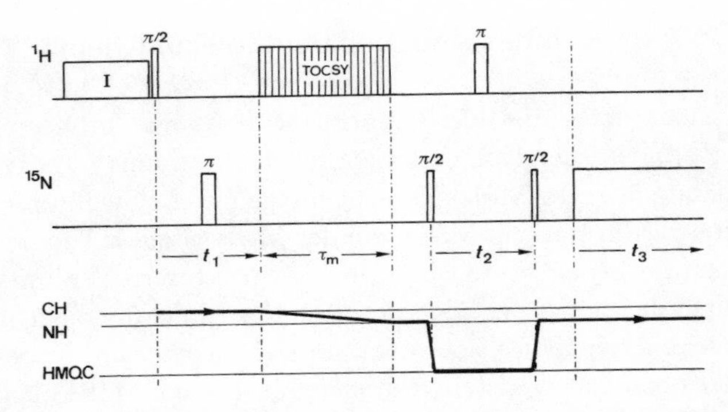

Abbildung 26: Pulssequenz zur Aufnahme eines dreidimensional ^{15}N-gespreizten TOCSY-Spektrums. Nach Sättigung der Wasserresonanz (I) werden die Protonenresonanzen angeregt und präzedieren während t_1. Nach homonuclearem TOCSY-Transfer von den CH- zu den NH-Protonen wird die Kohärenz in heteronucleare Mehrquantenkohärenz (HMQC) umgewandelt, die sich während t_2 entwickelt und mit den ^{15}N-chemischen Verschiebungen markiert wird. Nach Rückumwandlung in Protonenkohärenz werden die NH-Resonanzen während t_3 unter ^{15}N-Entkopplung detektiert.

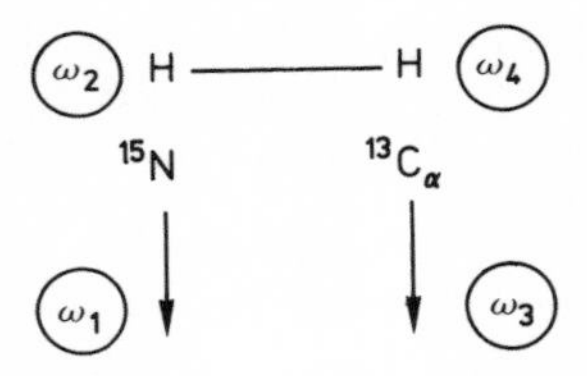

Abbildung 27: Doppelte Spreizung in 4D-Experimenten.

Die Reihenfolge der Frequenzen im konkreten Experiment ist eine Frage der Zweckmäßigkeit. Normalerweise wird als Detektionsfrequenz ω_4 aus Gründen der Empfindlichkeit eine Protonenresonanzfrequenz gewählt. In den meisten Fällen werden die beiden Spreizungskoordinaten nur durch wenige Abtastwerte repräsentiert, um die Dauer des Experiments zu begrenzen, gerade so, daß die im 2D-Spektrum übereinandergelagerten Signale getrennt werden. Häufig sind 8 bis 32 Punkte in jeder der beiden Dimensionen ausreichend.

6 NMR-Untersuchungen der Moleküldynamik

Molekülstrukturen, die durch NMR-Spektroskopie in Lösung oder durch Röntgenbeugung an Einkristallen bestimmt wurden, sind zwangsläufig über die Molekülbewegung gemittelte Strukturen, wobei der Mittelwert in starkem Maße von der Meßtechnik abhängig ist. Die Interpretation experimentell bestimmter Strukturen ist ohne gewisse Kenntnisse der Bewegungseigenschaften des Moleküls nicht möglich. Die Moleküldynamik ist aber auch an sich bedeutsam, insbesondere um Reaktionen und Wechselwirkungen mit anderen Molekülen zu verstehen. Beispielsweise sind in vielen Fällen aktive Bindungsstellen in Molekültaschen nur dank der Flexibilität des Moleküls selbst zugänglich.

Die Charakterisierung der Bewegungseigenschaften eines Moleküls ist um Größenordnungen schwieriger als die Beschreibung einer gemittelten Molekülstruktur. Während $3N - 6$ Koordinaten ausreichen, um eine Struktur mit N Atomen darzustellen, erfordert die Charakterisierung der Moleküldynamik $3N - 6$ Varianzen der intramolekularen Koordinaten, $(3N - 6)(3N - 5)/2$ Kovarianzen und jeweils die gleiche Anzahl von Auto- bzw. Kreuzkorrelationsfunktionen. Zusätzlich werden auch Korrelationsfunktionen höherer Ordnung für eine genauere Beschreibung der Dynamik benötigt. In der Praxis steht nie eine ausreichende Zahl an Observablen für die vollständige Beschreibung der Moleküldynamik zur Verfügung.

Es gibt eine Reihe von Techniken, um Daten über dynamische Prozesse zu erhalten: Debye-Waller-Faktoren in der Röntgenbeugung geben Hinweise auf die Varianzen der Kernkoordinaten, jedoch ohne ein Maß für die Zeitskala zu liefern. Inelastische und quasielastische Neutronenstreuung liefern Korrelationsfunktionen, jedoch ohne Beziehung zur Struktur. Fluoreszenzdepolarisation ermöglicht die Bestimmung der Bewegungskorrelationsfunktion von fluoreszierenden Gruppen wie Tyrosinresten in Proteinen. Ultraschallabsorption liefert Informationen über die Frequenzen der dominanten Bewegungsmoden, wiederum ohne Bezug zur Struktur.

Die NMR-Spektroskopie läßt sich universeller auf Untersuchungen dynamischer Prozesse anwenden als die meisten anderen Techniken. Der Bereich der Korrelationszeiten τ_c, die durch die verschiedenen NMR-Methoden abgedeckt werden, ist gewaltig; er reicht von Picosekunden bis zu Sekunden und mehr:

1 s $< \tau_c$	Echtzeitmessung nach anfänglicher Störung
10 ms $< \tau_c <$ 10 s	2D-Austauschspektroskopie (EXSY)
100 µs $< \tau_c <$ 1 s	Linienformanalyse, Austauschverbreiterung und -verschmälerung
1 µs $< \tau_c <$ 10 ms	$T_{1\varrho}$-Relaxationszeitmessungen im rotierenden Koordinatensystem
30 ps $< \tau_c <$ 1 µs	T_1-Relaxationszeitmessungen im Laborkoordinatensystem
$\tau_c <$ 100 ps	gemittelte Parameterwerte

Außer bei langsamen Bewegungen mit einer Zeitskala von Millisekunden oder mehr, bei denen Linienverbreiterungs-, Sättigungstransfer- und 2D-Austauschuntersuchungen durchgeführt werden, beruhen viele NMR-Untersuchungen der Dynamik auf Relaxationszeitmessungen. Die verschiedenen Relaxationsparameter, z.B. die longitudinale Relaxationszeit T_1, die transversale Relaxationszeit T_2, die Relaxationszeit im rotierenden Koordinatensystem $T_{1\varrho}$ und die Kreuzrelaxations-Geschwindigkeitskonstanten Γ_{kl} sind von der Korrelationszeit τ_c des zugrundeliegenden Prozesses abhängig.

Die folgende Diskussion beschränkt sich auf eine neuere Untersuchung der intramolekularen Dynamik in Antamanid **1** [95, 134, 135] (siehe Abb. 8, 9, 11). Antamanid ist ein Gegengift gegen die toxischen Bestandteile des Pilzes *Amanita phalloides* und erstaunlicherweise zugleich auch ein Bestandteil dieses Pilzes. Frühe Ultraschallabsorptionsuntersuchungen [136] wiesen darauf hin, daß der Peptidring eine Konformationsänderung mit einer Frequenz von etwa 1 MHz eingeht. Des weiteren wurde im Rahmen von ausgedehnten Untersuchungen an **1** durch die Forschungsgruppe von Professor Horst Kessler festgestellt [137-140], daß die aus NMR-Messungen abgeleiteten Abstandsbedingungen nicht durch eine einzige Konformation erfüllt werden können. Martin Blackledge führte in unserem Laboratorium Relaxationszeitmessungen im rotierenden Koordinatensystem durch und lokalisierte einen Austausch von Wasserstoffbrückenbindungen mit einer Aktivierungsenergie von etwa 20 kJ mol^{-1} und einer Lebensdauer bei Raumtemperatur von 25 µs (unveröffentlichte Ergebnisse, siehe auch Lit. [141]). Mit einem neuen Verfahren zur Bestimmung dynamischer Strukturen, MEDUSA genannt [135], wurde der Konformationsraum von Antamanid **1** systematischer denn je zuvor untersucht. Es wurden 1176 mögliche Strukturen niedriger Energie gefunden. Diese wurden mit dem Ziel zu Paaren kombiniert, alle experimentellen Bedingungen zu erfüllen, nämlich NOE-Abstandsbedingungen, Diederwinkelbedingungen aus *J*-Kopplungskonstanten und spezifische Informationen über die Dynamik von Wasserstoffbrükkenbindungen. Dabei wurde eine große Zahl möglicher Strukturpaare erhalten. Alle Paare sind innerhalb der experimentellen Genauigkeit mit den Daten zu vereinbaren. Um das dynamische System von Antamanid **1** noch genauer beschreiben zu können, sind zusätzliche und präzisere Daten erforderlich. Abbildung 28 zeigt als Beispiel das Strukturpaar, das bislang den experimentellen Daten am besten entspricht. Die beiden Strukturen unterscheiden sich hauptsächlich in den Wasserstoffbrückenbindungen Val^1NH-Phe^9O und Phe^6NH-Ala^4O, die nur in einer der beiden Konformationen (**II**) auftreten, sowie in den Torsionswinkeln ϕ_5 und ϕ_{10}.

Eine zweite Untersuchung konzentrierte sich auf die Ringdynamik der vier Prolinreste in Antamanid **1** [134]. Die Konformationen dieser Fünfringsysteme können aus den Diederwinkeln χ_1, χ_2 und χ_3 bestimmt werden, die wiederum aus den *J*-Kopplungskonstanten vicinaler Protonen mit Hilfe der Karplus-Beziehung [66] zugänglich sind. Die notwendigen Kopplungskonstanten (21 für jeden Aminosäurerest) wurden aus E. COSY-Spektren entnommen. Auf der Grundlage dieser Daten wurde durch Least-squares-Anpassung ein Modell für jeden Prolinrest entwickelt. Dabei konnte man für Pro^3 und Pro^8 eine gute Übereinstimmung mit einer einzigen starren Konformation erreichen, während für Pro^2 und Pro^7 zwei rasch austauschende Konformationen nötig waren, um den Anpassungsfehler auf einen akzeptablen Wert zu reduzieren. Messungen der ^{13}C-Relaxationszeiten bestätigten, daß Pro^3 und Pro^8 starr sind, während Pro^2 und Pro^7 ein dynamisches Verhalten mit Korrelationszeiten zwischen 30 und 40 ps aufweisen. Dies bedeutet, daß die Dynamik des Peptidrings und diejenige der Prolinringe nicht dynamisch korreliert sind und auf völlig unterschiedlichen Zeitskalen ablaufen. Die beiden für Pro^2 gefundenen austauschenden Konformationen sind in Abb. 29 wiedergegeben. Man sieht, daß die Konformationsumwandlung einer Bewegung der »Briefumschlagklappe« (C_γ) nach oben oder unten entspricht.

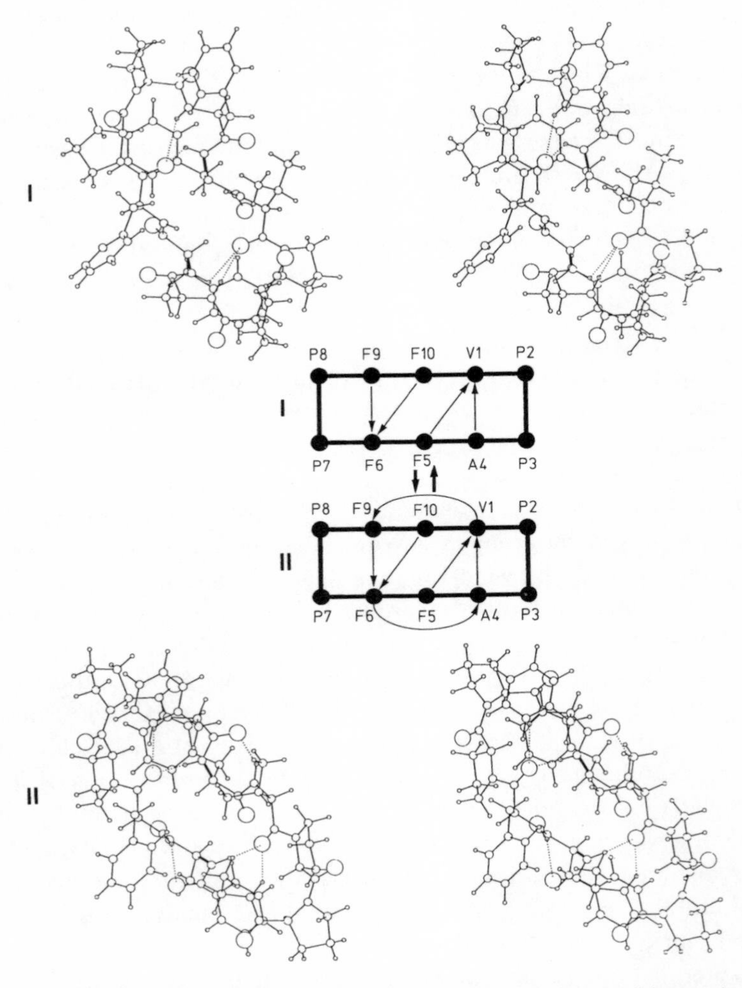

Abbildung 28: Konformerenpaar von Antamanid **1**, das in Einklang mit den experimentellen Ergebnissen ist. Die beiden Paare sind als Stereostrichbilder gezeigt. In der ersten Darstellung werden die Wasserstoffbrückenbindungen durch gestrichelte Linien angedeutet, in der zweiten durch Pfeile, die auf die an den Wasserstoffbrücken beteiligten Sauerstoffatome weisen. Die Bindungen, um welche die Torsionswinkel φ_5 (unten) und φ_{10} (oben) drehen, sind verdickt gezeichnet. (Aus [135])

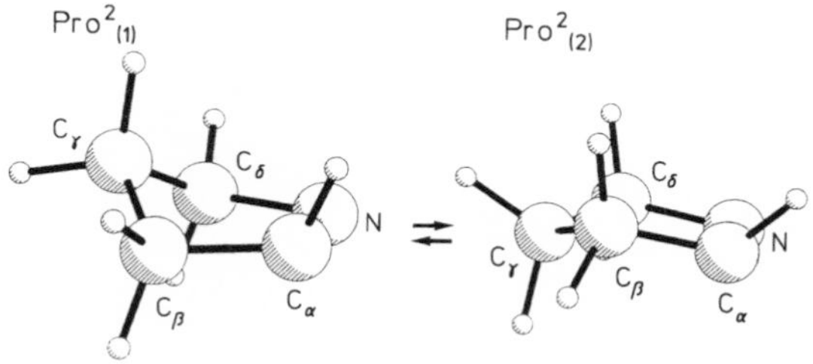

Abbildung 29: Die beiden experimentell ermittelten Konformationen des Aminosäurerests Pro^2 in Antamanid **1** (siehe [134]).

7 Medizinische Bildgebung auf der Grundlage der Kernresonanz-Fourier-Transformations-Spektroskopie

Das Verfahren des »magnetic resonance imaging« (MRI) hat die medizinische Diagnostik enorm beeinflußt und sich rasch zu einer leistungsfähigen Routinemethode entwickelt. Die grundlegende Technik zur Aufnahme des zwei- oder dreidimensionalen Bildes eines Objekts ist auf Paul Lauterbur zurückzuführen [142]. Ein Magnetfeldgradient, der in einer Serie von Experimenten entlang unterschiedlicher Raumrichtungen angewendet wird, erzeugt Projektionen der Kernspinintensität des Objekts auf die Richtung des Gradienten. Aus einer genügend großen Zahl solcher Projektionen läßt sich ein Bild des Objekts rekonstruieren, z.B. durch gefilterte Rückwärtsprojektion in Analogie zur Röntgentomographie.

Ein anderer Ansatz ist eng mit der 2D- und 3D-FT-Spektroskopie verwandt. Man erreicht dabei die Frequenzkodierung der drei Dimensionen des Raumes durch lineare Magnetfeldgradienten, die in einem Puls-FT-Experiment nacheinander entlang dreier orthogonaler Richtungen für die Zeiten t_1, t_2 bzw. t_3 angewendet werden [143]. In vollständiger Analogie zur 3D-Spektroskopie werden die Zeitparameter t_1 und t_2 von Experiment zu Experiment um einen konstanten Betrag inkrementiert. Das aufgezeichnete Signal $s(t_1, t_2, t_3)$ wird in drei Dimensionen Fourier-transformiert, und man erhält eine Funktion $S(\omega_1, \omega_2, \omega_3)$, die einem räumlichen dreidimensionalen Bild entspricht, wenn man die räumliche Information mit Hilfe der Bedingungen $x = \omega_1/g_x$, $y = \omega_2/g_y$, $z = \omega_3/g_z$ (g_x, g_y und g_z sind die Feldgradienten)

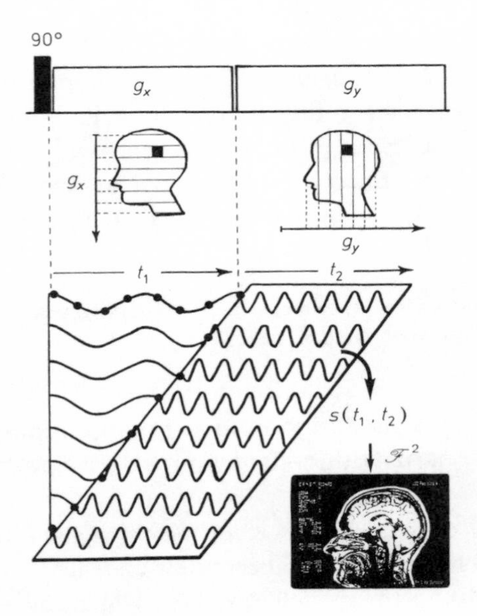

Abbildung 30: Schematische Darstellung des MRI-Fourier-Verfahrens an einem zweidimensionalen Beispiel. Zwei orthogonale Gradienten (g_x, g_y) wirken während t_1 bzw. t_2 eines 2D-Experiments. Die 2D-Fourier-Transformation des Datensatzes $s(t_1, t_2)$ erzeugt ein 2D-Bild des Untersuchungsobjekts (R.R. Ernst).

dekodiert. Abbildung 30 veranschaulicht das Verfahren für zwei Dimensionen.

In einer weiter verfeinerten Version, die von Edelstein et al. vorgeschlagen wurde [144], ersetzt man die Zeitvariablen t_1 und t_2 durch variable Feldgradienten g_x und g_y, die während einer konstanten Evolutionszeit angewendet werden. Für die akkumulierte Phase [Gl. (20)] ist es unwesentlich, ob die Evolutionszeit oder die Feldgradienten variiert werden. Eine konstante Zeit t_k schaltet jedoch unerwünschte Relaxationseffekte aus.

$$\gamma = x g_x t_1 + y g_y t_2 + z g_z t_3 \tag{20}$$

In medizinischen Bildgebungsverfahren haben 3D-Experimente eine natürliche Rechtfertigung, obwohl es manchmal einfacher ist, mit selektiven Anregungstechniken einen 2D-Schnitt durch das zu untersuchende Objekt auszuwählen [145]. Sogar eine Ausweitung auf noch höhere Dimensionen ist recht realistisch. In einer vierten Dimension könnten z.B. Informationen über die chemische Verschiebung untergebracht werden [146]. Des weiteren könnten auch Informationen aus der 2D-Spektroskopie mit den drei Raumrichtungen kombiniert werden, was zu einem 5D-Experiment führte. Der menschlichen Vorstellungskraft scheinen hier keine Grenzen gesetzt zu sein. Die praktischen Grenzen werden jedoch schnell erreicht, wenn die notwendige Meßzeit berücksichtigt wird.

8 Schlußbemerkungen

Ich kenne kein anderes Gebiet der Wissenschaften außerhalb der magnetischen Resonanz, das kreativen Forschern soviel Freiheit und so viele Möglichkeiten bietet, neue Experimente zu entwickeln und zu erproben, die für eine solche Vielzahl von Disziplinen nützlich sein können. Die NMR-Spektroskopie ist intellektuell attraktiv, weil die beobachteten Phänomene auf der Grundlage einer soliden Theorie erklärt werden und fast alle Einfälle mit einfachen Experimenten getestet werden können. Zugleich ist die praktische Bedeutung der NMR-Technik außergewöhnlich groß und kann viele der spielerischen Aktivitäten eines Spektroskopikers rechtfertigen.

Mein Dank für viele Anregungen gilt vor allem meinen Lehrern Hans Primas und Hans H. Günthard, meinem Betreuer Weston A. Anderson und meinem Inspirator Jean Jeener sowie meinen Mitarbeitern (in etwa chronologischer Reihenfolge genannt): Thomas Baumann, Enrico Bartholdi, Robert Morgan, Stefan Schäublin, Anil Kumar, Dieter Welti, Luciano Müller, Alexander Wokaun, Walter P. Aue, Jiri Karhan, Peter Bachmann, Geoffrey Bodenhausen, Peter Brunner, Alfred Höhener, Andrew A. Maudsley, Kuniaki Nagayama, Max Linder, Michael Reinhold, Ronald Haberkorn, Thierry Schaffhauser, Douglas Burum, Federico Graf, Yongren Huang, Slobodan Macura, Beat H. Meier, Dieter Suter, Pablo Caravatti, Ole W. Sørensen, Lukas Braunschweiler, Malcolm H. Levitt, Rolf Meyer, Mark Rance, Arthur Schweiger, Michael H. Frey, Beat U. Meier, Marcel Müri, Christopher Councell, Herbert Kogler, Roland Kreis, Norbert Müller, Annalisa Pastore, Christian Schönenberger, Walter Studer, Christian Radloff, Albert Thomas,

Rafael Brüschweiler, Herman Cho, Claudius Gemperle, Christian Griesinger, Zoltan L. Mádi, Peter Meier, Serge Boentges, Marc McCoy, Armin Stöckli, Gabriele Aebli, Martin Blackledge, Jacques Briand, Matthias Ernst, Tilo Levante, Pierre Robyr, Thomas Schulte-Herbrüggen, Jürgen Schmidt und Scott Smith. Ebenfalls danken möchte ich meinen technischen Mitarbeitern Hansruedi Hager, Alexandra Frei, Janos A. Deli, Jean-Pierre Michot, Robert Ritz, Thomas Schneider, Markus Hintermann, Gerhard Gucher, Josef Eisenegger, Walter Lämmler und Martin Neukomm, meiner Sekretärin Irène Müller sowie einigen Forschungsgruppen, mit denen ich zusammenarbeiten durfte. Dies sind zuallererst die Gruppe um Kurt Wüthrich und die Gruppe um Horst Kessler. Die beschriebenen Arbeiten wurden in den ersten Jahren vor allem von der Firma Varian Associates und in jüngerer Zeit von der ETH-Zürich, dem Schweizerischen Nationalfonds zur Förderung der Wissenschaftlichen Forschung, der Kommission zur Förderung der Wissenschaftlichen Forschung und nicht zuletzt der Firma Spectrospin AG unterstützt, denen ich hiermit ebenfalls danke.

Übersetzt von Dipl.-Chem. *Harald Schwalbe*, Steinbach

Literaturverzeichnis

[1] I.I. Rabi, *Phys. Rev.*, 51:652, 1937.

[2] I.I. Rabi, J.R. Zacharias, S. Millman, und P. Kusch, *Phys. Rev.*, 53:318, 1938.

[3] I.I. Rabi, S. Millman, P. Kusch, und J.R. Zacharias, *Phys. Rev.*, 55:526, 1939.

[4] J.M.B. Kellogg, I.I. Rabi, N.F. Ramsey, und J.R. Zacharias, *Phys. Rev.*, 55:318, 1939.

[5] J.M.B. Kellogg, I.I. Rabi, N.F. Ramsey, und J.R. Zacharias, *Phys. Rev.*, 56:728, 1939.

[6] J.M.B. Kellogg, I.I. Rabi, N.F. Ramsey, und J.R. Zacharias, *Phys. Rev.*, 57:677, 1940.

[7] E.M. Purcell, H.G. Torrey, und R.V. Pound, *Phys. Rev.*, 69:37, 1946.

[8] F. Bloch, W. Hansen, und M.E. Packard, *Phys. Rev.*, 69:127, 1946.

[9] F. Bloch, *Phys. Rev.*, 70:460, 1946.

[10] J. Brossel und A. Kastler, *C.R. Hebd. Seances Acad. Sci.*, 229: 1213, 1949.

[11] A. Kastler, *J. Phys. Radium*, 11:255, 1950.

[12] R.R. Ernst, G. Bodenhausen, und A. Wokaun, *Principles of NMR in One and Two Dimensions*, Clarendon Press, Oxford, 1987.

[13] A. Bax, *Two-Dimensional NMR in Liquids*, Delft University Press, Reidel, Dortrecht, 1982.

[14] Attur-ur Rahman, *Nuclear Magnetic Resonance, Basic Principles*, Springer, New York, 1986.

[15] N. Chandrakumar und N. Subramanian, *Modern Techniques in High-Resolution FT-NMR*, Springer, New York, 1987.

[16] H. Friebolin, *Ein- und zweidimensionale NMR-Spektroskopie*, VCH, Weinheim, 1988.

[17] H. Friebolin, *Basic One- und Two-Dimensional NMR Spectroscopy*, VCH, Weinheim, 1991.

[18] G.E. Martin und A.S. Zektzer, *Two-Dimensional NMR Methods for Establishing Molecular Connectivity*, VCH, Weinheim, 1988.

[19] J. Schraml und J.M. Bellama, *Two-Dimensional NMR Spectroscopy*, Wiley Interscience, New York, 1988.

[20] W.S. Brey (Hrsg.), *Pulse Methods in 1D und 2D Liquid-Phase NMR*, Academic Press, New York, 1988.

[21] A.A. Michelson, *Philos. Mag. Ser. 5*, 31:256, 1981.

[22] A.A. Michelson, *Light Waves und Their Uses*, University of Chicago Press, Chicago, 1902.

[23] P. Fellgett, Dissertation, Cambridge University, 1951.

[24] P. Fellgett, *J. Phys. Radium*, 19:187, 1958.

[25] *Varian Associates Magazine*, 24(7):11, 1979.

[26] *IEEE Center for the History of Electrical Engineering Newsletter*, 24:2, 1990.

[27] R.R. Ernst und W.A. Anderson, *Rev. Sci. Instrum.*, 37:93, 1966.

[28] R.R. Ernst, *Adv. Magn. Reson.*, 2:1, 1966.

[29] W.A. Anderson und R.R. Ernst, Impulse Resonance Spectrometer Including a Time Averaging Computer and a Fourier Analyzer, 1969, US-A 3475680, (eingereicht am 26. Mai 1965).

[30] O.W. Sørensen, G.W. Eich, M.H. Levitt, G. Bodenhausen, und R.R. Ernst, *Prog. Nucl. Magn. Reson. Spectrosc.*, 16:163, 1983.

[31] R.R. Ernst, *The Applications of Computer Techniques in Chemical Research*, S. 61, The Institute of Petroleum, London, 1972.

[32] J.B.J. Fourier, *Théorie analytique de la chaleur*, Firmin Didot, Père et fils, Paris, 1822.
[33] I.J. Lowe und R.E. Norberg, *Phys. Rev.*, 107:46, 1957.
[34] N. Wiener, *Mass. Inst. Technol. Res. Lab. Radiation Rep.*, V:16 S, 1942.
[35] N. Wiener, *Nonlinear Problems in Random Theory*, Wiley, New York, 1958.
[36] R.H. Varian, Gyromagnetic Resonance Methods and Apparatus, 1966, US-A 3287629, (eingereicht am 29. August 1956).
[37] H. Primas, *Helv. Phys. Acta*, 34:36, 1961.
[38] R.R. Ernst und H. Primas, *Helv. Phys. Acta*, 36:583, 1963.
[39] R.R. Ernst, *J. Chem. Phys.*, 45:3845, 1966.
[40] R.R. Ernst, *Mol. Phys.*, 16:241, 1969.
[41] R. Kaiser, *J. Magn. Reson.*, 3:28, 1970.
[42] R.R. Ernst, *J. Magn. Reson.*, 3:10, 1970.
[43] D. Ziessow und B. Blümich, *Ber. Bunsenges. Phys. Chem.*, 78: 1169, 1974.
[44] B. Blümich und D. Ziessow, *J. Chem. Phys.*, 78:1059, 1983.
[45] B. Blümich, *Bull. Magn. Reson.*, 7:5, 1985.
[46] J. Dadok und R.F. Sprecher, *J. Magn. Reson.*, 13:243, 1974.
[47] R.K. Gupta, J.A. Ferretti, und E.D. Becker, *J. Magn. Reson.*, 13: 275, 1974.
[48] J.A. Ferretti und R.R. Ernst, *J. Chem. Phys.*, 65:4283, 1976.
[49] B.L. Tomlinson und H.D.W. Hill, *J. Chem. Phys.*, 59:1775, 1973.
[50] M.H. Levitt und R. Freeman, *J. Magn. Reson.*, 33:473, 1979.
[51] M.H. Levitt, *Prog. Nucl. Magn. Reson. Spectrosc.*, 18:61, 1986.
[52] R.L. Vold, J.S. Waugh, M.P. Klein, und D.E. Phelps, *J. Chem. Phys.*, 48:3831, 1968.
[53] R. Freeman und H.D.W. Hill, *Dynamic NMR Spectroscopy*, S. 131, Academic Press, New York, 1975.
[54] S. Forsén und R.A. Hoffman, *J. Chem. Phys.*, 39:2892, 1963.
[55] H.C. Torrey, *Phys. Rev.*, 75:1326, 1949.
[56] H.C. Torrey, *Phys. Rev.*, 76:1059, 1949.
[57] E.L. Hahn, *Phys. Rev.*, 76:145, 1949.
[58] E.L. Hahn, *Phys. Rev.*, 80:297, 1950.
[59] E.L. Hahn, *Phys. Rev.*, 80:580, 1950.
[60] M. Emshwiller, E.L. Hahn, und D. Kaplan, *Phys. Rev.*, 118:414, 1960.
[61] S.R. Hartmann und E.L. Hahn, *Phys. Rev.*, 128:2042, 1962.

[62] M.B. Comisarow und A.G. Marshall, *Chem. Phys. Lett.*, 25:282, 1974.

[63] M.B. Comisarow und A.G. Marshall, *Chem. Phys. Lett.*, 26:489, 1974.

[64] J.C. McGurk, H. Mäder, R.T. Hofmann, T.G. Schmalz, und W.H. Flygare, *J. Chem. Phys.*, 61:3759, 1974.

[65] M.K. Bowman, *Modern Pulsed und Continuous-Wave Electron Spin Resonance*, S. 1, Wiley, New York, 1990.

[66] M. Karplus, *J. Chem. Phys.*, 30:11, 1959.

[67] J.H. Noggle und R.E. Schirmer, *The Nuclear Overhauser Effect*, Academic Press, New York, 1971.

[68] K. Wüthrich, *NMR of Proteins und Nucleic Acids*, Wiley Interscience, New York, 1986.

[69] S. Yatsiv, *Phys. Rev.*, 113:1522, 1952.

[70] W.A. Anderson und R. Freeman, *J. Chem. Phys.*, 37:85, 1962.

[71] R. Freeman und W.A. Anderson, *J. Chem. Phys.*, 37:2053, 1962.

[72] R.A. Hoffman und S. Forsén, *Prog. Nucl. Magn. Reson. Spectrosc.*, 1:15, 1966.

[73] J. Jeener, Ampère international summer school, Basko Polje, Jugoslawien, unveröffentlicht, 1971.

[74] R.R. Ernst, VIth international conference an magnetic resonance in biological systems, Kandersteg, Schweiz, unveröffentlicht, 1974.

[75] W.P. Aue, E. Bartholdi, und R.R. Ernst, *J. Chem. Phys.*, 64:2229, 1976.

[76] J. Jeener, B.H. Meier, und R.R. Ernst, *J. Chem. Phys.*, 71:4546, 1979.

[77] B.H. Meier und R.R. Ernst, *J. Am. Chem. Soc.*, 101:6641, 1979.

[78] S. Macura und R.R. Ernst, *Mol. Phys.*, 41:95, 1980.

[79] Anil Kumar, R.R. Ernst, und K. Wüthrich, *Biochem. Biophys. Res. Commun.*, 95:1, 1980.

[80] M.P. Williamson, T.F. Havel, und K. Wüthrich, *J. Mol. Biol.*, 182: 295, 1985.

[81] A.D. Kline, W. Braun, und K. Wüthrich, *J. Mol. Biol.*, 189:377, 1986.

[82] B.A. Messerle, A. Schäffer, M. Vasák, J.H.R. Kägi, und K. Wüthrich, *J. Mol. Biol.*, 214:765, 1990.

[83] G. Otting, Y.Q. Qian, M. Billeter, M. Müller, M. Affolter, W.J. Gehring, und K. Wüthrich, *EMBO J.*, 9:3085, 1990.

[84] T.F. Haveland und K. Wüthrich, *Bull. Math. Biol.*, 46:673, 1984.
[85] W. Braun und N. Gō, *J. Mol. Biol.*, 186:611, 1985.
[86] R. Kaptein, E.R.P. Zuiderweg, R.M. Scheek, R. Boelens, und W.F. van Gunsteren, *J. Mol. Biol.*, 182:179, 1985.
[87] G.M. Clore, A.M. Gronenborn, A.T. Brünger, und M. Karplus, *J. Mol. Biol.*, 186:435, 1985.
[88] Y. Huang, S. Macura, und R.R. Ernst, *J. Am. Chem. Soc.*, 103: 5327, 1981.
[89] G.W. Eich, G. Bodenhausen, und R.R. Ernst, *J. Am. Chem. Soc.*, 104:3731, 1982.
[90] P.H. Bolton und G. Bodenhausen, *Chem. Phys. Lett.*, 89:139, 1982.
[91] R.R. Ernst, *Chimia*, 41:323, 1987, die Spektren wurden von C. Griesinger aufgenommen.
[92] L. Braunschweiler und R.R. Ernst, *J. Magn. Reson.*, 53:521, 1983.
[93] D.G. Davis und A. Bax, *J. Am. Chem. Soc.*, 107:2821, 1985.
[94] A.A. Bothner-By, R.L. Stephens, J. Lee, C.O. Warren, und R.W. Jeanloz, *J. Am. Chem. Soc.*, 106:811, 1984.
[95] R. Brüschweiler, B. Roux, M. Blackledge, C. Griesinger, M. Karplus, und R.R. Ernst, *J. Am. Chem. Soc.*, 114:2289, 1992.
[96] C. Griesinger, G. Otting, K. Wüthrich, und R.R. Ernst, *J. Am. Chem. Soc.*, 110:7870, 1988.
[97] J. Briand und R.R. Ernst, *Chem. Phys. Lett.*, 185:276, 1991.
[98] S. Vega, T.W. Shattuck, und A. Pines, *Phys. Rev. Lett.*, 37:43, 1976.
[99] S. Vega und A. Pines, *J. Chem. Phys.*, 66:5624, 1977.
[100] A. Wokaun und R.R. Ernst, *Mol. Phys.*, 36:317, 1978.
[101] L. Braunschweiler, G. Bodenhausen, und R.R. Ernst, *Mol. Phys.*, 48:535, 1983.
[102] A. Bax, R. Freeman, und S.P. Kempsell, *J. Am. Chem. Soc.*, 102: 4849, 1980.
[103] A. Bax, R. Freeman, und S.P. Kempsell, *J. Magn. Reson.*, 41:349, 1980.
[104] U. Piantini, O.W. Sørensen, und R.R. Ernst, *J. Am. Chem. Soc.*, 104:6800, 1982.
[105] N. Müller, G. Bodenhausen, K. Wüthrich, und R.R. Ernst, *J. Magn. Reson.*, 65:531, 1985.
[106] C. Radloff und R.R. Ernst, *Mol. Phys.*, 66:161, 1989.
[107] A. Wokaun und R.R. Ernst, *Chem. Phys. Lett.*, 52:407, 1977.

[108] G. Bodenhausen, H. Kogler, und R.R. Ernst, *J. Magn. Reson.*, 58: 370, 1984.
[109] M.H. Levitt und R.R. Ernst, *Chem. Phys. Lett.*, 100:119, 1983.
[110] M.H. Levitt und R.R. Ernst, *J. Chem. Phys.*, 83:3297, 1985.
[111] C. Griesinger, O.W. Sørensen, und R.R. Ernst, *J. Am. Chem. Soc.*, 107:6394, 1985.
[112] C. Griesinger, O.W. Sørensen, und R.R. Ernst, *J. Chem. Phys.*, 85:6837, 1986.
[113] C. Griesinger, O.W. Sørensen, und R.R. Ernst, *J. Magn. Reson.*, 75:474, 1987.
[114] A. Bax und R. Freeman, *J. Magn. Reson.*, 44:542, 1981.
[115] B.U. Meier und R.R. Ernst, *J. Magn. Reson.*, 79:540, 1988.
[116] A.A. Maudsley und R.R. Ernst, *Chem. Phys. Lett.*, 50:368, 1977.
[117] G. Bodenhausen und R. Freeman, *J. Magn. Reson.*, 28:471, 1977.
[118] L. Müller, *J. Am. Chem. Soc.*, 101:4481, 1979.
[119] M. Ernst, C. Griesinger, R.R. Ernst, und W. Bermel, *Mol. Phys.*, 74:219, 1991.
[120] M.H. Levitt, O.W. Sørensen, und R.R. Ernst, *Chem. Phys. Lett.*, 94:540, 1983.
[121] H. Kogler, O.W. Sørensen, G. Bodenhausen, und R.R. Ernst, *J. Magn. Reson.*, 55:157, 1983.
[122] H.D. Plant, T.H. Mareci, M.D. Cockman, und W.S. Brey, *27th Experimental NMR Conference*, Baltimore, MA, USA, 1986.
[123] G.W. Vuister und R. Boelens, *J. Magn. Reson.*, 73:328, 1987.
[124] C. Griesinger, O.W. Sørensen, und R.R. Ernst, *J. Magn. Reson.*, 73:574, 1987.
[125] C. Griesinger, O.W. Sørensen, und R.R. Ernst, *J. Am. Chem. Soc.*, 109:7227, 1987.
[126] H. Oschkinat, C. Griesinger, P. Kraulis, O.W. Sørensen, R.R. Ernst, A.M. Gronenborn, und G.M. Clore, *Nature*, 332:374, 1988.
[127] G.W. Vuister, R. Boelens, und R. Kaptein, *J. Magn. Reson.*, 80: 176, 1988.
[128] C. Griesinger, O.W. Sørensen, und R.R. Ernst, *J. Magn. Reson.*, 84:14, 1989.
[129] E.R.P. Zuiderweg und S.W. Fesik, *Biochemistry*, 28:2387, 1989.
[130] D. Marion, P.C. Driscoll, L.E. Kay, P.T. Wingfield, A. Bax, A.M. Gronenborn, und G.M. Clore, *Biochemistry*, 28:6150, 1989.

[131] S. Boentges, B.U. Meier, C. Griesinger, und R.R. Ernst, *J. Magn. Reson.*, 85:337, 1989.

[132] O.W. Sørensen, *J. Magn. Reson.*, 89:210, 1990.

[133] L.E. Kay, G.M. Clore, A. Bax, und A.M. Gronenborn, *Science*, 249:411, 1990.

[134] Z.L. Mádi, C. Griesinger, und R.R. Ernst, *J. Am. Chem. Soc.*, 112: 2908, 1990.

[135] R. Brüschweiler, M. Blackledge, und R.R. Ernst, *J. Biomol. NMR*, 1:3, 1991.

[136] W. Burgermeister, T. Wieland, und R. Winkler, *Eur. J. Biochem.*, 44:311, 1974.

[137] H. Kessler, M. Klein, A. Müller, K. Wagner, J.W. Bats, K. Ziegler, und M. Frimmer, *Angew. Chem.*, 98:1030, 1986, *Angew. Chemie Int. Ed. Engl.*, 1986, 25:997.

[138] H. Kessler, A. Müller, und K.H. Pook, *Liebigs Ann. Chem.*, S. 903, 1989.

[139] H. Kessler, J.W. Bats, J. Lautz, und A. Müller, *Liebigs Ann. Chem.*, S. 913, 1989.

[140] J. Lautz, H. Kessler, W.F. van Gunsteren, H.J.C. Berendsen, R.M. Scheek, R. Kaptein, und J. Blaney, Proc. 20th Eur. Pept. Symp., S. 438, 1989.

[141] R.R. Ernst, M. Blackledge, S. Boentges, J. Briand, R. Brüschweiler, M. Ernst, C. Griesinger, Z.L. Mádi, T. Schulte-Herbrüggen, und O.W. Sørensen, *Proteins, Structure, Dynamics, Design*, ESCOM, Leiden, 1991.

[142] P.C. Lauterbur, *Nature*, 242:190, 1973.

[143] Anil Kumar, D. Welti, und R.R. Ernst, *J. Magn. Reson.*, 18:69, 1975.

[144] W.A. Edelstein, J.M.S. Hutchison, G. Johnson, und T.W. Redpath, *Phys. Med. Biol.*, 25:751, 1980.

[145] P. Mansfield, A.A. Maudsley, und T. Baines, *J. Phys. E 9*, S. 271, 1976.

[146] P.C. Lauterbur, D.M. Kramer, W.V. House, und C.-N. Chen, *J. Am. Chem. Soc.*, 97:6866, 1975.

Robert Huber

Eine strukturelle Grundlage für die Übertragung von Lichtenergie und Elektronen in der Biologie

(Nobel-Vortrag)

Für Christa

Es werden Aspekte der intramolekularen Übertragung von Lichtenergie und Elektronen bei drei Protein-Cofaktor-Komplexen behandelt, deren dreidimensionale Strukturen durch Röntgenkristallographie aufgeklärt wurden: Es sind dies lichtsammelnde Phycobilisome von Cyanobakterien, das Reaktionszentrum der Purpurbakterien und die blauen Multikupfer-Oxidasen. Für diese Systeme liegt eine Fülle von Beobachtungen über die Funktion vor, die es ermöglichen, spezifische Beziehungen zwischen Struktur und Funktion zu erkennen und allgemeine Schlüsse zur Übertragung von Lichtenergie und Elektronen in biologischen Systemen zu ziehen.

Einleitung[1]

Alles Leben auf der Erde hängt letztlich von der Sonne ab, deren Strahlungsenergie von den Pflanzen und anderen zur Photosynthese fähigen Organismen eingefangen wird. Sie nutzen das Sonnenlicht zur Synthese organischer Verbindungen, die als Baustoffe oder Energiespeicher dienen. Dies wurde deutlich von *L. Boltzmann* ausgesprochen, der 1886 feststellte: »Dagegen herrscht zwischen Sonne und Erde eine kolossale Temperaturdifferenz; ... Der in dem Streben nach größerer Wahrscheinlichkeit begründete Temperaturausgleich zwischen beiden Körpern dauert wegen ihrer enormen Entfernung und Größe Jahrmillionen. Die Zwischenformen, welche die Sonnenenergie annimmt, bis

1 Ein Abkürzungsverzeichnis befindet sich am Ende des Beitrags.

sie zur Erdtemperatur herabsinkt, können ziemlich unwahrscheinliche Energieformen sein, wir können den Wärmeübergang von der Sonne zur Erde leicht zu Arbeitsleistungen benützen, wie den vom Wasser des Dampfkessels zum Kühlwasser. ... Diesen Übergang möglichst auszunutzen, breiten die Pflanzen die unermeßliche Fläche ihrer Blätter aus und zwingen die Sonnenenergie in noch unerforschter Weise, ehe sie auf das Temperaturniveau der Erdoberfläche herabsinkt, chemische Synthesen auszuführen, von denen man in unseren Laboratorien noch keine Ahnung hat.« [1]

Heute sind viele der »ungeahnten Synthesen« durch die biochemische Forschung aufgeklärt und die maßgeblichen Proteine und ihre katalytischen Funktionen bestimmt worden [2].

Ich werde mich in meinem Vortrag auf *Boltzmanns* »unwahrscheinliche Zwischenformen der Energie«, nämlich die Elektronenanregungs- und Charge-Transfer-Zustände in heutiger Ausdrucksweise, die Strukturen der beteiligten biologischen Systeme und die Wechselwirkungen von Cofaktoren (Pigmenten und Metall-Ionen) und Proteinen konzentrieren. Ich werde einige Aspekte des photosynthetischen Reaktionszentrums von *Rhodopseudomonas viridis* (siehe die später zitierten Originalarbeiten und kurze Übersichten [3-5]) und funktionell verwandter Systeme besprechen, deren Strukturen in meiner Arbeitsgruppe untersucht wurden: die lichtsammelnden Phycobilisome der Cyanobakterien und die Blauen Oxidasen. Eine Fülle von Struktur- und Funktionsdaten ist für diese drei Systeme verfügbar, die somit besonders geeignet sind, um allgemeine Prinzipien der Übertragung von Lichtenergie und Elektronen in biologischen Systemen zu erkennen. Es gibt tatsächlich nur sehr wenige für diesen Zweck hinlänglich genau bekannte Systeme[2].

Wir bemühen uns mit guter Aussicht auf Erfolg um das Verständnis der physikalischen Prinzipien, die der Licht- und Elektronenleitung in biologischen Systemen zugrunde liegen, denn diese Prozesse scheinen einfacher erforschbar zu sein als andere biologische Reaktionen,

2 Die Strukturen der Reaktionszentren von *Rb. sphaeroides* und *Rps. viridis* (s. Farbabb. 2) sind sehr ähnlich [6-8]. Bei einem Lichtsammelprotein grüner Bakterien mit Bacteriochlorophyll-a kennt man zwar die Struktur [9], aber nicht die Funktion. Bei den Multihäm-Cytochromen [10, 11] ist das Vorhandensein oder die Bedeutung des intramolekularen Elektronentransfers unklar.

an denen die Diffusion von Substraten und Produkten und intramolekulare Bewegungen beteiligt sind. Eine derartige Mobilität wurde bei vielen Proteinen festgestellt und als wesentlich für ihre Funktionen nachgewiesen [12, 13]. Theoretische Analysen dieser Reaktionen müssen Flexibilität und Lösungsmitteleinfluß in Betracht ziehen und lassen sich nur dann durchführen, wenn man die sehr vereinfachenden Näherungen der Moleküldynamik [14, 15] anwendet oder das System auf ein aktives Zentrum aus wenigen Resten beschränkt, so daß es mit quantenmechanischen Methoden behandelt werden kann.

Licht- und Elektronenübertragungsprozesse scheinen einer quantitativen theoretischen Behandlung eher zugänglich zu sein. Die Substrate sind masselos oder sehr klein, und die Übertragungsprozesse, auf die ich mich konzentrieren möchte, verlaufen intramolekular und weit entfernt vom Lösungsmittel. Molekülbewegungen scheinen unwesentlich zu sein, wie die geringen Temperaturabhängigkeiten zeigen. Die beim Energie- und Elektronentransport mitwirkenden Komponenten sind Cofaktoren, die in erster Näherung für eine theoretische Analyse ausreichen, was die Berechnungen beträchtlich vereinfacht.

1 Modelle für den Energie- und Elektronentransport

Zur Überprüfung von Theorien des Energie- und Elektronentransports sind Modellverbindungen unentbehrlich, die zwar nicht unbedingt genaue Nachbildungen der biologischen Strukturen sein müssen, aber ihnen doch möglichst nahe kommen sollen.

Försters Theorie der strahlungslosen Energieübertragung [16, 17] behandelt sowohl die Fälle starker als auch sehr schwacher Kopplung. Starke Kopplung führt zu Spektren, die von denen der Einzelkomponenten stark abweichen. Beispiele sind konzentrierte Lösungen oder Kristalle einiger Farbstoffe und das in Abschnitt 3.1 behandelte Bakteriochlorophyllpaar (BC_p). Die elektronische Anregung ist in diesen Fällen über mehrere Moleküle delokalisiert. Eine sehr schwache Kopplung bewirkt nur geringe oder keine Veränderungen der Absorptionsspektren, kann aber die Lumineszenzeigenschaften erheblich beeinflussen. Räumlich genau definierte Modelle für diesen Fall sind selten. Als Beispiele mögen die kontrolliert aufgebauten Farbstoffschichten von *Kuhn* und *Frommherz* et al. gelten [18, 19], die, wenn

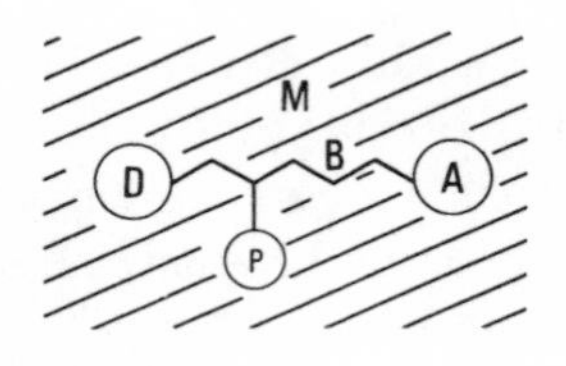

Abbildung 1: Die Bestandteile des Elektronentransportmodells. D: Donor, A: Acceptor, B: Brücke, P: anhängende (»pendant«) Gruppe, M: Matrix.

auch mit Abweichungen, die allgemeine Gültigkeit von *Försters* Theorie belegen.

Synthetische Modelle für den Elektronentransport sind zahlreich und jüngst noch durch entsprechend modifizierte Proteine ergänzt worden [20-22]. Zusammenfassungen sind in Übersichtsartikeln zu finden (siehe z.B. [23-30]). Abbildung 1 zeigt die wesentlichen Bestandteile eines solchen Modells: Der Donor D (der Elektronen) und der Acceptor A können durch einen verbrückenden Liganden (B) verbunden sein, der eine anhängende (»pendant«) Gruppe (P) enthalten möge. Das System ist in eine Matrix M eingebettet.

Durch Modelle mit Porphyrinen als Donoren und Chinonen als Acceptoren wird das Reaktionszentrum nachgebildet [31, 32]. Modelle mit Peptiden als verbrückenden Liganden [33] interessieren besonders im Zusammenhang mit den Blauen Oxidasen. Zu beachten ist auch der Einfluß der anhängenden Gruppen (P), die nicht unmittelbar im Elektronentransportweg liegen, im Hinblick auf den unbenutzten Elektronentransportzweig des Reaktionszentrums und die Blauen Oxidasen. Natürlich sind die biologischen Systeme erheblich komplizierter als die synthetischen Modelle, da die Proteinmatrix sowohl inhomogen als auch individuell verschieden ist. Dennoch bilden Theorie und Modelle den Rahmen, in welchem die Faktoren zu beschreiben sind, die den Transport von Anregungsenergie und Elektronen sowie konkurrierende Prozesse beherrschen.

1.1 Determinanten des Energie- und Elektronentransportes

Die wichtigsten Faktoren sind in Tabelle 1 zusammengefaßt. Sie können aus der Förster-Theorie und Varianten der Marcus-Theorie [27] für die Übertragung von Anregungsenergie bzw. Elektronen abgeleitet werden. Diese theoretischen Verfahren wiederum lassen sich aus klassischen Betrachtungen oder *Fermis* Goldener Regel mit geeigneten

Näherungen (siehe z.B. [34]) herleiten. Die Übertragung von Anregungsenergie und Elektronen hängt von der räumlichen Anordnung der Donoren und Acceptoren ab. Anregungsenergie kann über große Entfernungen übertragen werden, wenn die Übergangsdipolmomente günstig ausgerichtet sind. Für schnelle Elektronenübertragung müssen sich die Orbitale genügend überlappen. Elektronenübertragung über große Entfernungen erfordert deshalb eine Reihe eng benachbarter Überträger mit tiefliegenden unbesetzten Molekülorbitalen oder geeignete Brückenliganden zwischen Donor und Acceptor. Diese Liganden können aktiv am Übertragungsprozeß teilnehmen, und zwar über radikalische Zwischenzustände (chemischer Mechanismus) oder durch Resonanzphänomene, wobei sich das Elektron zu keiner Zeit gebunden am Liganden befindet [35]. Die spektrale Überlappung bei der Energieübertragung und die »Triebkraft« (Potentialdifferenz) bei der Elektronenübertragung, die für die Übertragungsgeschwindigkeit wesentlich sind, werden vor allem durch die chemische Natur der Donoren und Acceptoren bestimmt und durch deren räumliche Anordnung beeinflußt. Die Umgruppierung der Atome von Donoren, Acceptoren und umgebendem Medium beim Elektronenübergang ist ein wichtiger Faktor, der sich aber in einem komplexen Proteinsystem selbst qualitativ nur schwer bestimmen läßt. Wir beobachten jedoch, daß das Protein im allgemeinen die Donoren und Acceptoren fest und starr bindet, so daß der Umgruppierungseffekt der Reaktanten klein ist. Polare Gruppen in der Umgebung können einen schnellen Elektronenübergang infolge ihrer Reorientierung verlangsamen. Allerdings beeinflußt eine polare Umgebung auch die Energiebilanz durch die Stabilisierung von Ionenpaaren ($D^+ A^-$) oder durch die Erniedrigung von Aktivierungs- und Tunnelbarrieren und kann somit »Triebkraft« und Geschwindigkeit erhöhen. Die Energieübertragung hängt auch vom Medium ab; in Medien mit hohem Brechungsindex ist sie weniger günstig.

Konkurrenzprozesse zur erwünschten Übertragung von Energie und Elektronen aus angeregten Zuständen »lauern« überall (Tabelle 2). Sie werden durch hohe Übertragungsgeschwindigkeiten und eine starre Konformation der Cofaktoren im Proteinverband meistens vermieden.

Ich werde diese Faktoren später im Zusammenhang mit den biologischen Strukturen besprechen.

Tabelle 1: Geschwindigkeitsbestimmende Faktoren der Übertragung von Anregungsenergie und Elektronen.

Übertragung von Anregungsenergie $D^* + A \rightarrow D + A^*$ (sehr schwache Kopplung)	Abstand und Orientierung (Kopplung angeregter Zustände); spektrale Überlappung der Emission und Absorption von D und A; Brechungsindex des Mediums
Elektronenübertragung vom angeregten Zustand $D^* + A \rightarrow D^+ + A^-$ und vom Grundzustand $D^- + A \rightarrow D + A^-$	Abstand und Orientierung (Elektronenkopplung, Orbitalüberlappung); Änderung der Freien Energie (»Triebkraft«); Umlagerung von D und A; Orientierungspolarisation des Mediums

Tabelle 2: Mit der Übertragung von Anregungsenergie und Elektronen konkurrierende Prozesse.

Übertragung von Anregungsenergie $D^* + A \rightarrow D + A^*$ (sehr schwache Kopplung)	Strahlungslose Relaxation von D^* durch Photoisomerisierung und andere Konformationsänderungen; Protonentransfer vom angeregten Zustand; Spinumkehr; chemische Reaktionen von D^*, A^*, D^+, A^- mit der Matrix; Fluoreszenzstrahlung von D^*
Elektronenübertragung vom angeregten Zustand $D^* + A \rightarrow D^+ + A^-$	Energieübertragung; die oben angeführten Prozesse; Rückreaktion in den Grundzustand D, A
und vom Grundzustand $D^- + A \rightarrow D + A^-$	–

2 Die Rolle der Cofaktoren

Die natürlich vorkommenden Aminosäuren sind für sichtbares Licht durchlässig und scheinen auch, mit Ausnahme von Tyrosin, als Einelektronenüberträger ungeeignet zu sein. Tyrosinradikale sind im Photosystem II als angeregte Zwischenzustände Z^* und Donoren D^* identifiziert worden, die an der Elektronenübertragung vom wasserspaltenden Mangan-Protein-Komplex zum photooxidierten P_{680^+} beteiligt sind (Übersichten siehe [36, 37]). Ihre Identifizierung wurde durch die Beobachtung erleichtert, daß Tyr L162 im bakteriellen Reaktionszentrum in der kürzesten Verbindung von Cytochrom zum Bakteriochlorophyllpaar (BC_{LP}) liegt [38] (siehe Abschnitt 3.2.2.2 und Abb. 13). Im bakteriellen System wird aber kein Tyrosinradikal erzeugt, da das Redoxpotential von P_{960^+} nicht ausreicht.

In biologischen Systemen dienen somit im allgemeinen Cofaktoren, d.h. Pigmente und Metall-Ionen, als Acceptoren für Lichtenergie und als redoxaktive Elemente.

Abbildung 2 ist eine Aufstellung der Pigmente und Metallcluster, die im folgenden besprochen werden: die Gallenfarbstoffe Phycocyanobilin und Biliverdin IXγ in den Lichtsammelkomplexen, Bakteriochlorophyll-b, Bakteriophäophytin-b und die Chinone im Reaktionszentrum der Purpurbakterien sowie die Kupferzentren in den Blauen Oxidasen.

Während das allgemeine Verhalten der Protein-Pigment-Komplexe durch die physikalisch-chemischen Eigenschaften dieser Cofaktoren bestimmt wird, übt der Proteinanteil einen entscheidenden Einfluß auf die spektralen Eigenschaften und die Redoxeigenschaften aus.

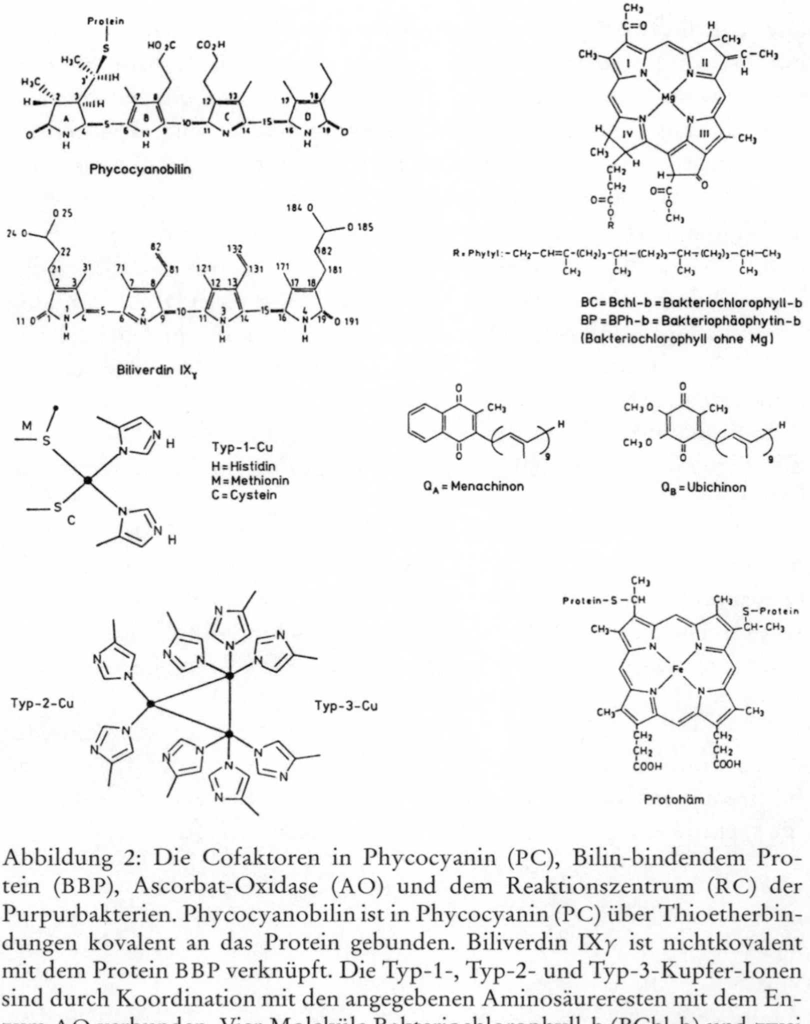

Abbildung 2: Die Cofaktoren in Phycocyanin (PC), Bilin-bindendem Protein (BBP), Ascorbat-Oxidase (AO) und dem Reaktionszentrum (RC) der Purpurbakterien. Phycocyanobilin ist in Phycocyanin (PC) über Thioetherbindungen kovalent an das Protein gebunden. Biliverdin $IX\gamma$ ist nichtkovalent mit dem Protein BBP verknüpft. Die Typ-1-, Typ-2- und Typ-3-Kupfer-Ionen sind durch Koordination mit den angegebenen Aminosäureresten mit dem Enzym AO verbunden. Vier Moleküle Bakteriochlorophyll-b (BChl-b) und zwei Moleküle Bakteriophäophytin-b (BPh-b) sind an das Reaktionszentrum (RC) der Purpurbakterien gebunden. Ein Paar BChl-b dient als primärer Elektronendonor, ein Menachinon-9 (Q_M) als primärer und ein Ubichinon-9 (Q_B) als sekundärer Elektronenacceptor. Die vier Hämgruppen sind durch Thioetherbindungen an Cytochrom c gebunden.

3 Die Rolle des Proteins

Für den Einfluß des Proteins auf die Eigenschaften der funktionellen Protein-Cofaktor-Komplexe gibt es eine Rangfolge, die in Tabelle 3 aufgeführt ist. Die genannten Wechselwirkungen unterscheiden sich in den verschiedenen Systemen und sollen jeweils dort beschrieben werden, ausgenommen Punkt 1, da Proteine in ihrer Wirkung als vielzähnige Liganden Gemeinsamkeiten zeigen, die einem »rack-Mechanismus« zugeschrieben werden können.

Tabelle 3: Rangordnung der Protein-Cofaktor-Wechselwirkungen.

1.	Einfluß auf Konfiguration und Konformation der Cofaktoren durch Art und Gestalt der Liganden (das Protein als *vielzähniger Ligand*)
2.	Bestimmung der räumlichen Anordnung von Cofaktorgruppen (das Protein als *Gerüst*)
3.	Das Protein als *Medium*
4.	Vermittlung der Wechselwirkung mit anderen Komponenten im übergeordneten biologischen System

3.1 Das Protein als vielzähniger Ligand

Der Begriff »rack-Mechanismus« wurde von *Lumry* und *Eyring* [39] sowie *Gray* und *Malmström* [40] eingeführt, um ungewöhnliche Reaktivitäten, spektrale Eigenschaften und Redoxeigenschaften von Cofaktoren durch die Verzerrungen zu erklären, die vom Protein erzwungen werden.

Durch einen Vergleich isolierter und proteingebundener Gallenfarbstoffe läßt sich dieser Effekt demonstrieren. Isolierte Gallenfarbstoffe bevorzugen in Lösung und im Kristall eine makrocyclische helicale Anordnung mit der Konfiguration *ZZZ* und der Konformation *syn,syn,syn* und zeigen eine schwache Absorption im sichtbaren Bereich sowie eine geringe Fluoreszenzquantenausbeute [41-43]. Als Cofaktoren an lichtsammelndes Phycocyanin gebunden absorbieren und fluoreszieren sie jedoch sehr stark im Sichtbaren (Abb. 3). Die für die Lichtsammelfunktion unentbehrliche Auxochromie ist eine Folge der energetisch ungünstigen gestreckten Gestalt des Chromophors, dessen

ZZZ-Konfiguration und *anti,syn,anti*-Konformation durch enge polare Wechselwirkung mit dem Protein stabilisiert wird [44-46] (Abb. 4). Besonders bemerkenswert ist ein an die zentralen Pyrrolstickstoffatome gebundener Asparaginsäurerest (hier A87), der bei allen Pigmentbindungsstellen erhalten ist. Er beeinflußt die Protonierung, die Ladung und die spektralen Eigenschaften des Tetrapyrrolsystems. Eine feste Bindung verhindert auch die Deexcitation durch Konformationsänderungen. Die in Abb. 3 als repräsentativ für ein freies Pigment gezeigte Struktur von Phycocyanobilin ist tatsächlich in einem Bilin-bindenden Protein aus Insekten gefunden worden [41, 42]. Dieses Protein hat eine andere Funktion und bevorzugt die Konformere niedriger Energie. Die offenkettigen Tetrapyrrolbiline sind konformationell anpassungsfähig, eine Eigenschaft, die sie zu geeigneten Cofaktoren für unterschiedliche Zwecke macht.

Das cyclische Bakteriochlorophyll im Reaktionszentrum der Purpurbakterien ist zwar geometrisch weniger anpassungsfähig, reagiert aber auch auf die Umgebung durch Verbiegen und Verdrillen des Makrocyclus. Dies mag eine der Ursachen für die später zu besprechenden unterschiedlichen Elektronenübertragungseigenschaften der beiden Pigmentzweige im Reaktionszentrum sein (vgl. Abschnitt 3.2.2.2). Der tiefgreifende Einfluß des Proteins auf das Pigmentsystem des Reaktionszentrums läßt sich aber besonders an dessen Absorptionsspektrum erkennen, das von den summierten Spektren der Einzelkomponenten abweicht (Abb. 5). Das Protein bindet ein Paar Bakteriochlorophyll-b-Moleküle (BC_p) derart, daß es zu einer starken Wechselwirkung zwischen den beiden Molekülen über die Pyrrolringe I, die Acetylsubstituenten und die zentralen Mg-Ionen kommt [47]. Die Ausrichtung der Übergangsdipolmomente und die starke Annäherung bewirken eine excitonische Kopplung, die zum Teil die langwellige Absorptionsbande P_{960} erklärt [48].

Noch stärker ist die Veränderung der optischen Spektren von blauen Kupferproteinen, wenn man sie mit denen von Kupfer(II)-Ionen in normaler tetragonaler Koordination vergleicht (Abb. 6). Das Redoxpotential ist ebenfalls erhöht, und zwar auf etwa 300 bis 500 mV gegenüber 150 mV für Cu^{2+}(aq) [50]. Diese Effekte werden durch die verzerrte tetraedrische Koordination des Typ-1-Kupfers (eine gespannte Konformation, die den Kupfer(I)-Zustand stabilisiert) und einen Charge-Transfer-Übergang von einem als Ligand gebundenen Cystein-$S^- \longrightarrow Cu^{2+}$ verursacht [40, 51].

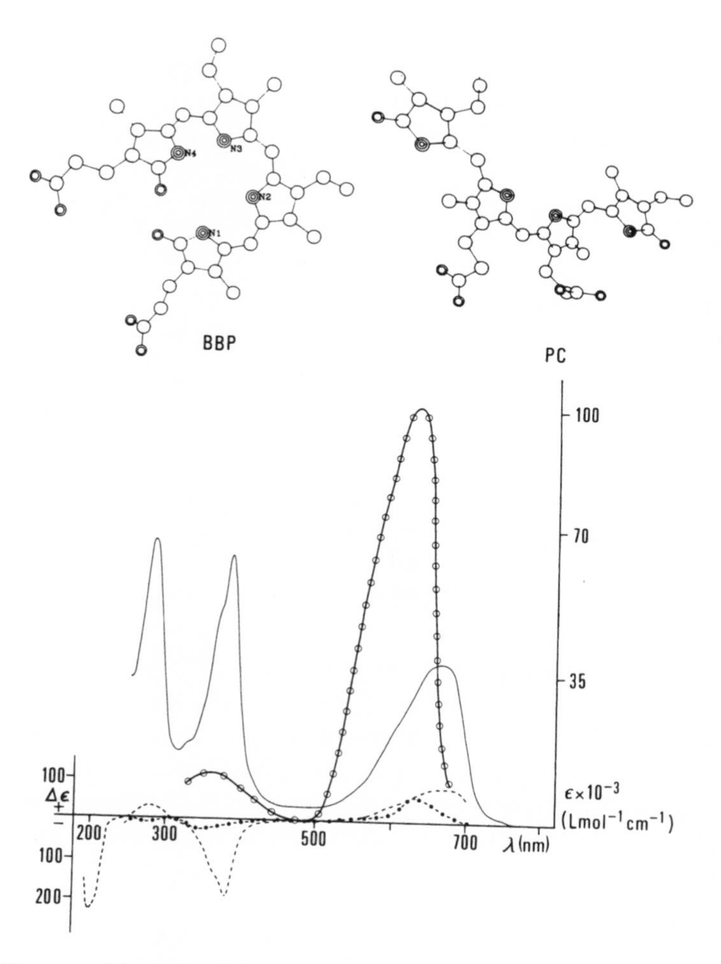

Abbildung 3: Die Tetrapyrrolstrukturen der Cofaktoren Biliverdin IXγ in BBP und Phycocyanobilin in PC und ihre optischen und Circulardichroismusspektren [42, 46]. Absorptions- (——) und CD-Spektrum (– – –) von BBP; Absorptions- (–o–) und CD-Spektrum (–•–) von PC.

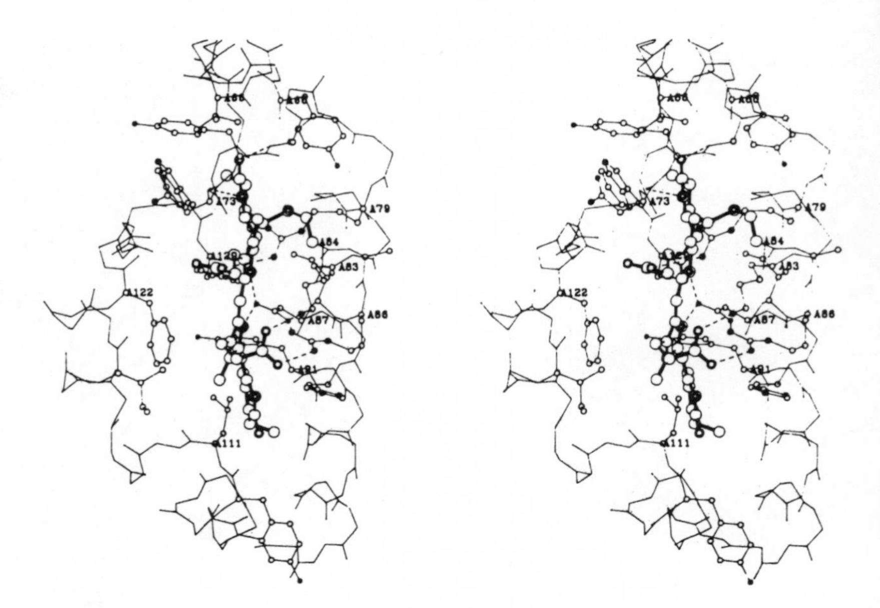

Abbildung 4: Stereozeichnung des Phycocyanobilins A84 (dicke Bindungen) und seiner Proteinumgebung (dünne Bindungen). Alle polaren Gruppen des Bilins, ausgenommen jene des terminalen D-Pyrrolringes, sind durch Wasserstoff- und Salzbrücken an Proteingruppen gebunden [46].

Die vorgestellten Beispiele zeigen, wie das Protein die Cofaktoren durch verschiedene Mechanismen beeinflußt: durch Stabilisierung instabiler Konformationen und gespannter Geometrien der Liganden sowie durch Bildung von Kontakten zwischen den Pigmenten, die zu starker elektronischer Wechselwirkung führen. In zweiter Stufe dient das Protein als Gerüst zur Fixierung von Systemen von Cofaktoren, zwischen denen Energie oder Elektronen übertragen werden.

3.2 Das Protein als Gerüst

3.2.1 Lichtsammeln durch Phycobilisome

Die wenigen mit dem Reaktionszentrum verknüpften Pigmentmoleküle würden nur einen geringen Teil des Sonnenlichtes absorbieren. Darum sind die Reaktionszentren mit Lichtsammelsystemen (LHC) assoziiert, die in der photosynthetischen Membran liegen oder mit der photosynthetischen Membran verbundene Schichten oder antennenartige

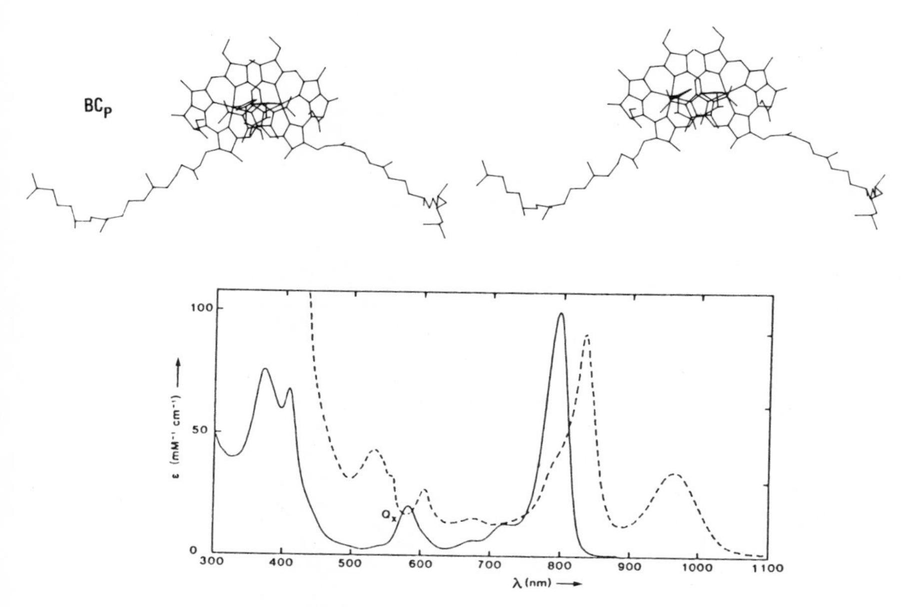

Abbildung 5: Stereozeichnung des Speziellen Paares BC_P im Reaktionszentrum [47], das die Hauptursache für die spektralen Änderungen und die langwellige Absorption des Reaktionszentrums von *Rps. viridis* (– – –) gegenüber dem Spektrum von Bacteriochlorophyll-b (BC) in Etherlösung (——) ist (Spektren nach [49]).

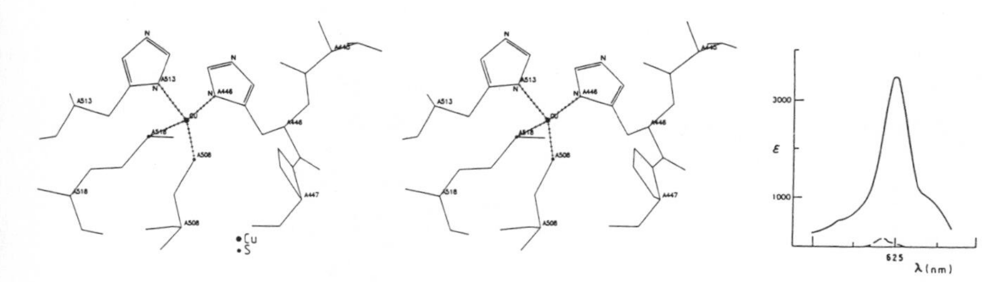

Abbildung 6: Stereozeichnung des Typ-1-Kupfers und seiner Liganden in der Ascorbat-Oxidase (AO). Das Kupfer ist mit His A446, His A513, Met A518 und Cys A508 koordiniert [52]. Das Absorptionsspektrum des »blauen« Kupfers in den Kupferproteinen (——) wird mit dem Spektrum von normalem tetragonalem Kupfer (– – –) verglichen (Spektren nach [50]).

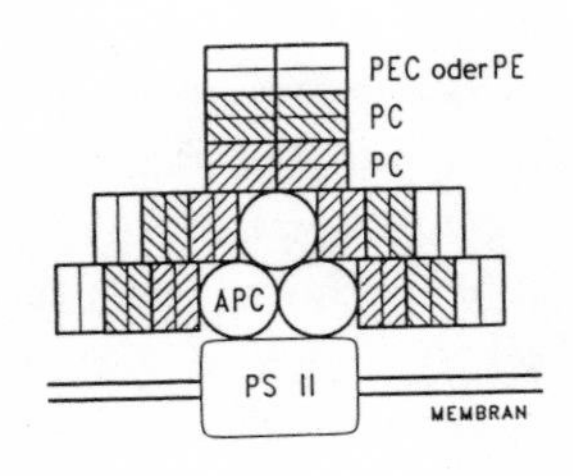

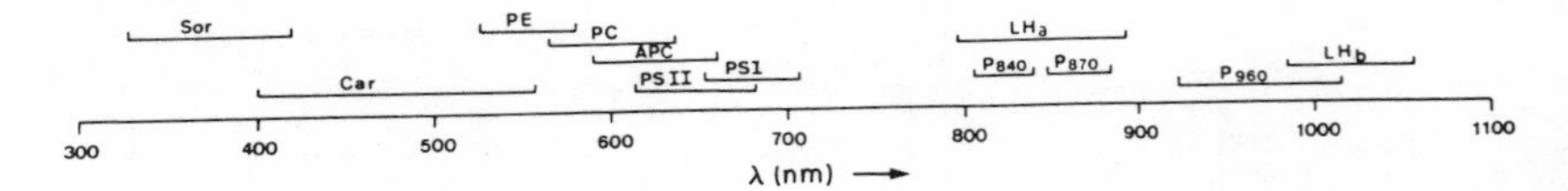

Abbildung 7: Schematischer Aufbau eines typischen Phycobilisoms (PBS) mit der Anordnung der Komponenten und der mutmaßlichen räumlichen Beziehung zum Thylakoid und zum Photosystem II (PS II; Übersichten siehe [53, 54]). Die als PS II bezeichnete Komponente in der Abbildung soll das PS II und die Anheftungsstelle des PBS darstellen. Außerdem sind die Hauptabsorptionsbanden der photosynthetischen Protein-Cofaktor-Komplexe aus Organismen mit Photosynthese eingezeichnet. Die PBS-Komponenten absorbieren unterschiedlich, um einen breiten Spektralbereich abzudecken und den Energiefluß vom Phycoerythrocyanin (PEC)/Phycoerythrin (PE) über das Phycocyanin (PC) und Allophycocyanin (APC) zum PS II zu ermöglichen (Abkürzungsverzeichnis am Ende des Beitrags).

Organellen bilden. Cyanobakterien enthalten Lichtsammelsysteme, die Phycobilisome (PBS), als Organellen an der Außenseite der Thylakoidmembran. Diese absorbieren Licht kürzerer Wellenlänge als die Photosysteme I und II und nutzen somit einen breiteren Spektralbereich des Sonnenlichts (Abb. 7). Die Phycobilisome sind aus Komponenten mit fein abgestimmten spektralen Eigenschaften zusammengesetzt, so daß die Lichtenergie entlang einem Energiegradienten zum Photosystem II geleitet wird.

3.2.1.1 Der Aufbau der Phycobilisome

Die Phycobilisome bestehen aus Biliproteinen und Linker-Polypeptiden. Biochemische und elektronenmikroskopische Studien [54-57] führten zum Modell eines Phycobilisoms (PBS) mit halbkreisförmigem Querschnitt, das in Abb. 7 dargestellt ist. PBS-Stäbchen sind aus Phycoerythrin (PE) oder Phycoerythrocyanin (PEC) und Phycocyanin (PC) zusammengesetzt, das mit einem inneren Kern aus Allophycocyanin (APC) verbunden ist. APC liegt an der photosynthetischen Membran und dicht beim Photosystem II (Übersicht siehe [53]). Die PC-Komponente besteht aus α- und β-Proteinuntereinheiten, die scheibenförmige $(\alpha\beta)_6$-Aggregate mit den Abmessungen 120 Å × 60 Å bilden (Übersichten siehe [58-63]).

Kristallographische Analysen haben ein detailliertes Bild der PC- und PEC-Komponenten ergeben [44-46, 64-66]. Die Homologie in den Aminosäuresequenzen weist darauf hin, daß alle Komponenten ähnliche Strukturen haben.

3.2.1.2 Die Struktur des Phycocyanins

Die α- und β-Untereinheiten des Phycocyanins (PC) (aus *Mastigocladus laminosus*) bestehen aus 162 bzw. 172 Aminosäureresten. Die Phycocyanobilinchromophore (vgl. Abb. 2) sind über Thioetherbindungen mit Cysteinresten in Position 84 beider Ketten (A84, B84) und Position 155 der β-Untereinheit (B155) verknüpft [67]. Beide Untereinheiten haben ähnliche Strukturen mit acht α-Helices (X,Y,A,B,E,F,G,H: siehe Abb. 17). A84 and B84 befinden sich in der Helix E und B155 in der G-H-Schleife. Die α-Helices X und Y bilden ein hervorstehendes antiparalleles Paar, das zum Aufbau der (αβ)-Einheit erforderlich ist.

Isoliertes Phycocyanin ergibt $(\alpha\beta)_3$-Trimere mit C_3-Symmetrie und $(\alpha\beta)_6$-Hexamere mit D_3-Symmetrie aus Kopf-Kopf-verbundenen Trimeren (Abb. 8). Der Kontakt zwischen den Trimeren wird ausschließlich von den α-Untereinheiten vermittelt, die durch ein kompliziertes Netzwerk polarer Bindungen miteinander verknüpft sind. Die Stapelung der Hexamere kommt im Kristall (und in den nativen PBS-Stäbchen) durch die β-Untereinheiten zustande [46].

3.2.1.3 Die oligomeren Aggregate: Spektrale Eigenschaften und Energieübertragung

Die spektralen Eigenschaften der Biliproteine – Absorption und Fluoreszenzquantenausbeute – hängen vom Aggregationszustand ab. Das Absorptionsspektrum der (αβ)-Einheit von Phycocyanin gleicht

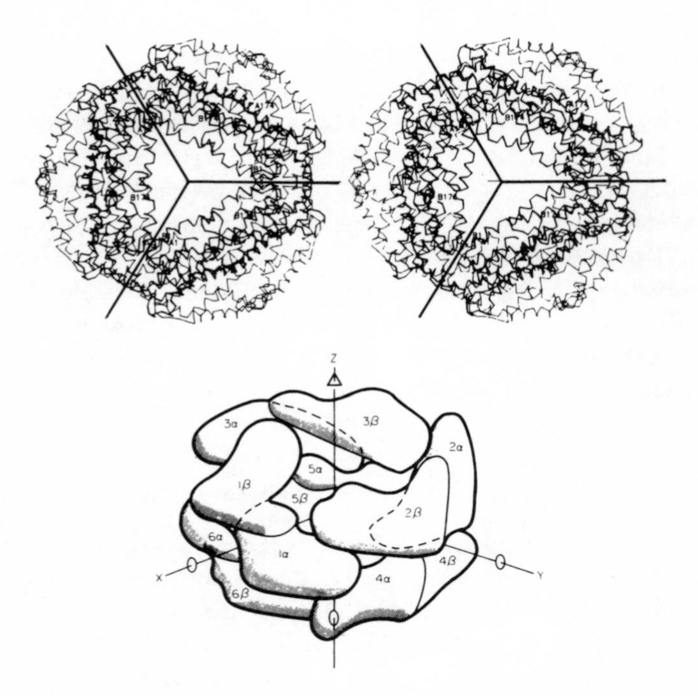

Abbildung 8: Stereozeichnung der Polypeptidkettenfaltung eines $(\alpha\beta)_6$-Hexamers von Phycocyanin (PC) in Richtung der Scheibenachse gesehen (oben). Das Schema (unten) zeigt die Packung der Untereinheiten des Hexamers in Seitenansicht.

den summierten Spektren ihrer Bestandteile; allerdings ist die Fluoreszenzquantenausbeute etwas erhöht. Die Trimerbildung führt zu Rotverschiebung sowie erhöhter Absorption und Fluoreszenzquantenausbeute [68, 69] (Übersicht siehe [59]). Bei den $(\alpha\beta)_6$-Komplexen ist die Fluoreszenz weiter verstärkt und das Absorptionsspektrum weiter verändert [70].

Diese Beobachtungen können durch die Struktur der Aggregate erklärt werden. Die Bildung der $(\alpha\beta)$-Einheiten verändert die Umgebung der Chromophore nur geringfügig. Sie bleiben mit Abständen > 36 Å noch recht weit voneinander entfernt (Abb. 9). Bei der Trimerbildung wird die Umgebung des Chromophors A84 entscheidend verändert, da ihm der Chromophor B84 einer symmetrisch verbundenen Einheit nahekommt (Abb. 9, oben). Im Hexamer (Abb. 9, Mitte) erfolgt eine paarweise starke Wechselwirkung zwischen A84 und B155 der gestapelten Trimere. Außerdem werden mit zunehmender Größe der Aggregate die Molekülstrukturen immer starrer, wie an den Kristallen der trimeren und hexameren Aggregate zu erkennen ist [45, 46]. Diese Rigidität verhindert Deexcitation durch Isomerisierung und erhöht so die Quantenausbeute der Fluoreszenz.

Die Chromophore können in die Untergruppen der s-(sensibilisierenden) und f-(fluoreszierenden) Chromophore eingeteilt werden [71, 72]. Die s-Chromophore absorbieren an der langwelligen Flanke der Absorptionsbande und übertragen die Anregungsenergie schnell auf f-Chromophore. Dieser Übergang ist mit einer Depolarisation verbunden [73]. Bei der Anregung an der langwelligen Flanke (f-Chromophore) findet dagegen nur eine geringe Depolarisation statt. Offenbar wird die Anregung entlang von Stapeln ähnlich ausgerichteter f-Chromophore übertragen (Abb. 9, unten) [74]. Die Zuordnung der Chromophore zu s und f gelang durch Spektroskopie an verschiedenen Aggregaten [69], durch chemische Modifikation auf der Grundlage der Raumstruktur [75] und endgültig durch Messung des Lineardichroismus und der Fluoreszenzpolarisation an Einkristallen [76]. Demnach ist B155 der s-, B84 der f- und A84 der intermediäre Chromophor.

Die Lichtenergie wird sehr schnell innerhalb von 50 bis 100 ps von den Spitzen bis zum Zentrum der Phycobilisome übertragen (Übersichten siehe [59, 74, 77-81]). Die Übertragungszeiten sind um mehrere Größenordnungen kürzer als die Eigenfluoreszenzlebensdauer der isolierten Komponenten [68, 71]. Da die Abstände zwischen den Chromophoren innerhalb und zwischen den Hexameren zu groß für eine starke (excitonische) Kopplung sind, erfolgt die Energieübertragung durch induktive Resonanz. Ein Förster-Radius von etwa 50 Å wurde von *Grabowski* und *Gantt* [82] vorgeschlagen. Die von *Schirmer* et al. [46] ermittelten Orientierungen und Abstände der Chromophore waren die Grundlage für die Berechnung der Energieübertragungsgeschwindigkeiten in Abb. 9. Sie zeigt die bevorzugten Energieübertragungswege in den (αβ)-Einheiten, den $(\alpha\beta)_3$-Trimeren, den $(\alpha\beta)_6$-Hexameren und den gestapelten Scheiben als Modell für native Antennenstäbchen. Danach sind die Chromophore der (αβ)-Einheit nur sehr schwach miteinander gekoppelt. Dennoch findet eine gewisse Energieübertragung statt, vermutlich zwischen B155 und B84, wie Polarisationsmessungen zeigen [69, 83]. Die Trimerbildung führt zu einer starken Kopplung zwischen A84 und B84, während B155 nur

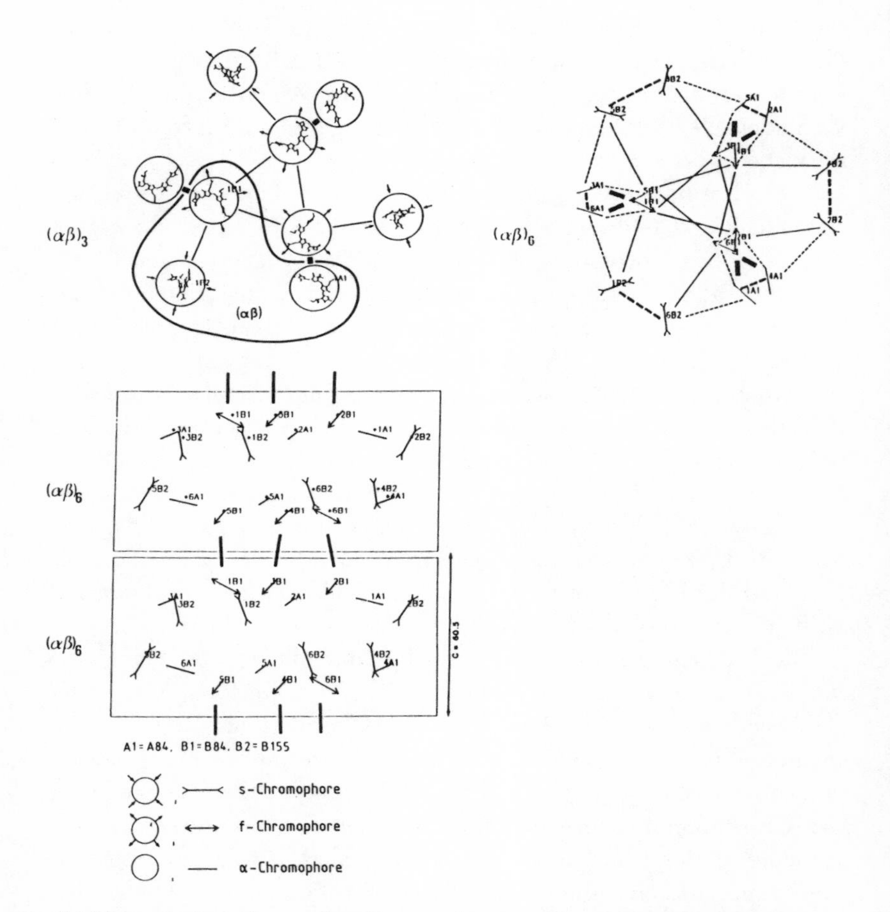

Abbildung 9: Anordnung der Chromophore und bevorzugte Energieübertragungswege in den $(\alpha\beta)_3$-Trimeren (oben links), den $(\alpha\beta)_6$-Hexameren (oben rechts) und den Hexamerenstapeln von Phycocyanin (PC) (nach Tabelle 10 aus [46]). Im Trimer sind die genauen Strukturen der Chromophore eingezeichnet, sonst nur die Richtungen ihrer Übergangsdipole. Trimer und Hexamer sind in Aufsicht (in der Scheibenachse) und der Hexamerenstapel in Seitenansicht (senkrecht dazu) dargestellt. Für den Hexamerenstapel sind nur die interhexameren Übergänge angegeben (unten). Die Kopplungsstärke wird durch die Dicke der Linien ausgedrückt. Die Übergangswege in und zwischen den Trimeren sind durch ausgezogene bzw. gestrichelte Linien dargestellt.

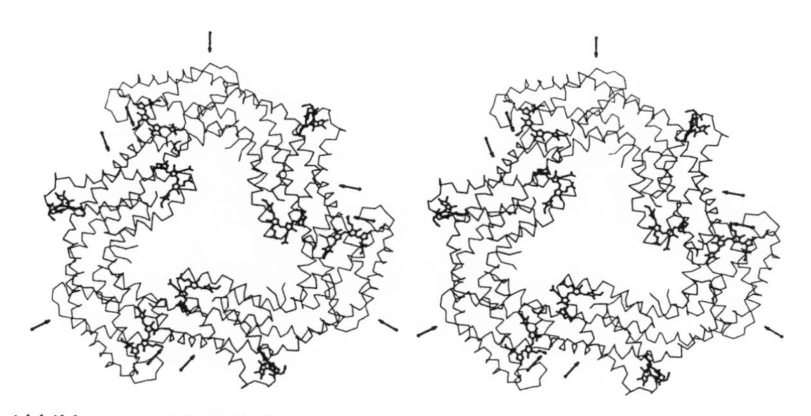

Abbildung 10: Modell des $(\alpha\beta)_3$-Trimers von Phycoerythrin (PE) auf der Grundlage der Struktur von Phycocyanin (PC). Die Lage der zusätzlichen Phycoerythrobiline ist durch Pfeile gekennzeichnet.

wenig beteiligt ist. Im Hexamer ergeben sich viele zusätzliche Übertragungswege; B155 ist nun wirkungsvoll gekoppelt. Die Hexamere sind offensichtlich die funktionellen Einheiten, da die Energie auf die zentralen f-Chromophore, die die Hexamerenstapel miteinander koppeln, konzentriert werden kann. Kinetische Studien [59, 69, 74, 84] haben das Bild des Energietransportes entlang der Stäbchen als eine Zufallsbewegung (begrenzt durch Einfang oder Diffusion) entlang einer eindimensionalen Anordnung von f-Chromophoren bestätigt. *Sauer* et al. [85] konnten die beobachteten Energieübertragungskinetiken in Phycocyanin-Aggregaten unter Verwendung der räumlichen Strukturen erfolgreich mit dem Förster-Mechanismus simulieren. Die Phycoerythrocyanin-Komponente an den Spitzen der Phycobilisom-Stäbchen ist Phycocyanin außerordentlich ähnlich [64-66]. Ihr Chromophor für kurzwelliges Licht, A84, liegt an der Peripherie (vgl. Abb. 11) ebenso wie die zusätzlichen Chromophore von Phycoerythrin, das ebenfalls ein Bestandteil der Antennenspitzen ist (Abb. 10).

Die Phycobilisomenstäbchen wirken als Lichtsammler und Energieverdichter von den äußeren zu den inneren Chromophoren hin, das heißt, als Trichter der Anregungsenergie, die von außen nach innen und von oben nach unten geleitet wird.

Die Linker-Polypeptide modulieren die funktionellen Eigenschaften der Aggregate. Es wird angenommen, daß einige dieser Proteine im zentralen Kanal der Hexamere liegen, wo sie B84 beeinflussen können.

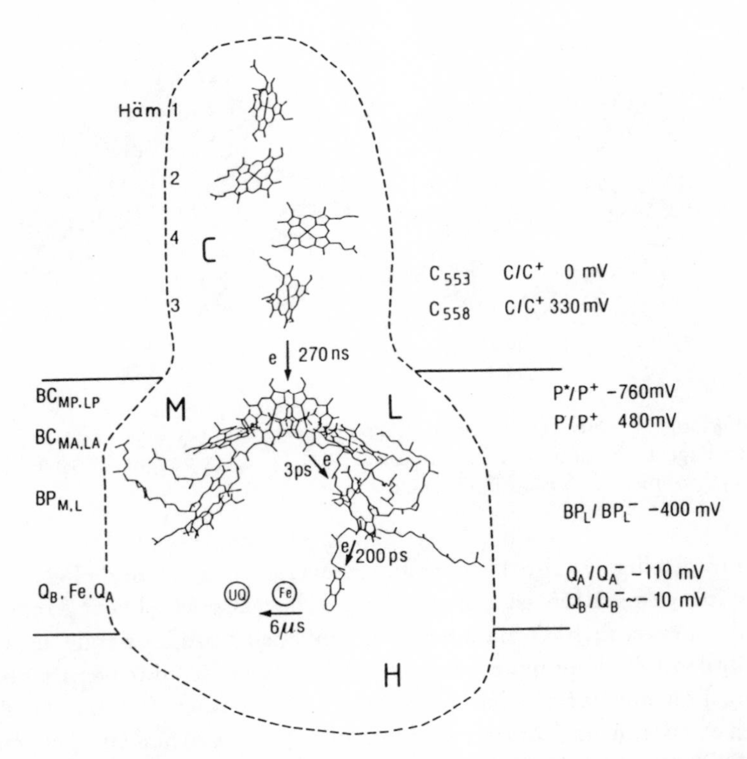

Abbildung 11: Das Strukturschema des Reaktionszentrums von *Rps. viridis* zeigt das System der Cofaktoren, den Umriß der Proteinuntereinheiten (C, L, M, H), die Halbwertszeiten der Elektronenübergänge und die Redoxpotentiale definierter Zwischenprodukte (Literaturzitate siehe Abschnitt 3.2.2.2; Abkürzungsverzeichnis am Ende des Beitrags).

3.2.2 Elektronentransport im Reaktionszentrum[3]

3.2.2.1 Der Aufbau des Reaktionszentrums[4]

Das Reaktionszentrum von *Rps. viridis* besteht aus einem Komplex der vier Proteinuntereinheiten C, L, M, H und Cofaktoren. Die Anordnung zeigt Abb. 11. Die Proteine bestehen aus 336, 273, 323 bzw. 258 Aminosäureresten [88-90]. Das c-Typ-Cytochrom enthält vier Hämgruppen,

3 Einen Überblick zur Historie der Konzepte und Erkenntnisse über das Reaktionszentrum der Purpurbakterien gibt *Parson* [86].

4 Die elektronenmikroskopisch ermittelte Lage des Reaktionszentrums in der Thylakoidmembran von *Rps. viridis* wird von *Stark* et al. [87] beschrieben.

die über Thioetherbindungen kovalent gebunden sind. Die Cofaktoren sind vier Bakteriochlorophyll-b (BC_{MP}, BC_{LP}, BC_{LA}, BC_{MA}), zwei Bakteriophäophytin-b (BP_M, BP_L), ein Menachinon-9 (Q_A) und ein Eisen(II)-Ion, das am Elektronentransport beteiligt ist. Ein zweites Chinon (Ubichinon-9, UQ, Q_B), ebenfalls ein Bestandteil des funktionellen Komplexes, geht während der Aufarbeitung und Kristallisation des Reaktionszentrums teilweise verloren.

3.2.2.2 Die Anordnung der Chromophore und der Elektronentransport

Die Chromophore sind in L- und M-Zweigen angeordnet, die beim Bacteriochlorophyllpaar (BC_P) zusammentreffen und über eine Achse angenähert zweizähliger Symmetrie in Beziehung stehen [47]. Diese Achse steht senkrecht auf der Membranebene.

Während viele optische Eigenschaften des Pigmentsystems auf der Grundlage der Raumstruktur recht gut verstanden werden [48], trifft dies für den Elektronentransport nicht zu. Die Löschung der optischen Anregung des Bakteriochlorophyllpaars (BC_P) erfolgt durch Elektronenübertragung zu Bakteriophäophytin (BP_L) innerhalb von 3 ps und weiter zum primären Acceptor Q_A in etwa 200 ps. Der Transfer wird durch den Redoxpotentialgradienten zwischen P^*/P^+ (etwa −760 mV) und Q_A/Q_A^- (etwa −110 mV) gesteuert. Das Redoxpotential von BP_L/BP_L^- liegt mit etwa −400 mV dazwischen [91-100]. In Abb. 11 sind diese Funktionsdaten zusammengefaßt. Allgemeine Faktoren, die die Übergangsgeschwindigkeit bestimmen, sind in Tabelle 1 zusammengestellt und werden hier für das Reaktionszentrum spezifiziert.

Ein schneller Elektronentransport erfordert Überlappung der Molekülorbitale. Die Orbitalwechselwirkung nimmt exponentiell mit dem Abstand zwischen Donor und Acceptor ab und ist bei Abständen über etwa 10 Å bereits sehr gering [28, 101]. Im Reaktionszentrum ist der Abstand zwischen BC_P und Q_A viel zu groß für einen schnellen direkten Elektronentransport; statt dessen nimmt das Elektron einen über BP_L führenden Weg. BP_L^- ist ein spektroskopisch und kinetisch gut charakterisiertes Zwischenprodukt. Obwohl es zwischen BC_P und BP_L liegt, ist BC_{LA}^- kein Zwischenprodukt, sondern wahrscheinlich durch einen »Superaustausch«-Mechanismus, der eine starke quantenmechanische Kopplung vermittelt, am Elektronentransport beteiligt ([102], Überblick siehe [103]). Der Abstand zwischen BP_L und Q_A scheint

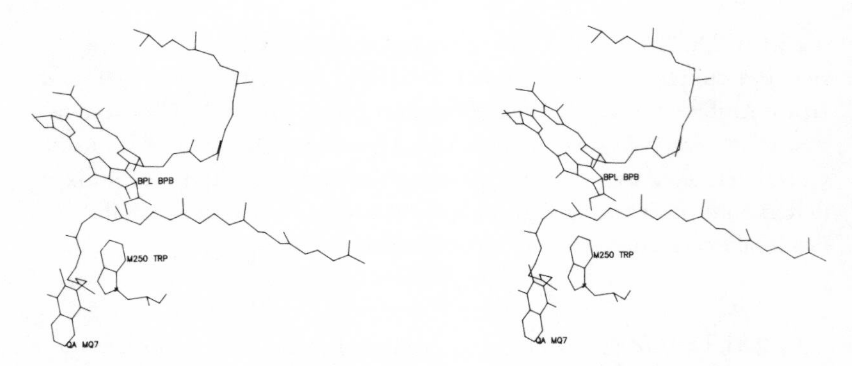

Abbildung 12: Stereozeichnung der Anordnung von BP_L, Trp M250 und Q_A im L-Zweig des Pigmentsystems des Reaktionszentrums.

groß für einen schnellen Transport zu sein. Tatsächlich wird im L-Zweig des Pigmentsystems diese Lücke durch die aromatische Seitenkette von Trp M250 überbrückt (Abb. 12) [38, 104], die eine Kopplung über geeignete Orbitale vermitteln könnte. Außerdem befindet sich die Isoprenoidseitenkette von Q_A nahe bei BP_L. Elektronentransport über lange verbindende Ketten durch Through-bond-Kopplung der Donor- und Acceptororbitale ist beobachtet worden [101, 105, 106], doch liegen im Reaktionszentrum nur van-der-Waals-Kontakte vor.

Ein zweiter wichtiger Faktor für den Elektronentransport ist die Änderung der Freien Energie (ΔG), die durch die chemische Natur der Komponenten, geometrische Faktoren und die Umgebung (Lösungsmittelpolarität) bestimmt wird. Sie hängt vom Ionisationspotential des Donors im angeregten Zustand, von der Elektronenaffinität des Acceptors und von der Coulomb-Wechselwirkung des Radikalionenpaares ab. Letztere ist wahrscheinlich klein, da Donor und Acceptor (BC_P und Q_A im RC) weit voneinander entfernt sind. Der Einfluß der Umgebung bei der Stabilisierung des Radikalionenpaares durch Ionenwechselwirkung und Wasserstoffbrückenbindungen kann erheblich sein. ΔG ist *ein* wichtiger Faktor der Aktivierungsenergie des Elektronentransports. Ebensowichtig ist die Umgruppierung der Reaktanten und der Umgebung, die mit der Ladungsentstehung an Donor und Acceptor einhergeht. Diese Änderungen sind im Reaktionszentrum wahrscheinlich klein, da die Bakteriochlorophyll-Makrocyclen ziemlich starr in das Protein eingebunden sind und die Ladung über das ausgedehnte aromatische Elektronensystem verteilt ist. Bewegliche dipolare Gruppen (Peptidgruppen und Seitenketten) können erheblich zur Energiebarriere des Elektronentransports beitragen. Andererseits stabilisiert eine Matrix mit hoher elektronischer Polarisierbarkeit die entstehende Ladung im Übergangszustand der Reaktion und vermindert die Aktivierungsenergie. Man kann sich auch vorstellen, daß die Potentialenergiebarriere für ein tunnelndes Elektron erniedrigt wird. Aromatische Verbindungen, die solche Eigenschaften haben, treten im Reaktionszentrum gehäuft in der Umgebung der Elektronenüberträger auf (siehe Trp M250).

Der Elektronentransport von P^* nach Q_A hat eine sehr geringe l Aktivierungsenergie [91, 95, 100, 107-111] und findet selbst bei 1 K statt. Thermisch aktivierte Prozesse, Kernbewegungen und Stöße sind demnach für die ersten sehr schnellen Ladungstrennungsschritte ohne Bedeutung. Die Geschwindigkeit nimmt mit abnehmender Temperatur sogar geringfügig zu, entweder wegen einer Kontraktion der Pigmentsysteme bei tiefer Temperatur oder wegen Veränderungen der Schwingungsniveaus, die zu einem günstigeren Franck-Condon-Faktor führen können.

Der Elektronentransport zwischen dem primären und dem sekundären Chinon-Acceptor Q_A bzw. Q_B unterscheidet sich erheblich von den vorhergehenden Prozessen, weil er viel langsamer ist (etwa 6 µs bei pH 7 nach *Carithers* und *Parson* [95]) und eine beträchtliche Aktivierungsenergie von etwa 8 $\mathrm{kcal\,mol^{-1}}$ hat. Bei *Rps. viridis* ist Q_A ein Menachinon-9 und Q_B ein Ubichinon-9, deren Redoxpotentiale in Lösung sich um etwa 100 mV unterscheiden. In anderen Purpurbakterien sind Q_A und Q_B Ubichinone. Die für einen effizienten Elektronentransport nötige Redoxpotentialdifferenz wird in diesen Fällen durch die asymmetrische Proteinmatrix erzeugt. Die Proteinmatrix ist auch für die ganz unterschiedlichen funktionellen Eigenschaften von Q_A und Q_B maßgeblich. Q_A nimmt nur ein Elektron auf (es entsteht ein Semichinon-Anion), das in Q_B überführt wird, ehe der nächste Elektronentransport stattfinden kann. Q_B jedoch nimmt zwei Elektronen auf und wird unter Bildung eines Hydrochinons protoniert, das vom Reaktionszentrum abdiffundiert (Zweielektronen-Gatter [112]). Q_B liegt nahe bei Glu L212, das einen Zugang zur H-Untereinheit ermöglicht und Q_B protonieren kann. Der Elektronentransport zwischen Q_A und Q_B findet in einer Umgebung statt, die sich erheblich von der Umgebung der Komponenten des primären Elektronentransports unterscheidet. Die Verbindungslinie zwischen Q_A und Q_B (auf die Q_B-Bindungsstelle wurde aus der Art der Bindung kompetitiver Inhibitoren und von Ubichinon-1 in *Rps.-viridis*-Kristallen geschlossen [38]) ist durch das Eisen und seine fünf koordinierenden Liganden – vier Histidinreste (M217, M264, L190, L230) und einen Glutaminsäurerest (M232), – besetzt. His M217 bildet eine Wasserstoffbrücke zu Q_A. His L190 liegt nahe bei Q_B. Daß Q_A und Q_B etwa 15 Å voneinander entfernt sind, mag die Ursache des langsamen Transportes sein. Falls Elektronentransport und Protonierung gekoppelt sind, könnte damit die beobachtete pH-Abhängigkeit der Geschwindigkeit des Elektronentransports von Q_A nach Q_B [113] erklärt werden, und die für den Protonentransport erforderlichen Konformationsänderungen können die beobachtete Aktivierungsenergiebarriere verursachen. Die Funktion des geladenen Fe-His_4-Glu-Komplexes wird bisher nur unzureichend verstanden, da der Elektronentransport von Q_A nach Q_B auch ohne Eisen stattfindet [114]; seine Rolle scheint vorwiegend struktureller Art zu sein.

Der Kreislauf des Elektronentransports schließt sich durch die Rückreduktion von BC_P^* durch Cytochrom c (Untereinheit C des Reaktionszentrums), wobei eine Entfernung von etwa 11 Å zwischen dem Pyrrolring I von Häm 3 und dem Pyrrolring III von BC_{LP} zu überbrücken ist. Die Übergangszeit beträgt 270 ns [97]; der Transfer ist also beträchtlich langsamer als die ersten Elektronentransferschritte. Das dazwischenliegende Tyr L172 (Abb. 13) könnte den Elektronentransport zu dem weit vom Donor entfernten Acceptor durch elektronische Kopplung erleichtern. Die biphasische Temperaturabhängigkeit weist auf einen komplizierteren Mechanismus hin, bei dem bei hohen Temperaturen Umgruppierungen eine Rolle spielen (Übersichten siehe [115, 116]).

Die besprochenen Faktoren, die die Geschwindigkeit günstig beeinflussen, sind eine notwendige, aber nicht hinreichende Bedingung für den Elektronentransport, der mit anderen Anregungslöschprozessen konkurriert, die in Tabelle 2 zusammengefaßt sind und nun für das Reaktionszentrum beschrieben werden.

Die Energieübertragung von P* zurück zum Lichtsammelsystem oder auf andere Pigmente könnte durch Orientierung und Nähe begünstigt werden, ist aber energetisch ungünstig. Das Spezielle Paar BC_P

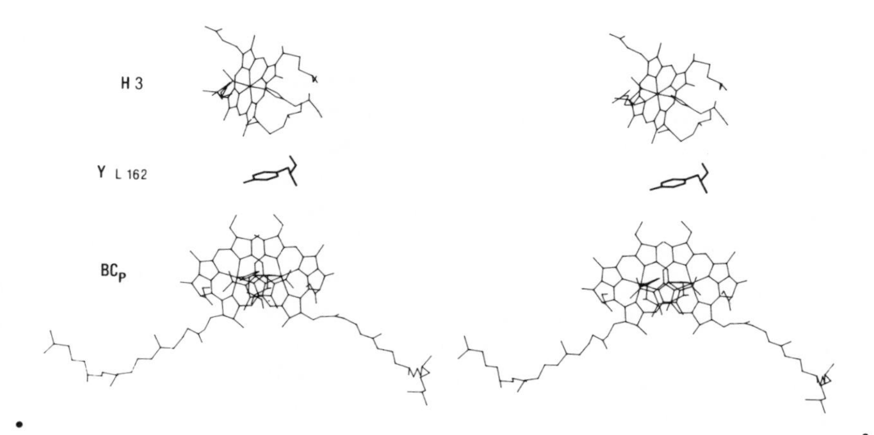

Abbildung 13: Stereozeichnung des Häms 3 (H 3) in Cytochrom c, des Speziellen Paares BC_P und des dazwischenliegenden Restes Tyr L162 (Y L162) der L-Untereinheit [38]. Die His- und Met-Liganden des Eisens von H 3 und der His-Ligand des Magnesium-Ions von BC_P sind ebenfalls eingezeichnet.

absorbiert gewöhnlich (aber nicht bei *Rps. virirdis*, bei dem die stärkste Absorption des Reaktionszentrums und des Lichtsammelsystems bei 960 bzw. 1020 nm liegt; siehe Abb. 7) bei größerer Wellenlänge als andere Pigmente des photosynthetischen Apparates und ist somit eine Falle für Lichtenergie. Die natürliche Lebensdauer des angeregten Singulettzustandes P^* beträgt etwa 20 ns [111, 117] und könnte als Abschätzung für die Zeiten anderer verlustreicher Löschprozesse dienen. Zweifellos ist der Elektronentransport viel schneller. Strahlungsloser Energieverlust von BC_P^* durch Isomerisierung und Konformationsänderungen ist unwahrscheinlich, da die cyclischen Pigmentsysteme durch eine Vielzahl von Wechselwirkungen mit der Proteinmatrix verbunden sind.

Die Rückreaktion $P^+Q_A^-$ zu PQ_A hat eine günstige Triebkraft (Abb. 11) und läuft temperaturunabhängig ab, ist aber unter physiologischen Bedingungen langsam und bedeutungslos (Überblick siehe [91]). Die physikalische Grundlage ist äußerst interessant, aber bis jetzt noch rätselhaft. Sie mag mit einer Gatterfunktion von BP_L zusammenhängen, die dadurch zustande kommt, daß sein Redoxpotential negativer als das von Q_A ist, oder mit elektronischen Eigenschaften von P^+, die eine Ladungsrückübertragung behindern, und mit Konformationsänderungen, die durch den Elektronentransport ausgelöst werden.

Ganz offensichtlich zeigt sich der tiefgreifende Einfluß der Proteinmatrix auf den Elektronentransport im Reaktionszentrum durch die beobachtete Assymmetrie der Elektronenübertragung in den Pigmenten Bakteriochlorophyll-b (BC) und Bakteriophäophytin (BP), je nachdem, ob sie dem L- oder dem M-Zweig angehören. Nur der mit der L-Untereinheit enger verbundene Zweig ist aktiv. Eine Erklärung bietet vielleicht der Befund, daß die Proteinumgebung beider Zweige, obwohl sie durch homologe Proteine (L und M) gebildet wird, durch das zwischen BP_L und Q_A gelegene Trp M250 und die zahlreichen Unterschiede in den Q_A- und Q_B-Bindungsstellen doch recht verschieden ist [38, 39]. Asymmetrie wird auch im Paar BC_P selbst infolge unterschiedlicher Verdrillungen und Wasserstoffbrückenbindungen der beiden Ringsysteme und in der etwas unterschiedlichen räumlichen Anordnung von BC_A und BP beobachtet. Man vermutet, daß dadurch die Freisetzung von Elektronen in den L-Zweig erleichtert wird [118]. Der M-Zweig mag als anhängende (»pendant«) Gruppe einen Einfluß haben.

Die Proteinmatrix dient auch dazu, die überschüssige Energie von etwa 650 mV [99] des angeregten Speziellen Paares P^*Q_A gegenüber dem Radikalionenpaar $P^+Q_A^-$ abzuführen. Diese Prozesse sind wahrscheinlich sehr schnell.

Zusammenfassend läßt sich sagen, daß der sehr schnelle Elektronentransport von BC_P^* zu Q_A zwischen eng benachbarten aromatischen Makrocyclen mit abgestimmten Redoxpotentialen stattfindet. Die Proteinmatrix, in die die Pigmente fest eingebettet sind, ist vorwiegend mit apolaren Aminosäureseitenketten mit einem hohen Anteil aromatischer Reste ausgekleidet. Der Weg der Elektronen ist von der Wasserphase weit entfernt.

3.2.3 Die Blauen Oxidasen

Oxidasen katalysieren die Reduktion von molekularem Sauerstoff durch Einelektronenübertragungen von Substraten. Zur Reduktion eines Sauerstoffmoleküls zu zwei Molekülen Wasser sind vier Elektronen und vier Protonen erforderlich. Die Oxidasen benötigen Erkennungsstellen für beide Substrate sowie einen Speicher für Elektronen und/oder die Fähigkeit, reaktive, partiell reduzierte Sauerstoffzwischenprodukte zu stabilisieren [119-121].

Klassifiziert werden die »Blauen« Oxidasen nach den in ihnen enthaltenen drei Typen von Kupfer mit bestimmten spektroskopischen Eigenschaften: Typ-1-Cu^{2+} bewirkt die tiefblaue Farbe dieser Proteine; Typ-2-Cu^{2+} oder normales Cu^{2+} hat keine erkennbare optische Absorption; die Typ-1- und Typ-2-Kupfer(II)-Ionen sind paramagnetisch, Typ-3-Kupfer absorbiert stark bei etwa 330 nm und ist antiferromagnetisch durch Kopplung der Spins eines Kupfer(II)-Ionenpaares. Bei Reduktion verschwinden die charakteristischen optischen Spektren und Elektronenspinresonanzspektren.

Untersuchungen der katalytischen Eigenschaften und Redoxeigenschaften der Blauen Oxidasen sind in mehreren neueren Übersichten ausführlich beschrieben (z.B. für Laccase [122], Ascorbat-Oxidase [123], Ceruloplasmin [124]). Zuerst wird das Typ-1-Cu^{2+} durch Elektronenübertragung vom Substrat reduziert. Das Elektron wird weiter auf Typ-2- und Typ-3-Kupfer übertragen. Das zweite Substrat, der molekulare Sauerstoff, ist mit den Typ-3- und/oder Typ-2-Kupfer-Ionen verbunden.

3.2.3.1 Ascorbat-Oxidase: Aufbau und Anordnung der Kupferzentren

Ascorbat-Oxidase (AO) ist ein Polypeptid aus 553 Aminosäureresten, die zu drei eng verbundenen Domänen gefaltet sind [52]. Die Oxidase liegt in Lösung als Dimer vor; die funktionelle Einheit ist jedoch das Monomer. Ascorbat-Oxidase gehört zusammen mit Laccase und Ceruloplasmin zur Gruppe der Blauen Oxidasen [125].

Strukturen von Kupferproteinen, die nur einen der verschiedenen Kupfertypen enthalten, sind bekannt: Plastocyanin hat ein »blaues« Typ-1-Kupfer, das mit zwei Histidinresten und den Schwefelatomen eines Cysteins und Methionins in einer verzerrten tetraedrischen Koordination verbunden ist [126]. Cu-Zn-Superoxid-Dismutase enthält ein Typ-2-Kupfer, das vier Histidinliganden in leicht verzerrter quadratischer Koordination binden [127]. Hämocyanin von *Panulirus interruptus* enthält als Typ-3-Kupfer ein Paar von Kupfer-Ionen im Abstand von 3.4 Å mit sechs Histidinliganden [128].

In der Domäne 3 der Ascorbat-Oxidase (siehe Abschnitt 4.4) findet man ein Kupfer-Ion in stark verzerrter tetraedrischer Koordination, die sich trigonal-pyramidaler Geometrie nähert, mit den Liganden His, Cys, His, Met, wie bereits in Abb. 6 zu sehen war. Es ähnelt dem

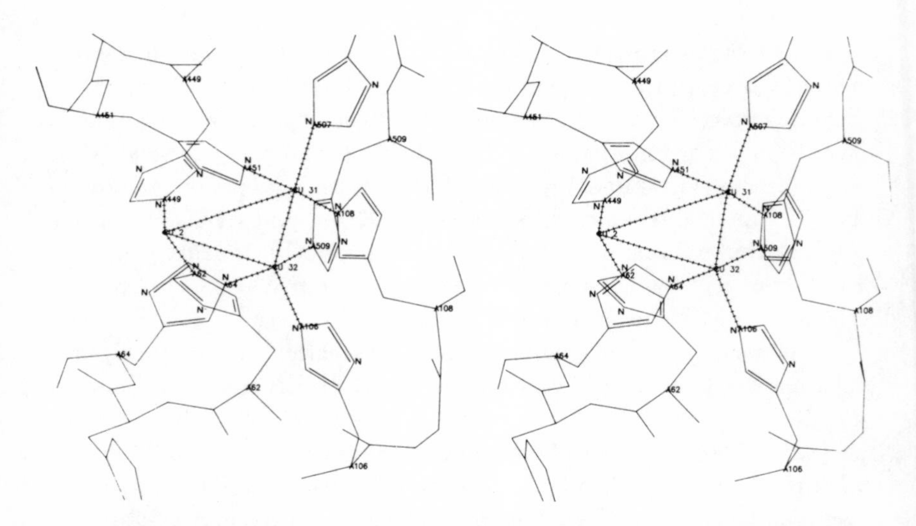

Abbildung 14: Stereozeichnung der dreikernigen Kupfergruppe in Ascorbat-Oxidase. Die koordinativen Bindungen zwischen den Kupfer-Ionen und den Proteinresten sind gestrichelt dargestellt [52].

blauen Typ-1-Kupfer des Plastocyanins. Zwischen den Domänen 1 und 3 der Ascorbat-Oxidase befindet sich eine dreikernige Kupfergruppe (Abb. 14). Vier (-His-X-His-)-Aminosäuresequenzen liefern die acht Histidinliganden. Die dreikernige Kupfergruppe enthält ein Kupferpaar (Cu31, Cu32) mit je drei Histidinliganden (A108, A451, A507; A64, A106, A509), die ein trigonales Prisma bilden. Es ist das Typ-3-Kupferpaar; eine vergleichbare Anordnung liegt in Hämocyanin vor. Das verbleibende Kupfer (Cu2) hat zwei Histidinliganden (A62, A449) und ist ein Typ-2-Kupfer. Der dreikernige Kupfercluster ist die Bindungsstelle des molekularen Sauerstoffs; die Einzelheiten der Struktur, einschließlich der Anwesenheit exogener Liganden, müssen noch geklärt werden. Die räumliche Nachbarschaft der drei Kupfer-Ionen im Cluster läßt raschen Elektronenaustausch vermuten. Der Cluster dient als Elektronenspeicher und könnte als kooperativer Dreielektronendonor für das Sauerstoffmolekül wirken, um die O-O-Bindung irreversibel zu spalten.

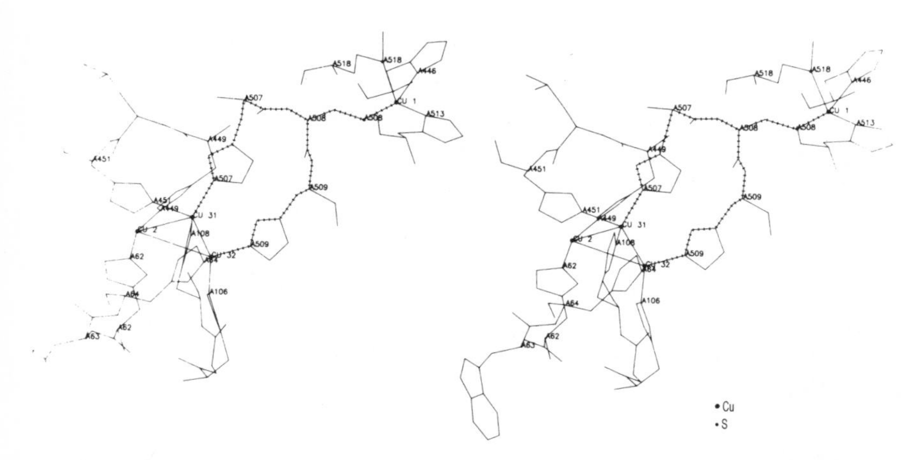

Abbildung 15: Stereozeichnung des dreizähnigen Peptidliganden (-His507-Cys508-His509-) in Ascorbat-Oxidase zwischen dem Typ-1-Kupfer (Cu1) und der dreikernigen Gruppe (Cu31, Cu32, Cu2) [52].

3.2.3.2 Intramolekularer Elektronentransport in Ascorbat-Oxidase

Vom Typ-1-Kupfer werden Elektronen auf die dreikernige Kupfergruppe übertragen. Der kürzeste Weg führt über Cys-A508 und His-A507 oder His-A509. Das Segment (-His-X-His-) verbindet Elektronendonor und -acceptor und überbrückt dabei einen Abstand von 12 Å (Abb. 15). Der Cysteinschwefel und die Imidazolringe des verbrückenden Liganden haben tiefliegende unbesetzte Molekülorbitale und könnten einen chemischen Mechanismus des Elektronentransports begünstigen, doch werden die dazwischenliegenden aliphatischen Einheiten und Peptidketten kaum Radikale bilden und wohl durch Resonanz beteiligt sein. Die einem Cystein-S^- → Cu^{2+}-Charge-Transfer-Übergang zugeschriebene Absorption des »blauen« Kupfers spricht für den vorgeschlagenen Elektronenübergangsweg.

Der mutmaßliche Weg der Elektronen verzweigt sich am C^α-Atom von Cys-A508. Modelle zeigten Nichtäquivalenz und einen schnelleren Elektronentransfer in der N-C-Richtung von Amidbindungen [32]. Das könnte auch für die Blauen Oxidasen gelten und einen bevorzugten Übergang nach A507 begründen.

Die Redoxpotentialdifferenz zwischen Typ-1- und Typ-3-Kupfer beträgt bei Ascorbat-Oxidase –40 mV. Leider sind keine direkten Messungen der Elektronentransfergeschwindigkeit verfügbar. Die

Wechselzahl der Ascorbat-Oxidase beträgt $7.5 \times 10^3\ s^{-1}$ [129, 130] und zeigt, als untere Grenze genommen, einen ziemlich schnellen Transport an, trotz des großen Abstandes und der kleinen Triebkraft. Der Weg der Elektronen verläuft intramolekular und in großem Abstand von der Wasserphase.

Die charakteristische Verteilung der Redoxzentren als ein- und dreikernige Zentren in den Blauen Oxidasen mag auch in der komplexesten Oxidase, der Cytochrom-Oxidase (siehe das hypothetische Modell von *Holm* et al. [131]), und im wasserspaltenden Mangan-Protein-Komplex des Photosystems II vorliegen, der die Umkehrreaktion der Oxidasen ausführt. Für seinen $(Mn)_4$-Cofaktor werden zwei zweikernige oder ein vierkerniges Metallzentrum angenommen [132], aber ein- und dreikernige Anordnungen können nicht ausgeschlossen werden.

3.3 Das Protein als Medium

Die Grenze zwischen Proteinen als Liganden und als Medium ist fließend. Die extreme mikroskopische Komplexität von Struktur, Polarität und Polarisierbarkeit der Proteine beeinflußt den Energie- und Elektronentransfer. Es gibt kein offensichtliches allgemeines Strukturmerkmal der besprochenen Proteinsysteme, außer daß ein hoher Anteil aromatischer Reste (besonders Tryptophan) die Elektronentransferwege im Reaktionszentrum der Purpurbakterien und in der Ascorbat-Oxidase säumt und diese Wege, weit entfernt vom umgebenden Wasser, innerhalb des Proteins und innerhalb der Kohlenwasserstoffphase der Membrandoppelschicht (beim Reaktionszentrum) verlaufen. Diese Einflüsse wurden in den Abschnitten 3.1 und 3.2.2.2 behandelt.

4 Strukturbeziehungen und interne Verdoppelung

Alle vier im folgenden behandelten Proteinsysteme zeigen Wiederholungen von Strukturmotiven oder Ähnlichkeiten mit anderen Proteinen mit bekannten Faltungsmustern. Dies ist eine ganz allgemeine Erscheinung und nicht auf energie- und elektronenübertragende Proteine beschränkt. Es ist auch nicht ungewöhnlich, daß diese Beziehungen anhand der Aminosäuresequenzen oft unerkannt bleiben; dies spiegelt letztlich unsere Unkenntnis der Sequenz-Struktur-Beziehungen wider.

Eine Untersuchung der Strukturbeziehungen kann zur Klärung der Evolution und der Funktion von Proteinsystemen beitragen und ist darum hier angebracht.

4.1 Retinol-bindendes und Bilin-bindendes Protein

Der einfachste Fall ist in Abb. 16 gezeigt, wo Bilin-bindendes Protein (BBP) [42] mit Retinol-bindendem Protein (RBP) [133] verglichen wird. Für die untere Seite des β-Barrel ist die Strukturverwandtschaft offensichtlich, während sich der obere Teil mit den gebundenen Pigmenten Biliverdin bzw. Retinol erheblich unterscheidet. Das Molekül ist offensichtlich in Gerüst- und hochveränderliche Abschnitte unterteilt. Letztere bestimmen in Analogie zu den Immunoglobulinen [134] die Bindungsspezifität. Diese Verwandtschaft läßt wie für RBP auch für BBP eine Carrierfunktion vermuten, obgleich BBP auch zur Pigmentierung bei Schmetterlingen dient.

4.2 Phycocyanin

Phycocyanin (PC) besteht im Proteinteil aus den beiden Polypeptidketten α und β, die strukturell deutlich verwandt sind (Abb. 17, unten) und wahrscheinlich von einem gemeinsamen Vorläufer abstammen.

Die α-Untereinheit ist im G-H-Turn verkürzt und hat keinen s-Chromophor B155 (siehe Abschnitt 3.2.1.3). Der Verlust oder Erwerb von Chromophoren während der Evolution mag weniger wichtig gewesen sein als die Differenzierung der α- und β-Untereinheiten, die nichtäquivalente Plätze im $(\alpha\beta)_3$-Trimer einnehmen, so daß die homologen Chromophore A84 und B84 nichtäquivalent werden und B84 an der Innenseite der Scheibe zu liegen kommt. Außerdem spielen die α- und β-Untereinheiten bei der Bildung des $(\alpha\beta)_6$-Hexamers sehr verschiedene Rollen, wie bereits Abb. 8 zeigt. Symmetrische Hexamere mögen als Vorläufer existiert und auch Stapel gebildet haben, doch ohne die Differenzierung der Chromophore und insbesondere ohne die Nichtäquivalenz und enge Wechselwirkung von A84 und B84 im Trimer. Die funktionelle Vervollkommnung hat wahrscheinlich die divergente Evolution der α- und β-Untereinheiten vorangetrieben.

Eine höchst überraschende Ähnlichkeit wurde zwischen den Untereinheiten von Phycocyanin und den Globinen entdeckt, wie aus Abb. 17 (oben) hervorgeht. Die Faltung der Helices A bis H zeigt eine ähnliche Topologie. Die von den *N*-terminalen X,Y-α-Helices gebildete

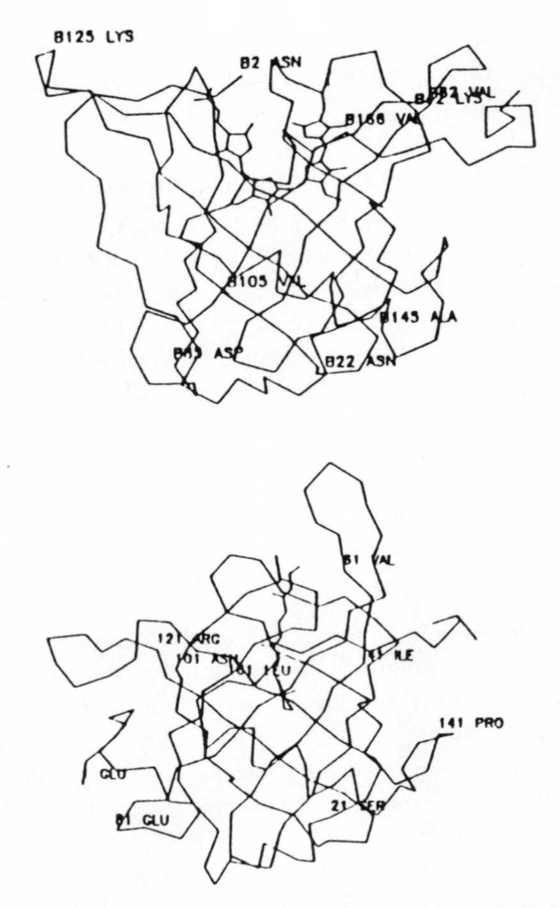

Abbildung 16: Vergleich der Faltung der Polypeptidketten von Bilin-bindendem Protein (BBP) und Retinol-bindendem Protein (RBP) (mit gebundenen Cofaktoren).

U-förmige Erweiterung von Phycocyanin ist unerläßlich für die Bildung der (αβ)-Unterstruktur. Der Vergleich der Aminosäuresequenzen anhand von Strukturüberlagerungen enthüllt einige Homologien, die auf eine divergente Evolution der Phycobiliproteine und der Globine hindeuten [46]. Es bleibt jedoch rätselhaft, welche Funktion ein Vorläufer von lichtsammelnden und sauerstoffbindenden Proteinen gehabt haben mag.

4.3 Das Reaktionszentrum

Das Reaktionszentrum von *Rps. viridis* ist unsymmetrisch zur Membranebene angeordnet. Das ist bei einem Komplex, der einen quer zur Membran gerichteten Prozeß katalysiert, nicht überraschend. Es gibt jedoch bezüglich der L- und M-Untereinheiten und des Pigmentsystems eine Quasisymmetrie. Die strukturelle Ähnlichkeit und die Homologie der Aminosäuresequenzen der L- und M-Untereinheiten legen einen gemeinsamen evolutionären Ursprung nahe. Diese Verwandtschaft erstreckt sich aufgrund der Sequenzhomologie und der Erhaltung der an der Bindung der Cofaktoren beteiligten Reste auch auf die Photosystem-II-Komponenten D1 und D2 (Übersichten siehe [135, 136]). Der mutmaßliche Vorläufer war ein symmetrisches Dimer mit identischen Elektronentransportwegen. Die Wechselwirkung mit der H-Untereinheit führt zu Asymmetrie. Es sei besonders auf die *N*-terminale membranüberspannende α-Helix der H-Untereinheit (H) hingewiesen, die nahe bei der membranüberspannenden α-Helix E der M-Untereinheit, dem L-Zweig des Pigmentsystems und Q_A liegt (Abb. 18). Die Verbesserung der Wechselwirkung mit der H-Untereinheit, die eine Rolle bei der Elektronenübertragung von Q_A nach Q_B und bei der Protonierung von Q_B zu spielen scheint, mag die divergente Evolution der L- und M-Untereinheiten auf Kosten der Inaktivierung des M-Pigmentzweiges vorangetrieben haben. Der Elektronentransport von BC_P nach Q_A ist jedoch extrem schnell und nicht geschwindigkeitsbestimmend für die Gesamtreaktion. Die Erhaltung des M-Pigmentzweiges bei der Evolution mag in seiner Bedeutung als anhängende (»pendant«) Gruppe für die Lichtsammlung und den Elektronentransport begründet sein. Es gibt auch strukturelle Gründe, da seine Deletion leeren Raum hinterließe.

Die Cytochrom-Untereinheit (C) trägt zur Asymmetrie des L-M-Komplexes bei und weist selbst eine innere Verdopplung auf [38]. Alle vier Hämgruppen sind durch ein Helix-Turn-Helix-Motiv verbunden, jedoch sind die Turns bei den Hämgruppen 1 und 3 kurz und bei den Hämgruppen 2 und 4 lang.

4.4 Die Blauen Oxidasen

Genvervielfältigung und divergente Evolution sind an der Blauen Oxidase Ascorbat-Oxidase besonders klar erkennbar. Abbildung 19 zeigt die aus 553 Aminosäureresten bestehende Polypeptidkette, die drei eng verbundene Domänen ähnlicher Topologie bildet [52]. Obwohl sie nahezu doppelt so groß sind, ähneln diese Domänen dem einfachen kleinen Kupferprotein Plastocyanin (Abb. 20) [126]. In der Blauen Oxidase schließen die Domänen I und III die dreikernige Kupfergruppe in quasisymmetrischer Weise ein, aber nur die Domäne III enthält das Typ-1-Kupfer, den Elektronendonor für die dreikernige Gruppe. Ein möglicher Elektronentransportweg in der Domäne I ist nicht verwirklicht; dies erinnert an den M-Zweig des Pigments im Reaktionszentrum (vgl. Abschnitt 3.2.2.2). Ähnlich wie die H-Untereinheit im Reaktionszentrum führt die verbindende Domäne II in der Ascorbat-Oxidase zur Asymmetrie, die die Auseinanderentwicklung der Domänen I und III bewirkt haben mag.

Die Proteine Plastocyanin, Ascorbat-Oxidase, Laccase und Ceruloplasmin sind aufgrund von Strukturbeziehungen und Sequenzhomologien als Glieder einer Familie von Kupferproteinen anzusehen [52, 138-140], deren Beziehungen in der Form eines Stammbaumes dargestellt werden können (Abb. 21). Das einfachste Molekül ist Plastocyanin, das nur ein Typ-1-Kupfer enthält. Ein Homodimer aus plastocyaninähnlichen Molekülen könnte die zweimal vier Histidinliganden für die dreikernige Kupfergruppe liefern und eine symmetrische Oxidase bilden. Aus diesem hypothetischen Vorläufer könnten sich die heutigen Blauen Oxidasen und Ceruloplasmin auf verschiedenen Wegen der Gen(Domänen)insertion und des Verlustes und/oder Erwerbs von Kupfer entwickelt haben. In beiden hat sich die Anordnung der *N*- und *C*-terminalen Domänen erhalten, die die funktionelle Kupfergruppe einschließen. Die DNA-Rekombinationstechnik bietet die Möglichkeiten, die hypothetische Vorläuferoxidase zu rekonstruieren. Daran wird zur Zeit gearbeitet.

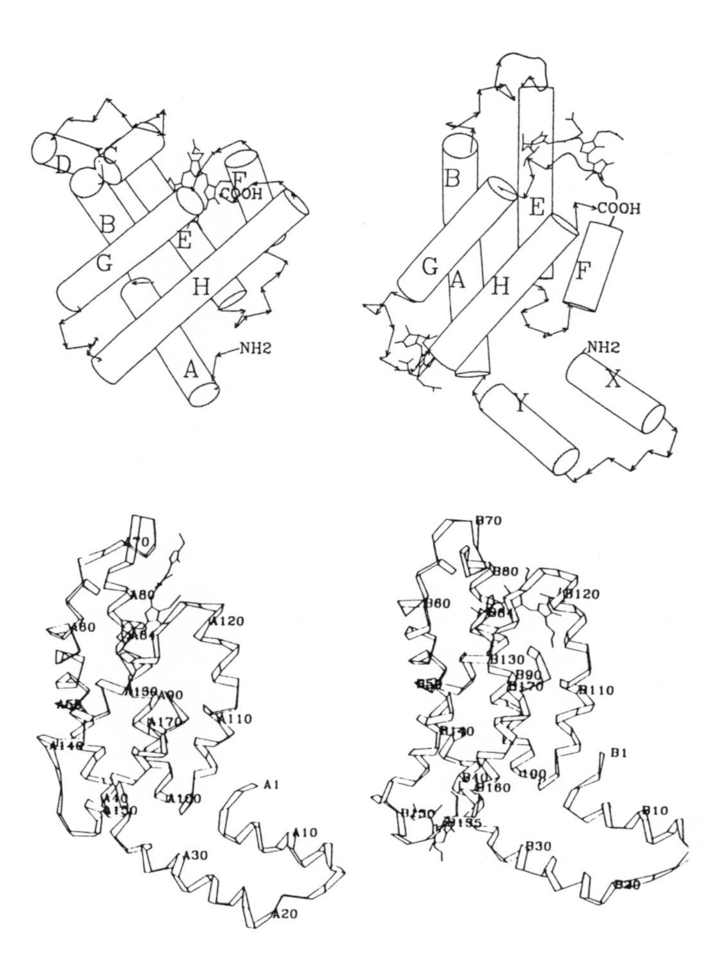

Abbildung 17: Faltung der Polypeptidketten der α- und β-Untereinheiten von Phycocyanin [46] (unterer Teil, links und rechts) und Vergleich der Anordnung der α-Helices in Myoglobin und Phycocyanin (oberer Teil, links und rechts).

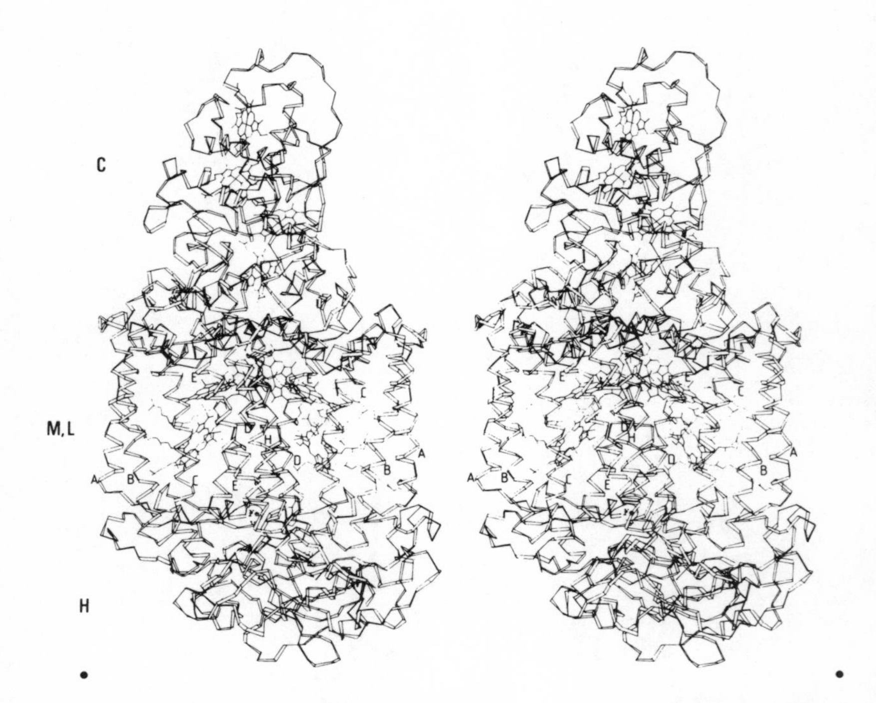

Abbildung 18: Stereozeichnung des Reaktionszentrums von *Rps. viridis* (vollständiger Komplex aus Untereinheiten und Cofaktoren). Die membranüberspannenden α-Helices der L- und M-Untereinheiten (A, B, C, D, E in sequentieller und A, B, C, E, D in räumlicher Folge) und der H-Untereinheit (H) sind bezeichnet [38] (vgl. Abb. 11).

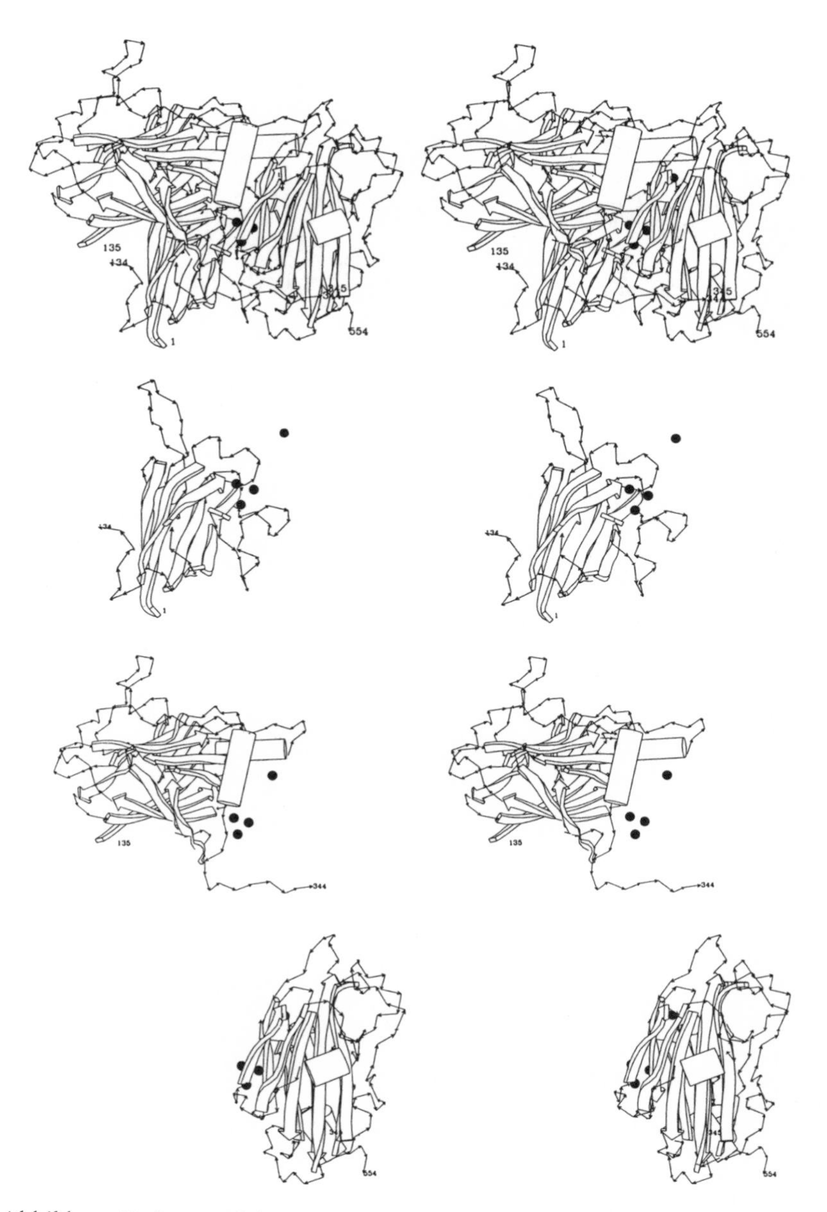

Abbildung 19: Stereozeichnung der Faltung der Polypeptidkette der Ascorbat-Oxidase und Einzeldarstellung ihrer drei Domänen (von oben nach unten) [52]. β-Stränge sind als Pfeile und α-Helices als Zylinder dargestellt (mit dem Zeichenprogramm von *Lesk* und *Hardman* [137] angefertigt).

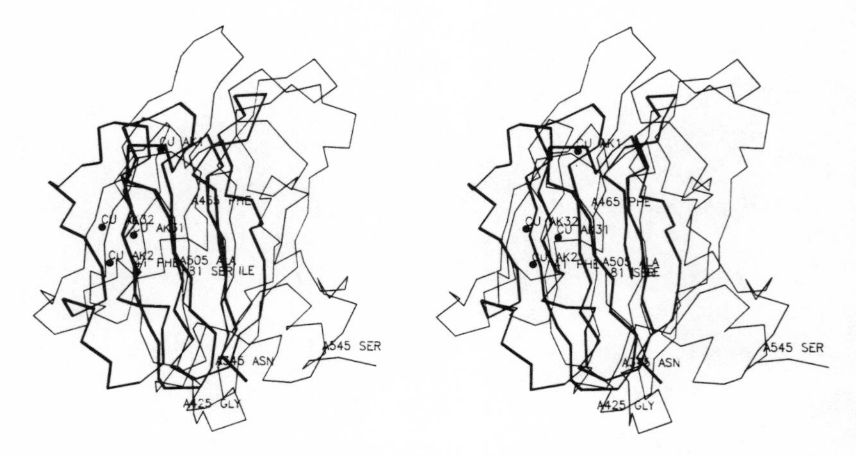

Abbildung 20: Stereozeichnung und Überlagerung der Domäne III von Ascorbat-Oxidase (feiner Strich) und Plastocyanin (starker Strich). Die dreikernige Kupfergruppe der Ascorbat-Oxidase liegt zwischen Domäne I (nicht gezeigt) und Domäne III verborgen.

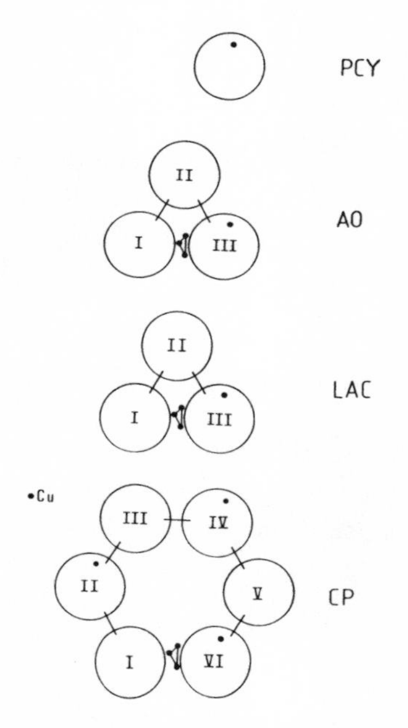

Abbildung 21: Homologe Domänen in Plastocyanin (PCY), Ascorbat-Oxidase (AO), Laccase (LAC) und Ceruloplasmin (CP). Die ein- und dreikernigen Kupferzentren sind eingezeichnet.

5 Allgemeine Folgerungen für die Membranproteine aus der Struktur des Reaktionszentrums

Die Strukturen der wasserlöslichen Proteine zeigen eine scheinbar unbegrenzte Mannigfaltigkeit, obwohl sie aus nur wenigen definierten Sekundärstrukturelementen wie Helices, β-Faltblättern und Turns zusammengesetzt und Domänen und wiederkehrende Strukturmotive am Aufbau beteiligt sind. Die besprochenen Proteine boten genügend Beispiele dafür. Daß es nur eine begrenzte Zahl von Grundfaltungen zu geben scheint, kann auf der Entwicklung der Proteine aus einer begrenzten Zahl von Strukturen und/oder auf Beschränkungen bezüglich der Proteinstabilität und -faltungsgeschwindigkeit beruhen. Diese grundlegenden Faltungsmotive sind jedoch keine starren Bausteine, sondern passen sich Sequenzänderungen, der Umgebung und der Assoziation mit anderen Strukturelementen an. Anpassungsfähigkeit und Plastizität (die nicht mit Flexibilität verwechselt werden darf) werden davon bestimmt, daß das Energieminimum für das gesamte Protein- und Lösungsmittelsystem und nicht für seine einzelnen Komponenten erreicht werden muß. Wasser ist ein guter Donor und Acceptor für Wasserstoffbrückenbindungen und daher fähig, an der Oberfläche liegende polare Peptidgruppen fast ebenso gut abzusättigen, wie es intramolekulare Wasserstoffbrückenbindungen vermögen (abgesehen von entropischen Effekten).

Membranproteine stehen mit dem inerten Kohlenwasserstoffteil der Phospholipiddoppelschicht in Verbindung und müssen ihre Wasserstoffbrückenbindungen intramolekular absättigen. Nur zwei Sekundärstrukturen erfüllen diese Bedingungen für die Polypeptidhauptketten, die α-Helix und das β-Barrel. Für den Zusammenbau von α-Helices sind Packungsregeln abgeleitet worden, die, wenn auch mit großer Streuung, bestimmte bevorzugte Winkel zwischen den Helixachsen vorhersagen. In ähnlicher Weise folgt die Anordnung der Stränge in β-Faltblättern und β-Barrels bestimmten Regeln [141].

5.1 Die Struktur der membrangebundenen Teile des Reaktionszentrums

Das Reaktionszentrum war das erste Membranprotein, dessen Struktur mit atomarer Auflösung bestimmt werden konnte. Vorher war nur die Struktur von Bakteriorhodopsin mit geringer Auflösung bekannt [142]. Beide haben einige Gemeinsamkeiten. Aus der Struktur des Reaktionszentrums lassen sich einige allgemeine Schlüsse für Membranproteine ziehen. Das Reaktionszentrum enthält 11 Helices, die die Membran durchdringen und mit 26 (H-Untereinheit) oder 24 bis 30 Resten (L- und M-Untereinheit) die passende Länge haben. Die Aminosäuresequenzen dieser Abschnitte enthalten keine geladenen Reste (Abb. 22). Einige geladene Reste finden sich nahe den Enden der α-Helices. Glycinreste stehen am Anfang und Ende fast aller α-helicalen Abschnitte. Es ist von den löslichen Proteinen her gut bekannt, daß Glycinreste häufig in Turns und den flexiblen Bereichen von Proteinen auftreten [87]. Sie mögen für die Insertion in die Membran wichtig sein, indem sie strukturelle Umordnungen ermöglichen. Die Winkel zwischen den Achsen der miteinander in Kontakt stehenden α-Helices des L- und M-Komplexes betragen 20 bis 30 °, ein auch von den α-Helices der löslichen Proteine bevorzugter Packungswinkelbereich. Es bestehen weitere Gemeinsamkeiten mit internen α-Helices in großen globulären Proteinen, die auch durch das Fehlen geladener Reste und das bevorzugte Auftreten von Glycin und Prolin an den Enden charakterisiert sind [143, 144]. Darüber hinaus finden die D- und E-α-Helices der L- und M-Untereinheiten (Abb. 22) Gegenstücke in den löslichen Proteinen. Sie sind um die lokale zweizählige Achse miteinander verbunden und bilden den Kern des L-M-Bausteins, der das Eisen und das Bakteriochlorophyllpaar BC_P bindet. Die vier D- und E-α-Helices der L- und M-Untereinheiten sind als Bündel angeordnet, das durch das Eisen-Ion zusammengehalten wird und sich nach der cytoplasmatischen Seite hin öffnet, um das große Spezielle Paar BC_P aufzunehmen. Dieses Motiv ist in wasserlöslichen Elektronentransportproteinen recht häufig zu finden [145]. Ich will diese Betrachtungen später wiederaufnehmen und dann entsprechende Substrukturen löslicher Proteine als Modelle für porenbildende Membranproteine vorstellen.

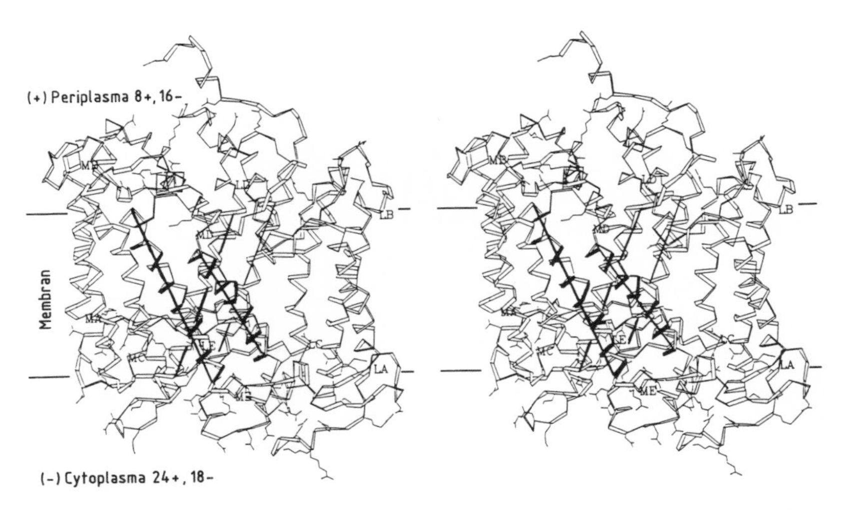

Abbildung 22: Stereozeichnung der Polypeptidketten der L- und M-Untereinheiten des Reaktionszentrums in Banddarstellung. Die *N*-Termini der membrandurchdringenden α-Helices sind bezeichnet (mit vorangestelltem M und L); das tetrahelicale Motiv der D- und E-α-Helices ist durch Schattierung und Striche hervorgehoben. Die Seitenketten der geladenen Reste sind eingezeichnet. Asp, Glu und das Carboxyende werden als negativ und Lys, Arg und das Aminoende als positiv geladen gerechnet und jeweils für die cytoplasmatische und die periplasmatische Seite zusammengezählt [5, 38].

5.2 Die Membraninsertion

Auch für unsere Ansichten über den Mechanismus der Insertion von Proteinen in die Phospholipiddoppelschicht ist die Struktur des Reaktionszentrums wichtig. Das Reaktionszentrum ist aus Bestandteilen zusammengesetzt, die bezüglich der Membran sehr unterschiedlich angeordnet sind. Die C-Untereinheit liegt auf der periplasmatischen Seite. Die H-Untereinheit ist in zwei Teile gefaltet: einen globulären Teil auf der cytoplasmatischen Seite und eine membranüberspannende α-Helix. Die L- und M-Untereinheiten sind in die Phospholipiddoppelschicht integriert. Folglich muß Cytochrom (die C-Untereinheit) von ihrem intrazellulären Syntheseort aus vollständig durch die Membran befördert werden. Von den H-, L- und M-Untereinheiten sind die membrandurchdringenden α-Helices in die Doppelschicht eingebettet. Nur der *N*-terminale Abschnitt von H sowie die auf der periplasmatischen Seite liegenden *C*-terminalen Teile und die Verbindungsstücke der α-Helices von L und M (A-B, C-D) müssen durchgeschleust werden.

Es ist interessant festzustellen, daß, wie die Gensequenz zeigt [90], nur das Gen des Cytochroms eine prokaryotische Signalsequenz aufweist. Der Durchtritt der großen hydrophilen C-Untereinheit mag ein kompliziertes Translokationssystem erfordern, das eine Signalsequenz benötigt, während sich H, L und M wohl infolge der Affinität der hydrophoben Segmente zu den Phospholipiden spontan in die Doppelschicht einlagern (Übersicht zu diesem und verwandten Problemen siehe [146]). Aber auch beim »einfachen« Lösen müssen noch jene geladenen Reste durch die Membran geschleust werden, die auf der periplasmatischen Seite liegen [38, 104]. Die mit fortschreitendem Eindringen zunehmend günstiger werdende Wechselwirkung zwischen Protein und Lipid mag diesen Prozeß unterstützen. M und L haben beträchtlich mehr geladene Reste auf der cytoplasmatischen (41) als auf der periplasmatischen Seite (24), so daß die richtige Einlagerung eine geringere Aktivierungsenergie erfordert. Die Nettoladungsverteilung des L-M-Komplexes ist unsymmetrisch mit sechs positiven Ladungen auf der cytoplasmatischen und acht negativen Ladungen auf der periplasmatischen Seite. Das intrazelluläre Membranpotential ist negativ, und somit ist die beobachtete Ausrichtung des L-M-Komplexes energetisch bevorzugt (Abb. 22).

Die H-Untereinheit hat am *C*-Terminus der die Membran durchdringenden α-Helix eine stark polare Aminosäuresequenz mit sieben aufeinanderfolgenden geladenen Resten (H33-H39) [38, 88], die das Eindringen in die Membran wirkungsvoll verhindern mag. Entsprechend befinden sich drei bis elf geladene Reste in jedem der Verbindungssegmente der α-Helices auf der cytoplasmatischen Seite der L- und M-Untereinheiten, die wohl den Durchtritt von α-Helices und α-helicalen Paaren aufhalten [147]. Als Alternative zur sequentiellen Insertion könnten die L- und M-Untereinheiten auch zusammen als Protein-Pigment-Komplexe in die Membran integriert werden, da sie durch Protein-Protein- und Protein-Cofaktor-Wechselwirkungen fest zusammengehalten werden.

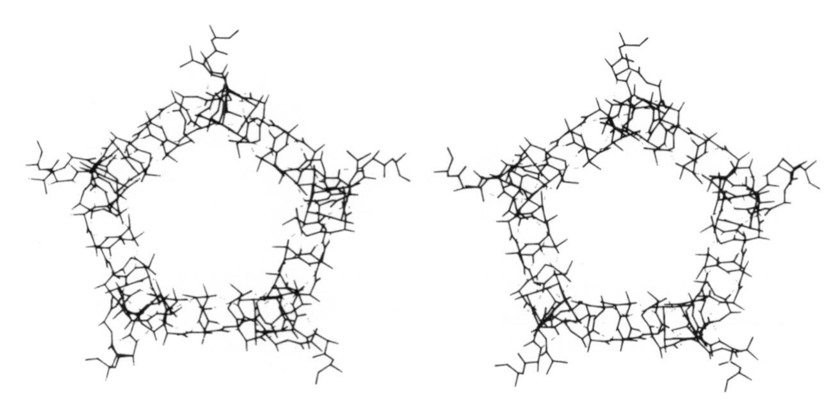

Abbildung 23: Stereozeichnung der pentahelicalen Pore in der Schweren Riboflavin-Synthase [151].

5.3 Modelle für porenbildende Proteine

Es ist nicht von vornherein klar, ob die am Reaktionszentrum erkannten Strukturprinzipien auch für die α-helicalen Proteine gelten, die »Poren« oder »Kanäle« bilden. Diese Proteine könnten im Prinzip recht komplizierte Strukturen innerhalb der Wasserkanäle annehmen [148]. Strukturuntersuchungen bei geringer Auflösung an Gap-Junction-Proteinen [149] weisen aber in diesem Fall auf eine einfache hexamere Anordnung der membrandurchdringenden α-Helices hin, deren polare Seiten zum Wasserkanal gerichtet sind.

Der Befund, daß für lösliche Proteine erhaltene Regeln über Struktur und Anordnung von α-Helices auch auf das Reaktionszentrum anwendbar sind, ermutigt uns, Modelle für Membranporen-bildende Proteine aus geeigneten Unterstrukturen löslicher Proteine abzuleiten. Ein brauchbares Modell scheint die bei hoher Auflösung im ikosaedrischen Multienzymkomplex Riboflavin-Synthase sichtbare pentahelicale Pore [150, 151] (Abb. 23) zu sein. Fünf amphiphile α-Helices aus je 23 Resten liegen nahezu senkrecht zur Oberfläche der Proteinhülle. Diese »coiled coil«-Anordnung der α-Helices ist rechtshändig gewunden und bildet eine Pore, die vermutlich für den Zufluß der Substrate und den Abfluß der Produkte dient. Die Helices liegen mit ihren apolaren Seiten am zentralen viersträngigen β-Faltblatt des Proteins, das den Kohlenwasserstoffteil der Phospholipiddoppelschicht nachbildet, und richten die geladenen Reste in den Wasserkanal.

Das Modellieren von Membranproteinstrukturen kann auch auf die bakteriellen Porine [152] ausgedehnt werden. Sie bilden eine Klasse von Membranproteinen, bei denen β-Strukturen die äußere Membran durchdringen. Die in löslichen Proteinen beobachteten β-Barrels bestehen aus vier bis acht und mehr Strängen. Die untere Grenze wird durch die Verzerrung der regulären Wasserstoffbrückenbindungen bestimmt. Eine obere Grenze mag die für stabile Proteindomänen mögliche Größe sein. Ein viersträngiges β-Barrel mit vier parallelen Strängen, stirnseitig verdoppelt mit D_4-Symmetrie, liegt im Ovomucoid-Octamer vor [153]. Die β-Stränge schmiegen sich an den hydrophoben Kern des Moleküls und richten ihre (kurzen) polaren Reste in den Kanal (der hier äußerst eng ist).

6 Einige Gedanken zur Zukunft der Proteinkristallographie

Dreißig Jahre nach der Aufklärung der ersten Proteinkristallstrukturen durch *Perutz* und *Kendrew* und nach stetiger Weiterentwicklung erfährt die Proteinkristallographie zur Zeit eine Revolution. Neuere technische und methodische Entwicklungen ermöglichen es, große funktionelle Proteinkomplexe wie das Reaktionszentrum von *Rps. viridis* [38, 154], große Virusstrukturen (es seien nur erwähnt [155-157]), Protein-DNA-Komplexe (es sei nur hingewiesen auf [158]) und Multienzymkomplexe wie Riboflavin-Synthase [151] zu studieren.

Die Bedeutung dieser Untersuchungen für das Verständnis der biologischen Funktionen ist ganz offensichtlich und hat das Interesse der wissenschaftlichen Gemeinschaft erregt.

Außerdem wurde erkannt, daß eine detaillierte Strukturinformation eine Vorbedingung für das rationale Design von Arzneimitteln und Proteinen ist. Zur Veranschaulichung wähle ich menschliche Leukocyten-Elastase, ein wichtiges pathogenes Agens. Auf der Grundlage ihrer dreidimensionalen Struktur (Abb. 24) [159] und der Kriterien für eine optimale stereochemische Anpassung werden nun in vielen wissenschaftlichen und kommerziellen Institutionen wirksame Inhibitoren synthetisiert oder natürliche Inhibitoren durch DNA-Rekombinationstechnik verändert. Andere, ähnlich bedeutende Proteine werden in gleicher Weise untersucht. Diesem Arbeitsgebiet kommen die leicht handhabbare Molekül-Modellier-Software (z.B. FRODO [160]) und

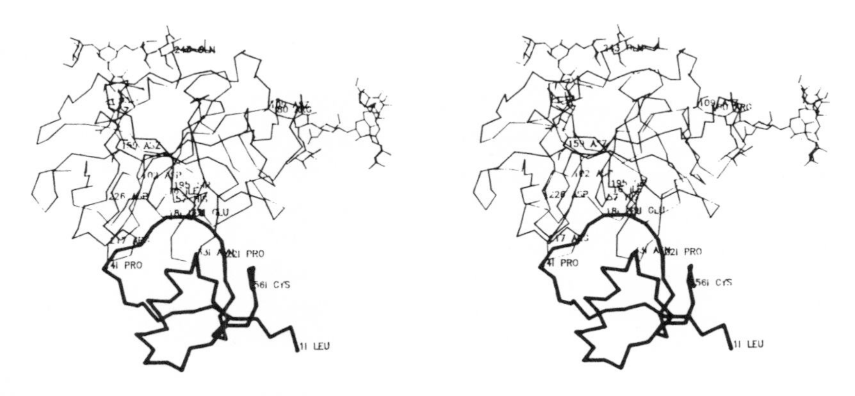

Abbildung 24: Stereozeichnung des Komplexes zwischen menschlicher Leukocyten-Elastase (feiner Strich) und Truthahn-Ovomucoid-Inhibitor (starker Strich) [159].

die Hinterlegungsstelle für Strukturdaten, die Protein Data Bank [161], besonders zugute.

Der Erfolg *und* die neuen technischen und methodischen Entwicklungen treiben die Proteinkristallographie weiter voran. Diese neuen Entwicklungen sind äußerst bemerkenswert: Flächenzähler zur automatischen Aufzeichnung der Streuintensitäten wurden gebaut. Starke Strahlungsquellen (Synchrotron) sind für schnelle Messungen verfügbar und ermöglichen nun die Verwendung sehr kleiner Kristalle oder strahlungsempfindlichen Materials. Die polychrome Strahlung wird benutzt, um mit Laue-Techniken Beugungsdatensätze innerhalb von Millisekunden zu erhalten [162], und die Abstimmbarkeit der Strahlung gestattet den optimalen Einsatz des anomalen Dispersionseffektes [163, 164].

Verfeinerungsmethoden, die die kristallographischen Daten und die Konformationsenergie einbeziehen, liefern verbesserte Proteinmodelle. Es wurden Methoden entwickelt, mit denen sich große Proteinkomplexe durch die Mittelung interner Symmetrien analysieren lassen [165]. Diese Methoden führen von verschwommenen zu bemerkenswert klaren Bildern. Die vorherige Kenntnis einer Strukturbeziehung zu einem bekannten Protein kann mit großem Vorteil genutzt werden. Es ist nämlich möglich, eine unbekannte Kristallstruktur mit Hilfe eines bekannten Modells zu lösen, wenn man die von meinem Lehrer *W. Hoppe* entdeckte und benannte »Faltmolekül«-Methode anwendet, die zu einem sehr leistungsfähigen Werkzeug der Proteinkristallographie geworden ist.

Mit diesem letzten Abschnitt möchte ich *W. Hoppe* meine Reverenz erweisen. Er begründete 1957 die Patterson-Suchmethoden mit der Entdeckung, daß die Patterson-Funktion (die Fourier-Transformierte der Streuintensitäten) von Molekülkristallen in Summen intra- und intermolekularer Vektorsätze aufspaltbar ist [166], aus denen Orientierung und Translation der Moleküle erhalten werden können, wenn deren Struktur angenähert bekannt ist (Abb. 25). *Hoppes* Methode wurde sorgfältig ausgearbeitet, der elektronischen Datenverarbeitung angepaßt und neu formuliert [8, 167, 168]. Sie ermöglichte einen abgekürzten Weg zur Kristallstruktur des Reaktionszentrums von *Rb. sphaeroides*, die anhand der Struktur des Reaktionszentrums von *Rps. viridis* und durch anschließende Verfeinerung gelöst wurde [6, 154]. Der molekulare Aufbau ist sehr ähnlich, obwohl dem Reaktionszentrum von *Rb. sphaeroides* das ständig gebundene Cytochrom fehlt. Die Strukturlösung wurde mit ähnlichen Methoden unabhängig voneinander bestätigt [7]. Mit der Faltmolekül-Methode lassen sich Orientierung und Lage eines Moleküls in der Einheitszelle bestimmen. Die genaue Molekülstruktur und ihre Abweichungen vom Vergleichsmodell müssen durch kristallographische Verfeinerung erarbeitet werden. Dazu haben in meiner Arbeitsgruppe *W. Steigemann* und *J. Deisenhofer* (in seiner Dissertation) eine Grundlage geschaffen [169, 170].

Kürzlich haben NMR-Techniken (Kernmagnetische Resonanz) ihre Fähigkeit zur Bestimmung der Struktur kleiner Proteine in Lösung erwiesen. In einem Fall hat ein genauer Vergleich der Strukturen im Kristall und in Lösung eine sehr gute Übereinstimmung gezeigt [172, 173]; es sind aber noch weitere Entwicklungen nötig, um die Methoden auch auf größere Moleküle anwenden zu können.

Die Proteinkristallographie ist das einzige Werkzeug zur detaillierten Aufklärung des Aufbaus der hier beschriebenen großen Proteinkomplexe und wird auch auf absehbare Zeit die einzige experimentelle Methode bleiben, die Atom-Atom- und Molekül-Molekül-Wechselwirkungen in atomarer Auflösung beschreiben kann. Sie ist die erfolgreiche analytische Methode, die *Emil Fischer* 1907 in seiner 9. Faraday Lecture ansprach, als er ausführte: »... the precise nature of the assimilation process ... will only be accomplished when biological research, aided by improved analytical methods, has succeeded in following the

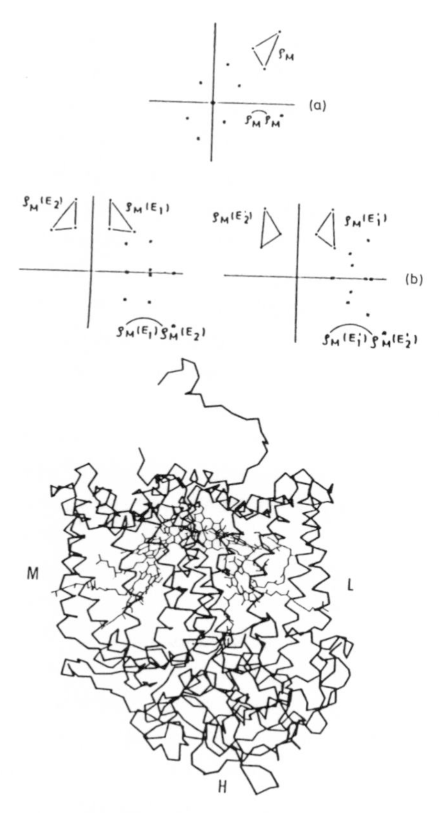

Abbildung 25: Faltmolekül-Konstruktion. Oben: $\rho_M\rho_M^*$ (a) und $\rho_M(E1)\rho_M^*(E2)$ (b) sind die intra- bzw. intermolekularen Vektorsätze einer dreieckigen Struktur ρ_M. Ihre Summe stellt die Patterson-Funktion dar. Der intramolekulare Vektorsatz kann aus der Molekülstruktur konstruiert werden. Er liegt am Ursprung und ermöglicht die Bestimmung der Orientierung. Aus dem intermolekularen Vektorsatz kann die Translationskomponente bezüglich der Spiegelebene erhalten werden. In (b) werden die intermolekularen Vektorsätze, die zwei verschiedenen Orientierungen von ρ_M entsprechen, gezeigt [171]. Unten: Zeichnung der Hauptkette der M-, L- und H-Untereinheiten und der Cofaktoren, die als Suchmodell zur Lösung des Phasenproblems bei der Kristallstrukturbestimmung des Reaktionszentrums von *Rb. sphaeroides* diente. In die Rechnung wurden alle homologen Haupt- und Seitenkettenatome einbezogen [6].

changes which take place in the actual chlorophyll granules.« [174] Allerdings bleibt als ein letztes Ziel, das wir alle zu erreichen trachten, noch die Lösung des Faltungsproblems. Die wachsende Zahl bekannter Proteinstrukturen, die Herstellung von Proteinen mit Einzelrestaustausch durch DNA-Rekombinationstechnik und die Analyse dieser Produkte durch Proteinkristallographie haben uns diesem Ziel näher gebracht. Wir können den Beitrag bestimmter Reste zu Faltungsgeschwindigkeit, Struktur, Stabilität und Funktion untersuchen. Auch die theoretische Analyse der Proteinstrukturen ist vorangekommen (es seien nur *Levitt* und *Sharon* genannt [175]), doch ein Schlüssel für den Zusammenhang zwischen Sequenz und räumlicher Struktur ist nicht in Sicht [176]. Wie *Carl von Linné*, der vor 250 Jahren ein System der Pflanzen auf der Grundlage der Morphologie schuf (Genera plantarum, Leiden 1737), klassifizieren wir die Proteine nach ihrer Form und Struktur. Ob das zu einer Lösung des Faltungsproblems führen wird, ist nicht klar, aber es ist gewiß, daß das Ende der Proteinkristallographie nur durch sie selbst kommen wird.

Danksagung

J. Deisenhofers und mein Interesse an Strukturuntersuchungen am photosynthetischen Reaktionszentrum von *Rps. viridis* wurde 1980 durch die Errichtung der Abteilung Oesterhelt in Martinsried geweckt. *D. Oesterhelt* brachte *H. Michel* mit, mit dem eine fruchtbare Zusammenarbeit bei der Untersuchung der Kristallstruktur dieses großen Proteinkomplexes begann. Später waren auch andere Angehörige meiner Arbeitsgruppe, *O. Epp* und *K. Miki*, beteiligt. Wir hatten Enzyme, Proteasen und ihre natürlichen Inhibitoren sowie Immunoglobuline untersucht und Methoden zur Verbesserung der Datensammlung, der Interpretation der Elektronendichtekarten und der kristallographischen Verfeinerung entwickelt. So waren die Werkzeuge bereit, um die Struktur des Reaktionszentrums zu lösen; es war damals und ist auch noch heute das größte unsymmetrische Protein, dessen Struktur bei atomarer Auflösung ermittelt wurde.

Der Augenblick des »heureka« steht bei der Proteinkristallographie ganz am Ende, wenn man mit den Augen eines Entdeckers unbekannter Länder zum ersten Male ein neues Makromolekül sieht. Doch bis zu diesem Augenblick muß viel und zuweilen ermüdende Arbeit geleistet werden, und stets besteht die Möglichkeit eines Fehlschlages. Zutiefst dankbar bin ich meinen jetzigen und früheren Mitarbeitern für ihre hingebungsvolle und beharrliche Arbeit über viele Jahre hin. Ich nenne hier jene, die an den Untersuchungen der lichtsammelnden Proteine der Cyanobakterien und der Blauen Oxidasen beteiligt waren: *W. Bode*, *M. Dürring*, *R. Ladenstein*, *A. Messerschmidt* und *T. Schirmer*. Diese Projekte wurden gemeinsam mit Biochemikern aus der Schweiz (*H. Zuber*, *W. Sidler*), den USA (*M.L. Hackert*) und Italien (*M. Bolognesi*, *A. Marchesini*, *A. Finazzi-Agro*) durchgeführt.

Wissenschaftliche Arbeit bedarf eines anregenden Umfeldes, wie es vom Max-Planck-Institut für Biochemie zur Verfügung gestellt wurde, und sie bedarf ständiger finanzieller Unterstützung, die der Max-Planck-Gesellschaft und der Deutschen Forschungsgemeinschaft zu verdanken ist.

Ich danke *R. Engh*, *S. Knof*, *R. Ladenstein*, *M. Dürring* und *E. Meyer* für ihre hilfreichen Anmerkungen zu dieser Arbeit.

Übersetzt von Dr. *Siegward Knof*, Martinsried

Literaturverzeichnis

[1] J. Deisenhofer, H. Michel und R. Huber, *Trends Biochem. Sci. Pers. Ed.*, 10:243-248, 1985.

[2] J. Deisenhofer, R. Huber und H. Michel, *Nachr. Chem. Tech. Lab.*, 34:416-422, 1986.

[3] L. Boltzmann, *L. Boltzmann-Gesamtausgabe*, Bd. 7, Kap. Vortrag, gehalten in der feierlichen Sitzung der Kaiserlichen Akademie der Wissenschaften am 29. Mai 1886, S. 26-46, Akademische Druck- und Verlagsanstalt Vieweg, Wiesbaden, 1919.

[4] M. Calvin und J.A. Bassham, *The Photosynthesis of Carbon Compounds*, S. 1-127, Benjamin, New York, 1962.

[5] J. Deisenhofer, R. Huber und H. Michel, In G.D. Fasman (Hrsg.), *Prediction of Protein Structure and the Principles of Protein Conformation*. Plenum, New York, 1989, im Druck.

[6] J.P. Allen, G. Feher, T.O. Yeates, D.C. Rees, J. Deisenhofer, H. Michel und R. Huber, *Proc. Natl. Acad. Sci. USA*, 83:8589-8593, 1986.

[7] C.-H. Chang, D. Tiede, J. Tang, U. Smith, J. Norris und M. Schiffer, *FEBS Lett.*, 205:82-86, 1986.

[8] R.A. Crowther und D.M. Blow, *Acta Crystallogr.*, 23:544-548, 1967.

[9] D.E. Tronrud, M.F. Schmid und B.W. Matthews, *J. Mol. Biol.*, 188:443-454, 1986.

[10] Y. Higuchi, M. Kusunoki, Y. Matsuura, N. Yasuoka und M. Kakudo, *J. Mol. Biol.*, 172:109-139, 1984.

[11] M. Pierrot, R. Haser, M. Frey, F. Payan und J.-P. Astier, *J. Biol. Chem.*, 257:14341-14348, 1982.

[12] W.S. Bennet und R. Huber, *CRC Crit. Rev. Biochem.*, 15:291-384, 1984.

[13] R. Huber, *Angew. Chem.*, 100:79-89, 1988, *Angew. Chem. Int. Ed. Engl.*, 27, 1988, S. 79-88.

[14] U. Burkert und N.L. Allinger, *Molecular Mechanics*, American Chemical Society Monograph, Washington, 1982.

[15] M. Karplus und J.A. McCammon, *CRC Crit. Rev. Biochem.*, 9: 293-349, 1981.

[16] T. Förster, *Ann. Phys. (Leipzig)*, 2:55-75, 1948.

[17] T. Förster, In M. Florkin und E.H. Stotz (Hrsg.), *Comprehensive Biochemistry*, Bd. 22, S. 61-80. Elsevier, Amsterdam, 1967.

[18] P. Frommherz und G. Reinbold, *Thin Solid Films*, 160:347-353, 1988.

[19] H. Kuhn, *J. Chem. Phys.*, 53:101-108, 1970.

[20] H.B. Gray, *Chem. Soc. Rev.*, 15:17-30, 1986.

[21] S.L. Mayo, W.R. Ellis, R.J. Crutchley und H.B. Gray, *Science (Washington, DC)*, 233:948-952, 1986.

[22] J.L. McGoutry, S.E. Peterson-Kennedy, W.Y. Ruo und B.M. Hoffman, *Biochemistry*, 26:8302-8312, 1987.

[23] W.A. Cramer und A.R. Crofts, In *Electron and Proton Transport in Photosynthesis: Energy Conversion by Plants and Bacteria*, Bd. 1, S. 387. Academic Press, New York, 1982.

[24] L. Eberson, *Adv. Phys. Org. Chem.*, 18:79-185, 1982.

[25] J.J. Hopfield, *Proc. Natl. Acad. Sci. USA*, 71:3640-3644, 1974.

[26] P. Kebarle und S. Chowdhury, *Chem. Rev.*, 87:513-534, 1987.

[27] R.A. Marcus und N. Sutin, *Biochim. Biophys. Acta*, 811:265-322, 1985.

[28] G. McLendon, *Acc. Chem. Res.*, 21:160-167, 1988.

[29] K.V. Mikkelsen und M.A. Ratner, *Chem. Rev.*, 87:113-153, 1987.

[30] H. Taube und E.S. Gould, *Acc. Chem. Res.*, 2:321-329, 1969.

[31] D. Gust, T.A. Moore, P.A. Lidell, G.A. Nemeth, L.R. Makings, A.L. Moore, D. Barrett, P.J. Pessiki, R.V. Bensasson, M. Rougée, C. Chachaty, F.C. De Schryver, M. Van der Anweraer, A.R. Holzwarth und J.S. Connolly, *J. Am. Chem. Soc.*, 109:846-856, 1987.

[32] J.A. Schmidt, A.R. McIntosh, A.C. Weedon, J.R. Bolton, J.S. Connolly, J.K. Hurley und M.R. Wasielewski, *J. Am. Chem. Soc.*, 110:1733-1740, 1988.

[33] S. Isied, A. Vassilian, R. Magnuson und H. Schwarz, *J. Am. Chem. Soc.*, 107:7432-7438, 1985.

[34] J.A. Barltrop und J.D. Coyle, *Principles of Photochemistry*, Wiley, Chichester, 1978.

[35] A. Hains, *Acc. Chem. Res.*, 8:264-272, 1975.

[36] J. Barber, *Trends Biochem. Sci. Pers. Ed.*, 12:321-326, 1987.

[37] R.C. Prince, *Trends Biochem. Sci. Pers. Ed.*, 13:286-288, 1988.

[38] J. Deisenhofer, O. Epp, K. Miki, R. Huber und H. Michel, *Nature (London)*, 318:618-624, 1985.

[39] R. Lumry und H. Eyring, *J. Phys. Chem.*, 58:110-112, 1954.

[40] H.B. Gray und B.G. Malmström, *Comments Inorg. Chem.*, 2: 203-209, 1983.

[41] R. Huber, M. Schneider, O. Epp, I. Mayr, A. Messerschmidt, J. Pflugrath und H. Kayser, *J. Mol. Biol.*, 195:423-434, 1987.

[42] R. Huber, M. Schneider, I. Mayr, R. Müller, R. Deutzmann, F. Suter, H. Zuber, H. Falk und H. Kayser, *J. Mol. Biol.*, 198:499-513, 1987.

[43] C. Scharnagl, E. Köst-Reyes, S. Schneider, H.-P. Köst und H. Scheer, *Z. Naturforsch.*, C 38:951-959, 1983.

[44] T. Schirmer, W. Bode, R. Huber, W. Sidler und H. Zuber, *J. Mol. Biol.*, 184:257-277, 1985.

[45] T. Schirmer, R. Huber, M. Schneider, W. Bode, M. Miller und M.L. Hackert, *J. Mol. Biol.*, 188:651-676, 1986.

[46] T. Schirmer, W. Bode und R. Huber, *J. Mol. Biol.*, 196:677-695, 1987.

[47] J. Deisenhofer, O. Epp, K. Miki, R. Huber und H. Michel, *J. Mol. Biol.*, 180:385-398, 1984.

[48] E.W. Knapp, S.F. Fischer, W. Zinth, M. Sander, W. Kaiser, J. Deisenhofer und H. Michel, *Proc. Natl. Acad. Sci. USA*, 82: 8463-8467, 1985.

[49] W.W. Parson, A. Scherz und A. Warshel, In M.E. Michel-Beyerle (Hrsg.), *Antennas and Reaction Centers of Photosynthetic Bacteria*, S. 122-130. Springer, Berlin, 1985.

[50] H.B. Gray und E.I. Solomon, *Copper Proteins*, S. 1-39, Wiley, New York, 1981.

[51] D.F. Blair, G.W. Campbell, J.R. Schoonover, S.I. Chan, H.B. Gray, B.G. Malmström, I. Pecht, B.F. Swanson, W.H. Woodneff, W.K. Cho, A.R. English, A.H. Fry, V. Lum und K.A. Norton, *J. Am. Chem. Soc.*, 107:5755-5766, 1985.

[52] A. Messerschmidt, A. Rossi, R. Ladenstein, R. Huber, M. Bolognesi, G. Gatti, A. Marchesini, T. Petruzzelli und A. Finazzi-Agrò, *J. Mol. Biol.*, 206:513-530, 1989.

[53] R. MacColl und D. Guard-Friar, *Phycobiliproteins*, S. 157-173, CRC Press, Boca Raton, FL, USA, 1987.

[54] M. Nies und W. Wehrmeyer, *Arch. Microbiol.*, 129:374-379, 1981.

[55] D.A. Bryant, G. Guglielmi, N. Tandeau de Marsac, A.-M. Castets und G. Cohen-Bazire, *Arch. Microbiol.*, 123:113-127, 1979.

[56] E. Gantt, C.A. Lipschultz und B. Zilinskas, *Biochim. Biophys. Acta*, 430:375-388, 1976.

[57] E. Mörschel, K.-P. Koller, W. Wehrmeyer und H. Schneider, *Cytobiologie*, 16:118-129, 1977.

[58] G. Cohen-Bazire und D.A. Bryant, In N.G. Carr und B. Whitton (Hrsg.), *The Biology of Cyanobacteria*, S. 143-189. Blackwell, London, 1982.

[59] A.N. Glazer, *Annu. Rev. Biophys. Chem.*, 14:47-77, 1985.

[60] H. Scheer, In F.K. Fong (Hrsg.), *Light Reaction Path of Photosynthesis*, S. 7-45. Springer, Berlin, 1982.

[61] B.A. Zilinskas und L.S. Greenwald, *Photosynth. Res.*, 10:7-35, 1986.

[62] H. Zuber, *Photochem. Photobiol.*, 42:821-844, 1985.

[63] H. Zuber, *Trends Biochem. Sci. Pers. Ed.*, 11:414-419, 1986.

[64] M. Duerring, Dissertation, Technische Universität München, 1989.

[65] M. Duerring, W. Bode, R. Huber, R. Rümbeli und H. Zuber, in Vorbereitung.

[66] M. Duerring, W. Bode und R. Huber, *FEBS Lett.*, 236:167-170, 1988.

[67] G. Frank, W. Sidler, H. Widmer und H. Zuber, *Hoppe-Seyler's Z. Physiol. Chem.*, 359:1491-1507, 1978.

[68] A.N. Glazer, S. Fang und D.M. Brown, *J. Biol. Chem.*, 248:5679-5685, 1973.

[69] M. Mimuro, P. Flüglistaller, Rümbeli und H. Zuber, *Biochim. Biophys. Acta*, 848:155-166, 1986.

[70] D.J. Lundell, R.C. Williams und A.N. Glazer, *J. Biol. Chem.*, 256: 3580-3592, 1981.

[71] F.W.J. Teale und R.E. Dale, *Biochem. J.*, 116:161-169, 1970.

[72] B. Zickendraht-Wendelstadt, J. Friedrich und W. Rüdiger, *Photochem. Photobiol.*, 31:367-376, 1980.

[73] P. Hefferle, M. Nies, W. Wehrmeyer und S. Schneider, *Photobiochem. Photobiophys.*, 5:41-51, 1983.

[74] T. Gillbro, Å. Sandström, V. Sundström, J. Wendler und A.R. Holzwarth, *Biochim. Biophys. Acta*, 808:52-65, 1985.

[75] S. Siebzehnrübl, R. Fischer und H. Scheer, *Z. Naturforsch.*, C 42: 258-262, 1987.

[76] T. Schirmer und M.G. Vincent, *Biochim. Biophys. Acta*, 893:379-385, 1987.

[77] A.R. Holzwarth, *Photochem. Photobiol.*, 43:707-725, 1986.

[78] G. Porter, C.J. Tredwell, G.F.W. Searle und J. Barber, *Biochim. Biophys. Acta*, 501:232-245, 1978.

[79] G.F.W. Searle, J. Barber, G. Porter und C.J. Tredwell, *Biochim. Biophys. Acta*, 501:246-256, 1978.

[80] J. Wendler, A.R. Holzwarth und W. Wehrmeyer, *Biochim. Biophys. Acta*, 765:58-67, 1984.

[81] I. Yamazaki, M. Mimuro, T. Murao, T. Yamazaki, K. Yoshihara und Y. Fujita, *Photochem. Photobiol.*, 39:233-240, 1984.

[82] J. Grabowski und E. Gantt, *Photochem. Photobiol.*, 28:39-45, 1978.

[83] S.C. Switalski und J. Sauer, *Photochem. Photobiol.*, 40:423-427, 1984.

[84] A.R. Holzwarth, In M.E. Michel-Beyerle (Hrsg.), *Antennas and Reaction Centers of Photosynthetic Bacteria*, S. 45-52. Springer, Berlin, 1985.

[85] K. Sauer, H. Scheer und P. Sauer, *Photochem. Photobiol.*, 46:427-440, 1987.

[86] W.W. Parson, In R.K. Clayton und W.R. Sistrom (Hrsg.), *The Photocynthetic Bacteria*, S. 317-322. Plenum, New York, 1978.

[87] N. Stark, W. Kuhlbrandt, I. Wildhaber, E. Wehrli und K. Mühlethaler, *EMBO J.*, 3:777-783, 1984.

[88] H. Michel, K.A. Weyer, H. Gruenberg und F. Lottspeich, *EMBO J.*, 4:1667-1672, 1985.

[89] H. Michel, K.A. Weyer, H. Gruenberg, I. Dunger, D. Oesterhelt und F. Lottspeich, *EMBO J.*, 5:1149-1158, 1986.

[90] K.A. Weyer, F. Lottspeich, H. Gruenberg, F. Lang, D. Oesterhelt und H. Michel, *EMBO J.*, 6:2197-2202, 1987.

[91] J.R. Bolton, In R.K. Clayton und W.R. Sistrom (Hrsg.), *The Photosynthetic Bacteria*, S. 419-442. Plenum, New York, 1978.

[92] J. Breton, *Biochim. Biophys. Acta*, 810:235-245, 1985.

[93] J. Breton, D.L. Farkas und W.W. Parson, *Biochim Biophys. Acta*, 808:421-427, 1985.

[94] J. Breton, J.-L. Martin, A. Migus, A. Antonetti und A. Orszag, *Proc. Natl. Acad. Sci. USA*, 83:5121-5125, 1986.

[95] R.P. Carithers und W.W. Parson, *Biochim. Biophys. Acta*, 387:194-211, 1975.

[96] R.J. Cogdell und A.R. Crofts, *FEBS Lett.*, 27:176-178, 1972.

[97] D. Holten, M.W. Windsor, W.W. Parson und J.P. Thornber, *Biochim. Biophys. Acta*, 501:112-126, 1978.

[98] T.L. Netzel, P.M. Rentzepis, D.M. Tiede, R.C. Prince und P.L. Dutton, *Biochim. Biophys. Acta*, 460:467-479, 1977.

[99] R.C. Prince, J.S. Leigh und P.L. Dutton, *Biochim. Biophys. Acta*, 440:622-636, 1976.

[100] N.W. Woodbury, M. Becker, D. Middendorf und W.W. Parson, *Biochemistry*, 24:7516-7521, 1985.

[101] G.J. Kavarnos und N.J. Turro, *Chem. Rev.*, 86:401-449, 1986.

[102] G.R. Fleming, J.L. Marti und J. Breton, *Nature (London)*, 333:190-192, 1988.

[103] J. Barber, *Nature (London)*, 333:114, 1988.

[104] H. Michel, O. Epp und J. Deisenhofer, *EMBO J.*, 5:2445-2451, 1986.

[105] T.A. Moore, D. Gust, P. Mathis, J.-C. Bialocq, C. Chachaty, R.V. Bensasson, E.J. Land, D. Doizi, P.A. Liddell, W.R. Lehman, G.A. Nemeth und A.L. Moore, *Nature (London)*, 307:630-632, 1984.

[106] P. Pasman, F. Rob und J.W. Verhoeven, *J. Am. Chem. Soc.*, 104: 5127-5133, 1982.

[107] W. Arnold und R.D. Clayton, *Proc. Natl. Acad. Sci. USA*, 46: 769-776, 1960.

[108] C. Kirmaier, D. Holten und W.W. Parson, *Biochim. Biophys. Acta*, 810:33-48, 1985.

[109] C. Kirmaier, D. Holten und W.W. Parson, *Biochim. Biophys. Acta*, 810:49-61, 1985.

[110] W.W. Parson, *Annu. Rev. Microbiol.*, 28:41-59, 1974.

[111] W.W. Parson und R.J. Cogdell, *Biochim. Biophys. Acta*, 416:105-149, 1975.

[112] C.A. Wraight, In B.L. Trumpower (Hrsg.), *Function of Quinones in Energy Conserving Systems*, S. 181-197. Academic Press, London, 1982.

[113] D. Kleinfeld, M.Y. Okamura und G. Feher, *Biochim. Biophys. Acta*, 809:291-310, 1985.

[114] R.J. Debus, G. Feher und M.Y. Okamura, *Biochemistry*, 25:2276-2287, 1986.

[115] D. DeVault und B. Chance, *Biophys. J.*, 6:825-847, 1966.

[116] P.L. Dutton und R.C. Prince, In R.K. Clayton und W.R. Sistrom (Hrsg.), *The Photosynthetic Bacteria*, S. 525-565. Plenum, New York, 1978.

[117] L. Slooten, *Biochim. Biophys. Acta*, 256:452-466, 1972.

[118] M.E. Michel-Beyerle, M. Plato, J. Deisenhofer, H. Michel, M. Bixon und J. Jortner, *Biochim. Biophys. Acta*, 932:52-70, 1988.

[119] O. Farver und I. Pecht, In R. Lontie (Hrsg.), *Copper Proteins and Copper Enzymes*, Bd. 1, S. 183-214. CRC Press, Boca Raton, FL, USA, 1984.

[120] B.G. Malmström, *New Trends in Bio-inorganic Chemistry*, S. 59-77, Academic Press, New York, 1978.

[121] B.G. Malmström, *Annu. Rev. Biochem.*, 51:21-59, 1982.

[122] B. Reinhammar, In R. Lontie (Hrsg.), *Copper Proteins und Copper Enzymes*, Bd. 3, S. 1-35. CRC Press, Boca Raton, FL, USA, 1984.

[123] B. Mondovi und L. Avigliano, In R. Lontie (Hrsg.), *Copper Proteins and Copper Enzymes*, Bd. 3, S. 101-118. CRC Press, Boca Raton, FL, USA, 1984.

[124] L. Rydén, In R. Lontie (Hrsg.), *Copper Proteins und Copper Enzymes*, Bd. 3, S. 34-100. CRC Press, Boca Raton, FL, USA, 1984.

[125] R. Malkin und B.G. Malmström, *Adv. Enzymol.*, 33:177-243, 1970.
[126] J.M. Guss und H.C. Freeman, *J. Mol. Biol.*, 169:521-563, 1983.
[127] J.S. Richardson, K.A. Thomas, B.H. Rubin und D.C. Richardson, *Proc. Natl. Acad. Sci. USA*, 72:1349-1353, 1975.
[128] W.P.J. Gaykema, W.G.J. Hol, J.M. Verijken, N.M. Soeter, H.J. Bak und J.J. Beintema, *Nature (London)*, 309:23-29, 1984.
[129] C.R. Dawson, In J. Peisach, P. Aison und W.E. Blumberg (Hrsg.), *The Biochemistry of Copper*, S. 305-337. Academic Press, New York, 1966.
[130] B. Gerwin, S.R. Burstein und J. Westley, *J. Biol. Chem.*, 249: 2005-2008, 1974.
[131] L. Holm, M. Sarastre und M. Wikström, *EMBO J.*, 6:2819-2823, 1987.
[132] G.T. Babcock, In J. Amesz (Hrsg.), *Oxygen-evolving Process in Photosynthesis*. Elsevier, Amsterdam, 1987.
[133] E.M. Newcomer, T.A. Jones, J. Åqvist, J. Sundelin, U. Eriksson, I. Rask und P.A. Peterson, *EMBO J.*, 3:1451-1454, 1984.
[134] R. Huber, In P. Gronski und F.R. Seiler (Hrsg.), *Behring-Institut Mitteilungen*, Bd. 76, S. 1-14. Medizinische Verlagsgesellschaft, Marburg, 1984.
[135] H. Michel und J. Deisenhofer, *Biochemistry*, 27:1-7, 1988.
[136] A. Trebst, *Z. Naturforsch.*, C 41:240-245, 1986.
[137] A.M. Lesk und K.D. Hardman, *Science (Washington, D.C.)*, 216: 539-540, 1982.
[138] U.A. Germann, G. Müller, P.E. Hunziker und K. Lerch, *J. Biol. Chem.*, 263:885-896, 1988.
[139] J. Ohkawa, N. Okada, A. Shinmyo und M. Takano, *Proc. Natl. Acad. Sci. USA*, 1988, eingereicht.
[140] N. Takahashi, T.L. Ortel und F.W. Putnam, *Proc. Natl. Acad. Sci. USA*, 81:390-394, 1984.
[141] C. Chothia, *Annu. Rev. Biochem.*, 53:537-572, 1984.
[142] R. Henderson und P.N.T. Unwin, *Nature (London)*, 257:28-32, 1975.
[143] H. Loebermann, R. Tokuoka, J. Deisenhofer und R. Huber, *J. Mol. Biol.*, 177:531-556, 1984.
[144] S. Remington, G. Wiegand und R. Huber, *J. Mol. Biol.*, 158:111-152, 1982.
[145] P.C. Weber und F.R. Salemme, *Nature (London)*, 287:82-84, 1980.

[146] T.A. Rapoport, *CRC Crit. Rev. Biochem.*, 20:73-137, 1986.
[147] D.M. Engelman, T.A. Steitz und A. Goldman, *Annu. Rev. Biophys. Chem.*, 15:321-353, 1986.
[148] H.F. Lodish, *Trends Biochem. Sci. Pers. Ed.*, 13:332-334, 1988.
[149] L.C. Milks, N.M. Kumar, R. Houghten, N. Unwin und N.B. Gilula, *EMBO J.*, 7:2967-2975, 1988.
[150] G.D. Case, W.W. Parson und J.P. Thornber, *Biochim. Biophys. Acta*, 223:122-128, 1970.
[151] R. Ladenstein, M. Schneider, R. Huber, H.-D. Bartunik, K. Wilson, K. Schott und A. Bacher, *J. Mol. Biol.*, 203:1045-1070, 1988.
[152] B. Kleffel, R.M. Garavito, N. Baumeister und J.P. Rosenbusch, *EMBO J.*, 4:1589-1592, 1985.
[153] E. Weber, E. Papamokos, W. Bode, R. Huber, F. Kato und M. Laskowski, *J. Mol. Biol.*, 149:109-123, 1981.
[154] J.P. Allen, G. Feher, T.O. Yeates, H. Kemiya und D.C. Rees, *Proc. Natl. Acad. Sci. USA*, 84:6162-6166, 1987.
[155] S.C. Harrison, A.J. Olson, C.E. Schutt, F.K. Winkler und G. Bricogne, *Nature (London)*, 276:368-373, 1978.
[156] J.M. Hogle, M. Chow und D.J. Filman, *Science (Washington, D.C.)*, 229:1358-1365, 1985.
[157] M.G. Rossmann, E. Arnold, J.W. Erickson, E.A. Frankenberger, J.P. Griffith, H.-J. Hecht, J.E. Johnson, G. Kamer, M. Luo, A.G. Mosser, R.R. Rueckert, B. Sherry und G. Vriend, *Nature (London)*, 317:145-153, 1985.
[158] D. Ollis, P. Brick, R. Hamlin, N.G. Xuong und T.A. Steitz, *Nature (London)*, 313:762-766, 1985.
[159] W. Bode, A. Wei, R. Huber, E. Meyer, P. Travis und S. Neumann, *EMBO J.*, 5:2453-2458, 1986.
[160] A.T. Jones, *J. Appl. Crystallogr.*, 11:268-272, 1978.
[161] F.C. Bernstein, T.F. Koetzle, G.J.B. Williams, E.F. Meyer, Jr., M.D. Brice, J.R. Rodgers, O. Kennard, T. Shimonouchi und M. Tasumi, *J. Mol. Biol.*, 112:535-542, 1977.
[162] J. Hajdu, K.R. Acharya, D.A. Stuart, D. Barford und L. Johnson, *Trends Biochem. Sci. Pers. Ed.*, 13:104-109, 1988.
[163] J.M. Guss, E.A. Merritt, R.P. Phizackerly, B. Hedman, M. Murata, K.O. Hodgson und H.C. Freeman, *Science (Washington, D.C.)*, 241:806-811, 1988.
[164] W.A. Hendrickson, J.L. Smith, R.P. Phizackerly und E.A. Merritt, *Proteins*, 4:77-88, 1988.

[165] G. Bricogne, *Acta Crystallogr. Sect.*, A 32:832-847, 1976.
[166] W. Hoppe, *Acta Crystallogr.*, 10:750-751, 1957.
[167] R. Huber, *Acta Crystallogr.*, 19:353-356, 1965.
[168] M.G. Rossmann und D.M. Blow, *Acta Crystallogr.*, 15:24-31, 1962.
[169] J. Deisenhofer und W. Steigemann, *Acta Crystallogr. Sect.*, B 31: 238-280, 1975.
[170] R. Huber, D. Kukla, W. Bode, P. Schwager, K. Bartels, J. Deisenhofer und W. Steigemann, *J. Mol. Biol.*, 89:70-101, 1974.
[171] R. Huber, In P. Machin (Hrsg.), *Molecular Replacement*, S. 58-61, Daresbury Laboratory, 1985. Proceedings of the Daresbury Study Weekend.
[172] A.D. Kline, W. Braun und K. Wüthrich, *J. Mol. Biol.*, 189:377-382, 1986.
[173] J.W. Pflugrath, G. Wiegand, R. Huber und L. Vertesy, *J. Mol. Biol.*, 189:383-386, 1986.
[174] E. Fischer, *J. Chem. Soc.*, 91:1749-1765, 1907.
[175] M. Levitt und R. Sharon, *Proc. Natl. Acad. Sci. USA*, 85:7557-7561, 1988.
[176] R. Jaenicke, In E.-L. Winnacker und R. Huber (Hrsg.), *39. Mosbacher Kolloquium*, S. 16-36. Springer, Berlin, 1988.

In diesem Beitrag verwendete Abkürzungen

PBS Phycobilisome sind lichtsammelnde Organellen an der Außenseite der Thylakoidmembran der Cyanobakterien, die die Photosysteme I und II enthalten und zur Photosynthese unter Freisetzung von Sauerstoff fähig sind.

PE, PEC, PC, APC Phycoerythrin, Phycoerythrocyanin, Phycocyanin, Allophycocyanin sind Biliproteinkomponenten der PBS mit kovalent gebundenen Tetrapyrrol(Bilin)pigmenten.

PS I und II Photosysteme I und II in Chloroplasten und Cyanobakterien.

RBP Retinol-bindendes Protein.

BBP Bilin(Biliverdin IXγ)-bindendes Protein aus *Pieris brassicae*.

Rps. viridis, *Rhodopseudomonas viridis* Bakteriochlorophyll-b-enthaltendes Purpurbakterium mit Photosynthese ohne Sauerstofffreisetzung.

RC Reaktionszentrum.

C, H, L, M Die vier Untereinheiten des RC aus *Rps. viridis*: Die Cytochrom-c-Untereinheit (C) liegt auf der periplasmatischen Seite der Membran und enthält vier Hämgruppen mit zwei Redoxpotentialen (C_{553}, C_{558}); die L- und M-Untereinheiten sind in die Membran eingebettet, durchdringen diese mit je fünf α-Helices (als A, B, C, D, E bezeichnet) und binden die Cofaktoren Bakteriochlorophyll-b (BChl-b oder BC), Bakteriophäophytin-b (BPh-b oder BP), Menachinon-9 (Q_A), Ubichinon-9 (UQ; Q_B) und Fe^{2+} (die Indices P, A, M, L kennzeichnen Cofaktoren als Paar, accessorisch, und als Bestandteil der M- bzw. L-Untereinheit); die H-Untereinheit liegt auf der cytoplasmatischen Seite, und ihr *N*-terminales, α-helicales Segment (H) durchdringt die Membran.

P_{680}, P_{960} Primäre Elektronendonoren des PS II bzw. des RC von *Rps. viridis* mit Angabe der langwelligen Absorptionsmaxima.

P^*, D^*, A^* Elektronisch angeregte Zustände von P, D (Donor) und A (Acceptor).

LHC Lichtsammelsysteme (light harvesting complexes).

$LH_{a,b}$ Lichtsammelnde Protein-Farbstoff-Komplexe in Bakterien mit BChl-a, b.

Car Carotinoide.

Sor Soret-Banden von Chlorophyll und Bakteriochlorophyll.

PCY Plastocyanin, ein Elektronenüberträger im Photosynthesesystem der Pflanzen.

LAC Laccase, eine Oxidase der Pflanzen und Pilze.

AO Ascorbat-Oxidase, eine Oxidase der Pflanzen.

CP Ceruloplasmin, eine Oxidase im Plasma der Säuger.

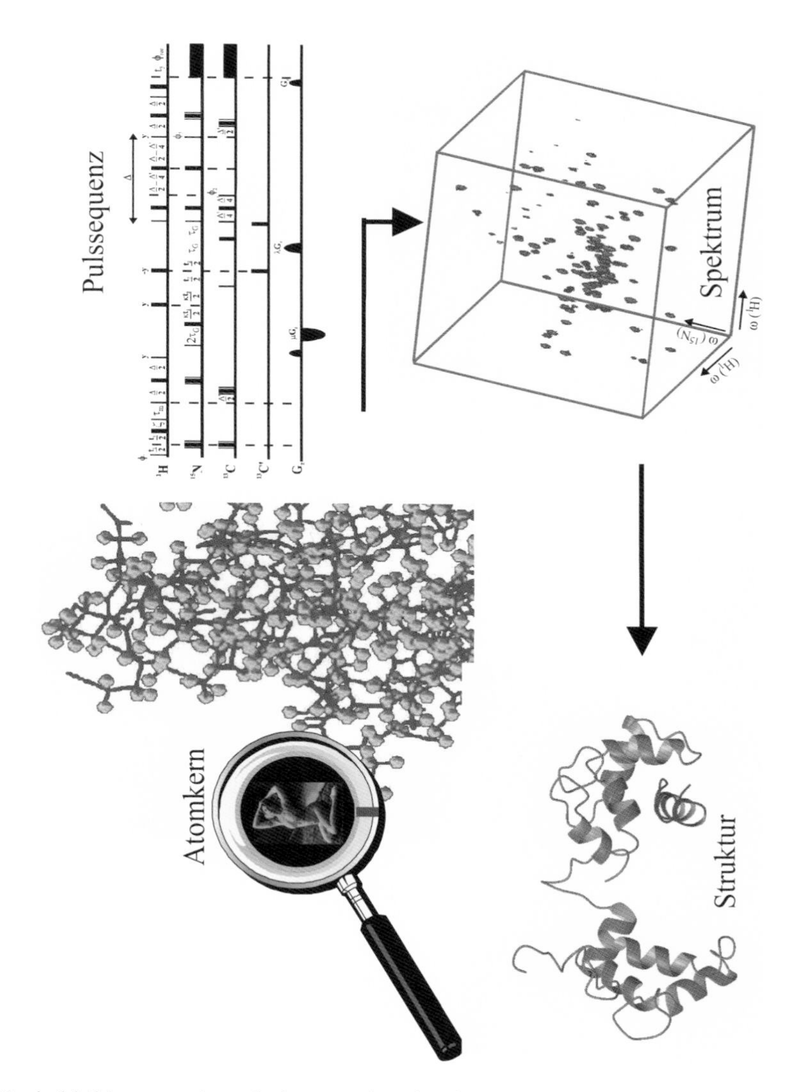

Farbabbildung 1: Ausschnitt aus der dreidimensionalen Struktur von Calmodulin mit besonderer Hervorhebung der Wasserstoffatome. Deren Kern (im Vergrößerungsglas) wirkt wie ein Spion (Mata Hari) und nach entsprechender Befragung (Pulssequenz rechts) gibt er eine Antwort, die sich in ein dreidimensionales NMR Spektrum prozessieren läßt (unten rechts). Aus diesem wiederum kann durch eine weitere Berechnung mittels molekulardynamischer Verfahren eine Struktur abgeleitet werden. Es handelt sich um den Komplex aus Calmodulin in rot und einem Erkennungspeptid (blau).

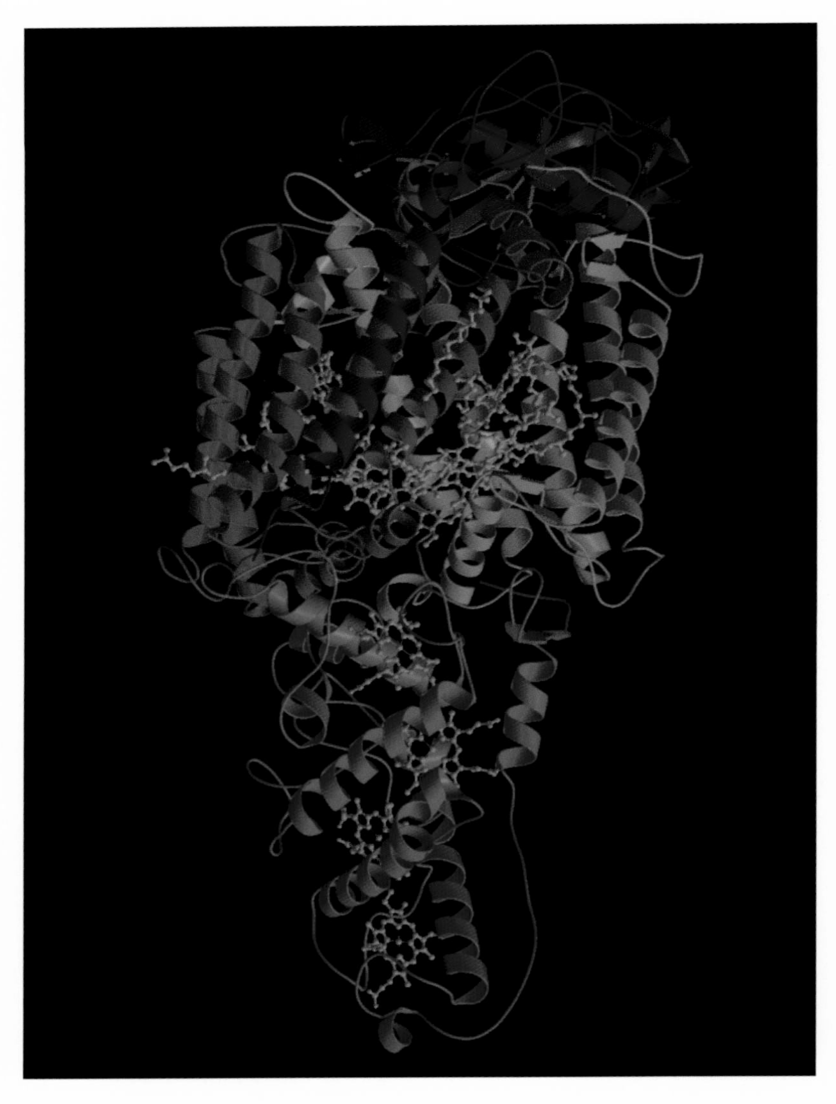

Farbabbildung 2: Das Photosynthese-Reaktionszentrum aus dem Purpurbakterium *Rhodopseudomonas viridis*. Die Aufklärung der Struktur dieses Moleküls durch Johann Deisenhofer, Robert Huber und Hartmut Michel gilt als Meilenstein der Biochemie. Es ist das erste Membranprotein, bei dem es gelang, die räumliche Gestalt auf der Ebene der einzelnen Atome aufzuklären. Die photosynthetisch aktiven Komponenten (gelb) sind in die hier rot, grün, blau und violett dargestellten Proteinketten des Reaktionszentrums eingebettet.

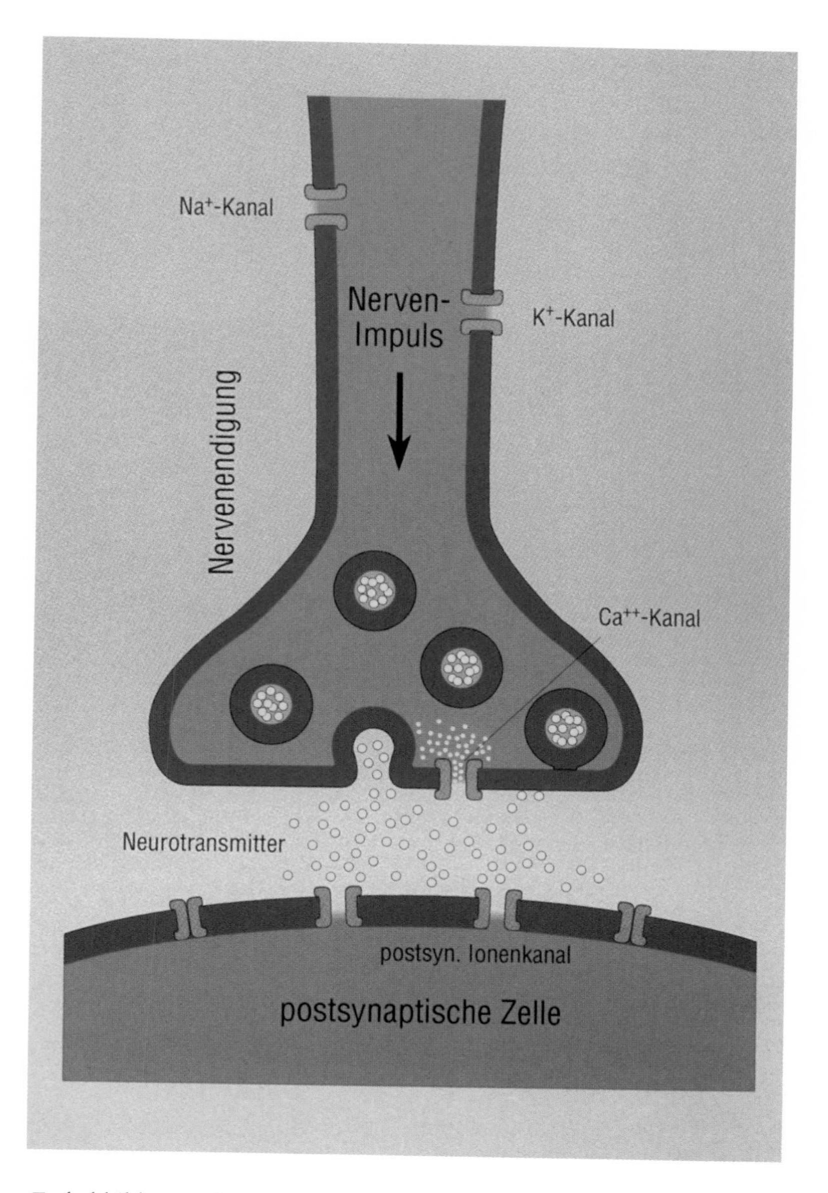

Farbabbildung 3: Das Prinzip der synaptischen Übertragung (siehe Text).

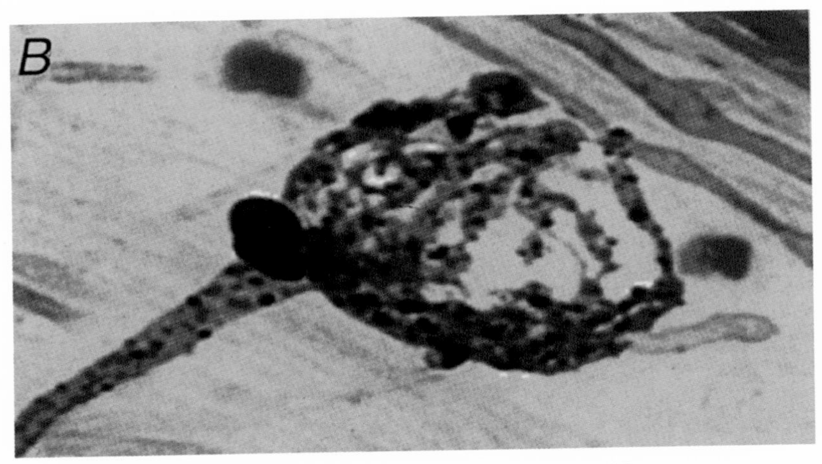

aus: J. Physiol. (1994), Vol 497, pp. 381-387.

Farbabbildung 4: Der Heldsche Kelch, eine spezialisierte Synapse der Hörbahn. Die Nervenfaser und die kelch- oder fingerartige Nervenendigung ist braun angefärbt. Sie umgreift einen kompakten kugeligen Zellkörper der nachgeschalteten Zelle.

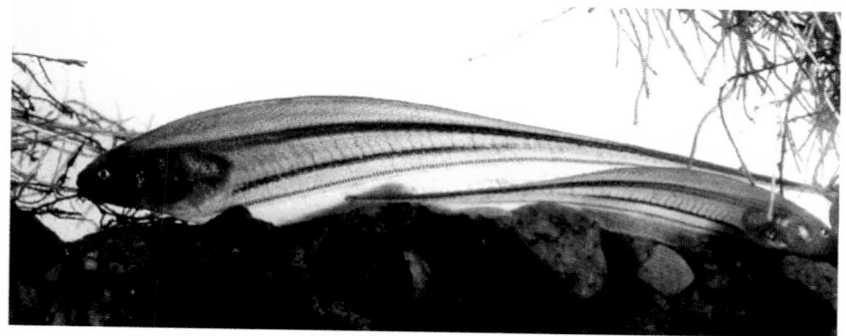

Farbabbildung 5: Oben: Tapirfisch, *Gnathonemus petersii*; Mitte: Glasmesserfisch, *Eigenmannia virescens*; unten: Zitteraal, *Electrophorus electricus*.

Farbabbildung 6: Die Herstellung von »Bier«.

Farbabbildung 7: Brummender Gummibär.

Farbabbildung 8: Horst Janssen: Georg Christoph Lichtenberg. Feder und Tusche. Für die freundliche Abdruckgenehmigung aus »Mit Georg Christoph Lichtenberg« danken wir Tete Böttger, Arkana Verlag, Göttingen.

Albrecht Schöne

Lichtenbergs Göttinger Zwieback

Der Experimentalphysiker und Aufklärungsschriftsteller Georg Christoph Lichtenberg, geboren 1742, gestorben 1799, war 1,45 m groß (höchstens), schleppte sich hinkend herum mit einem mächtigen Buckel auf dem Rücken und einem zweiten noch auf der Brust. Im Klatschnest Göttingen kursierten damals die bösartigen Verse, mit denen sein Fakultätskollege Kästner der Frau Professor Baldinger auf ihre Einladung zu einem Puterbraten geantwortet hatte:

> Wär ich auch morgen nicht zu haben
> Den Trutthahn fröhlich zu begraben,
> So sende nicht herum nach Krüppeln und nach Zwergen,
> Ganz nah hast Du ja Lichtenbergen.[1]

Nun läßt sich auch von Lichtenberg nicht gut behaupten, daß er auf den Mund gefallen war. Über einen seiner Kollegen (ich wähle ein mildes Beispiel) schrieb er noch zu dessen Lebzeiten, der hänge »auf der dortigen Universität, wie ein schöner Kronleuchter, auf dem aber seit zwanzig Jahren kein Licht mehr gebrannt hat.«[2] Man weiß nicht, wem das galt. Aber noch heute kennt wohl manch einer solch einen Kronleuchter. Übertragbar also auch auf unsere Verhältnisse, anwendbar auf Fälle, die der Schreiber selber noch gar nicht kannte, hat dieser Satz seine Allgemeingültigkeit behalten. Das zeigt zugleich: für den Schreiber selbst gilt gerade das Gegenteil von dem, was sein Lehrsatz besagt.

1 Abraham Gotthelf Kästner, Dreißig Briefe und mehrere Sinngedichte. Hg. v. Amalie von Gehren, Darmstadt 1810, S. 126.
2 Zitate aus Lichtenbergs Sudelbüchern (hier mit modernisierter Orthographie und Interpunktion) werden im folgenden nur mit der Buchstabenangabe des jeweiligen Hefts und der laufenden Nummer bezeichnet – nach der Ausgabe: Georg Christoph Lichtenberg, Schriften und Briefe. Hg. v. Wolfgang Promies. Bd I, München 1968; Bd II, 1971. – Hier: H 113.

Der Kronleuchter Lichtenberg hängt schon lange nicht mehr in meiner Universität, und doch brennt, nach zehnmal zwanzig Jahren, noch immer sein Licht. Denn: wir haben nicht ausgelernt bei ihm. Auf ganz einzigartige Weise spricht er über einen so langen Zeitraum hinweg so unvermittelt zu uns, wie kaum einer der alten Lehrer sonst.

Einer der das schon früh bemerkte, war der Philosoph Arthur Schopenhauer. Zehn Jahre nach seinem Studium in Göttingen, zwanzig Jahre nach Lichtenbergs Tod schrieb er 1819 dem Zoologen Blumenbach: »ich habe von Ihrem trefflichen Lichtenberg gelernt«, »wenn man ein Buch in die Welt schickt«, dann sollte das, »wie Göttinger Zwieback, so eingerichtet seyn, daß es sich eine gute Weile halten kann, darf aber doch nicht so trocken seyn«.[3]

»Die Stadt Göttingen« war, jedenfalls im 18. und frühen 19. Jahrhundert, »berühmt durch ihre Würste und Universität«. Sie wissen das, wenn Sie Heines ›Harzreise‹ gelesen haben. Für den gleichen Zeitraum hat aber auch unser damals weithin exportierter Zwieback beigetragen zum Ruhm von Stadt und Universität. Denn der Minister von Münchhausen, der Gründungsvater der Georgia Augusta, brachte damals auch die Göttinger Handwerksgilden auf Trab, damit sie den Ansprüchen der Professoren und Studenten genügten und die neue Hohe Schule entsprechend aufblühen konnte. 1739 fand ein von ihm angeordnetes Probebacken der Bäckermeister statt, und unter ihren Produkten werden in den alten Göttinger Ratsprotokollen ausdrücklich angeführt: »Einpfennig-Zwiebäcke zu je 3¼ Lot« (was etwa 47 g entspricht) und »Vierpfennig-Zwiebäcke zu je 13 Lot« (also 190 g – ziemlich gewaltige Apparate).

Eva-Maria Neher, die dieses ›Science Festival‹ inspiriert und inszeniert hat, ist auf die tolle Idee gekommen, mit Hilfe unseres Bürgermeisters Gerhardy und der Bäckerei Ruch-Gerhardy solchen Göttinger Zwieback für heute nachbacken zu lassen. Wenn Sie es fertigbringen sollten, mir jetzt eine ganze Stunde lang aufmerksam zuzuhören, werden Sie zur Belohnung am Ausgang der Aula eine Probetüte davon kaufen können (mit ausdrücklicher Genehmigung des Herrn Universitätspräsidenten – aber halt nur, solang der Vorrat reicht) – zum Preis von 1,50 Euro pro Tüte mit jeweils etwa 20 Sieben-Cent-Zwiebäcken zu je 4 g (wenn ich richtig gerechnet habe) – kleiner

3 Arthur Schopenhauer, Gesammelte Briefe. Hg. v. Arthur Hübscher. Bonn 1978, S. 43.

und handlicher also als vor 250 Jahren, aber gewiß ebenso gut wie der von Schopenhauer empfohlene alte Göttinger Zwieback. Auch der wurde damals von den Bäckerjungen sogar in den Hörsälen verkauft (vor Beginn der Vorlesung. Also daß während des Kollegs gekaut wurde, ist nicht erst eine späte Sittenverderbnis. Die wollten wir heute nicht zulassen).

Zu Lichtenbergs Rezept für die Herstellung haltbarer Sätze, die doch »nicht so trocken« geraten sollten, gehörte die sparsame Verwendung eines fachsprachlichen Spezialistenjargons. Nicht nur in seinen unterhaltsamen Taschenkalender-Aufsätzen hat er das vorgeführt, sondern wo möglich auch in seinen wissenschaftlichen Äußerungen. Unverständlichkeit gilt ja gemeinhin als ein Gradmesser von Wissenschaftlichkeit. Aber die fachgebundenen Sprachmittel, welche die Rede oder Schrift dem Nichteingeweihten verdunkeln, sind auch an die *Entwicklung* der Wissenschaften gebunden, also den wissenschaftlichen Moden unterworfen. So altern sie rasch. Lichtenberg notierte sich: »Sachen, die man mit dem Zirkel geteilt hat, unterwirft man doch auch noch dem Augenmaß, um zu sehen, ob man nicht grobe Fehler begangen. So muß man das Resultat seiner Schlüsse der Probe des gesunden Menschenverstandes aussetzen, um zu sehen, ob alles richtig zusammenhängt«.[4] Sogar ein praktisches Verfahren hat er dafür mitgeteilt: Lavater, »einer der größten Denker, die mir je vorgekommen sind, hat mir gestanden, er habe meine Meinung erst bei der zweiten Durchlesung [eines meiner Texte] verstanden, und sei nun völlig mit mir eins. Das ist ein großer Fehler von einer Schrift, ich leugne es nicht, und es soll mir eine Warnung sein, künftig alles, was ich drucken lasse, wie Molière, erst meiner Köchin vorzulesen«.[5] Ob er auch in diesem Fall die eigene Anweisung befolgte, weiß ich nicht. Vielleicht war sein Prüfstein die thüringische Köchin Marie, die eine Zeitlang bei seinem Verleger und Hauswirt Dieterich tätig war (erklärtermaßen »zu ihrer Zeit eines der schönsten Mädchen in Göttingen«[6]). Aber Lichtenberg wußte natürlich auch, daß Schwerverständlichkeit unvermeidbar bleibt, wo sie aus der Schwierigkeit eines komplexen Sachverhalts resultiert oder einer Abstraktion dient, welche die Komplexität des Konkreten zu bündeln

4 H 153.
5 F 897.
6 Georg Christoph Lichtenberg, Briefwechsel. Hg. v. Ulrich Joost und Albrecht Schöne. Bde I-V. München 1983-2004. – Hier: Bd III, 1990, S. 291 (an Blumenbach, 12. Nov. 1786).

sucht. Zum kategorischen Imperativ jedenfalls sollte man die Gegenlesung durch eine Köchin besser nicht erheben. Wieviel denn wäre da stehen geblieben bei Jakob Böhme oder Kant, Heidegger oder Adorno und Benjamin? Aber als Allegorie des *eigenen* common sense bleibt die Köchin wohl zuständig, für jede Art Zwieback.

Zur Sache besagt das Deutsche Wörterbuch der Brüder Grimm: »Zwieback, m.[asculinum], ein trockenes Gebäck, das zweimal gebakken ist, damit es haltbar und leicht verdaulich wird«.[7] Aber zu diesen Eigenschaften (erstens gründlich durchgebacken – von unserer Bäckerei Ruch & Gerhardy habe ich mich belehren lassen: Backtemperatur 235 °C, fallend auf 190 °C; Backzeit 35 bis 40 min – zweitens in einigermaßen mundgerechte Stücke formatiert, drittens leicht verdaulich und bekömmlich, viertens lange haltbar), kommt bei Lichtenbergs Spezialrezept noch (fünftens) hinzu, daß das Produkt »*nicht* so trocken« ist. In der Tat, jetzt gleich beim Warentest werden Sie bemerken, daß für den jetzt zur Rede stehenden Zwieback all diese Bestimmungen gelten.

Wer heute in Lichtenbergs sogenannten ›Sudelbüchern‹ blättert oder in seinen Briefen und anderen Schriften liest, wird auf Schritt und Tritt eine angesichts ihres Alters ganz ungewöhnliche Nähe spüren, etwas von einer über 200 Jahre hinwegreichenden geistigen Zeitgenossenschaft. Wie diese Haltbarkeit zu erklären wäre, was es damit auf sich hat und was man aus diesen Texten lernen könnte, will ich Ihnen in einigen Zügen zu verdeutlichen suchen, die einen einigermaßen interdisziplinären Charakter haben. Lichtenberg selber nämlich hat durchaus nicht haltgemacht an den Zunftgrenzen der verschiedenen Fakultäten, Fachbereiche, Einzeldisziplinen, über die wir uns zerstreuen. Dieser Experimentalphysiker ist ein Lehrer für Leser oder Hörer aller Fakultäten.

Dazu gehört gewiß, daß seine Sätze »leicht verdaulich« sind, lesbar also – schon deshalb, weil man sie nicht erst aus umfangreichen naturwissenschaftlichen Abhandlungen, philosophischen Systemgebäuden oder breiten Erzählwerken herauslesen muß, in deren Kontexten sie allererst zureichend verständlich würden. Wohl stammen sie unverkennbar aus der gleichen Backstube, aus dem gleichen geistigen Laboratorium. Sie zeigen denn auch eine unverwechselbare Handschrift. Aber sie brauchen nur selten eine Textanlehnung rechts und links, erscheinen eigenartig freigestellt selbst dort, wo sie in größeren

7 Bd 32, Leipzig 1954, Sp. 1127.

Zusammenhängen stehen. Und sie wehren sich insgeheim sogar gegen die Anführungsstriche, in die wir sie einkapseln; denn die ihnen eingeschriebene Intention und in ihnen fortwirkende Energie geht gerade darauf, daß wir sie nicht als Fremdkörper nehmen, als Zitate von uns abrücken.

So sind das allermeist kleine Zwiebacke. Denn Lichtenberg lehrt, ein Buch gar nicht erst zu schreiben, »wo eine Seite hinreicht, und kein Kapitel, wo ein Wort eben die Dienste tut«.[8] Das beginnt mit seiner Anweisung für den Satz: »Die Gedanken dicht und die Partikeln dünne«,[9] und endet mit der abgründigen Bestimmung: »Die letzte Hand an sein Werk legen, das heißt verbrennen«.[10] So einer erdrückt uns nicht mit schweren Wälzern. Abgesehen von seiner wunderbar beobachtenden und herrlich erzählenden ›Ausführlichen Erklärung‹ der Bilderfolgen des englischen Kupferstechers Hogarth hat Lichtenberg überhaupt nur Kleinzeug hinterlassen. Aufsätze, Artikel, Briefe und dann die kurzen vermischten Gelegenheitsnotizen seiner sogenannten ›Sudelbücher‹, die in dieser Form nie zum Druck bestimmt waren und vollständig überhaupt erst zu Beginn unseres Jahrhunderts aus seinem Nachlaß veröffentlicht wurden, seither als sein Zentralwerk gelten. Mit so etwas kann man wohl in Frankreich unter die ›Unsterblichen‹ gelangen, wird aber bei uns, wo der Ruhm eines Schriftstellers durch dickleibige Werke gestützt werden muß, eher als Lieferant für die Rückseiten von Abreißkalenderblättern behandelt.

Freilich: »Die Gedanken dicht«! – Wie man das macht? Dieser alte Lehrer rät (und Sie dürfen mir's glauben: Ihre lebenden Lehrer, über Ihren weitschweifigen Übungsarbeiten oder langatmigen Dissertationen ebenso seufzen wie Sie selber über unnötig dicken Büchern, billigen diesen Rat durchaus): »erst beibringen, was man beibringen kann, ganz für sich, also bloß des Beibringens wegen; alsdann alles noch einmal schreiben des Weglassens wegen. Das erste ist das Dreschen, das zweite ist das Sichten und Sieben. Nun müßte noch ein Drittes kommen, das Wurfeln« (nämlich das altbäuerliche Entfernen der Spreu durch Hochwerfen des gedroschenen und gesiebten Getreides).[11] So, im Kopf schon oder auf dem Papier erst oder am Bildschirm wurfelnd, bringt man das Buch auf eine Seite, die Seite auf einen Satz, den

8 RA 31.
9 E 16.
10 F 173.
11 L 679.

Satz aufs Wort und das Wort auf den Punkt. Nicht »ganze Kapitel voll schöner Ausdrücke« verlangte Lichtenberg, sondern »ein Senfkorn von Sache«[12] – was freilich, ungewöhnlicher Weise, größere Anstrengungen vom Schreibenden oder Redenden fordert als dann vom Leser oder Hörer. Denn die nach fortgesetztem Dreschen, Sieben und Wurfeln zurückgebliebenen Worte, Lichtenbergs Senfkorn-Sätze, sind keineswegs ins Ungenießbare verdickt, knochenhart zusammengekocht und konsumierbar nur, wenn sie mit den ausgeschiedenen Partikeln gleichsam wieder verdünnt und aufgeschwemmt würden. Nicht einem formalen Lakonismusgebot hat er sie unterworfen, sondern dem durch eine tiefe Skepsis gegenüber der Tauglichkeit der Sprache geschärften Präzisionsanspruch äußerster Angemessenheit an das Beobachtete und Gedachte, welcher nichts Überflüssiges und Ungenaues mehr zuläßt. Auf diese Weise abgespeckt, kommen sie (jeder Satz nun aufgeladen mit der Energie eines ganzen Kapitels) so leichtfüßig daher, so munter und anmutig, als wären ihre Genauigkeit und Klarheit ebenso mühelos zustande gekommen, wie sie uns mühelos lassen. So einer gilt hierzulande, wo das wahrhaft Bedeutende im Dunklen vermutet wird und der Tiefsinn sich schwerverständlich gibt, eher als ein kurzweilig-launiges Talent. Aber bei klaren Gewässern unterschätzt man die Tiefe (was sich physikalisch durch das Brechungsgesetz erklärt).

Goethe immerhin bemerkte, wir könnten uns der Lichtenbergschen Schriften »als der wunderbarsten Wünschelrute bedienen: wo er einen Spaß macht, liegt ein Problem verborgen«.[13] *Wie* richtig das ist (wenn auch mit einer etwas unangenehmen Spur von Herablassung behaftet), konnte er selber eigentlich kaum wissen. Denn oft hat man erst sehr viel später einsehen können, was so ein Satz des vermeintlichen Spaßmachers an verborgenen Problemen aufdeckte und an künftigen Problemlösungsmöglichkeiten entwarf. Davon gleich.

Häufig lernen wir von guten Lehrern mehr noch durch ihr Beispiel als durch ihre inhaltlichen Belehrungen. Und Lichtenberg gehört nicht zu den Wegweisern, welche außerstande sind, selbst in die Richtung

12 E 194.

13 Goethe, Sprüche in Prosa. Frankfurter Ausgabe der Sämtlichen Werke Bd 13. Hg. v. Harald Fricke. Frankfurt/M. 1993, S. 168 (diese Notiz zuerst veröffentlicht 1829, aber jedenfalls älter; vermutlich entstanden nach der Lektüre von Lichtenbergs ›Physikalischen und mathematischen Schriften‹ im Spätsommer 1809).

zu gehen, die sie uns zeigen. Er beschreibt einmal, in einer freistehenden Formulierung, was doch im Idealfall erreicht werden sollte: »Der fast Lessingsche Ausdruck, der dem Gedanken sitzt wie angegossen«.[14] Zehn Worte nur. Und auf vollkommene Weise erfüllen sie selber den Anspruch, den sie aufstellen. Der Lehrsatz wird zum Beispiel seiner selbst. So dürften *wir* auch sagen: Der ganz *Lichtenbergsche* Ausdruck, »der dem Gedanken sitzt wie angegossen.«

Unnötig kompliziert (also trocken und schwerverdaulich) darzustellen, was man vorzubringen hat, um dadurch vergleichsweise triviale Mitteilungen aufzuwerten, das ist eine verbreitete Anfängerkrankheit. Wird gelegentlich sogar ein chronisches Leiden. Natürlich merkt jemand, der Naturwissenschaften, aber durchaus auch, wer Philosophie, Juristerei und Medizin, leider sogar wer Theologie studiert, daß die für eine rasche und präzise Verständigung unter Sachkennern unentbehrliche Verwendung fachspezifischer Begriffsinstrumentarien und Formeln auch als Ausweis der Zugehörigkeit zur wissenschaftlichen Zunft funktioniert. Aber Unverständlichkeit als solche ist gewiß kein Gradmesser von Wissenschaftlichkeit (und von der öffentlichen Bringschuld, die alle wissenschaftlichen Disziplinen im Rahmen ihrer Möglichkeiten aus eigenstem Interesse ernst nehmen müßten, will ich gar nicht erst reden). Über einen flüchtig beobachteten Sachverhalt sogleich die vorgestanzte Insider-Terminologie zu stülpen, hält auch eher davon ab, auf der Suche nach dem Begriff, welcher dem Beobachteten oder »dem Gedanken sitzt wie angegossen«, die Sache selbst und selber genau zu bedenken.

Das alles betrifft das Herstellungsverfahren für Lichtenbergs Göttinger Zwieback. Was, bitte, *steckt* in seinem Backwerk?

Den Zeitgenossen galt er als der bedeutendste deutsche Physiker seines Jahrhunderts. Zu seinen weithin berühmten experimentalphysikalischen Vorlesungen drängten sich in den von Knallgasexplosionen erschütterten, von Blitzschlägen erleuchteten kleinen Göttinger Hörsaal nicht nur die Studenten, darunter der junge Gauß oder die Brüder Humboldt, sondern ebenso Gäste schon mit großen Namen und von weither, Goethe etwa oder der Herzog von Weimar, die Fürstin Gallitzin – keineswegs allein Naturwissenschaftler. Freilich, wenn man diese Experimente mithilfe seiner (in unserem I. Physikalischen Institut aufbewahrten) Apparate heute nachspielt, bewirken sie nicht viel mehr als eine amüsiert nostalgische Rührung: derart klein und bescheiden also

14 E 204.

hat einmal angefangen, was jetzt in den hochkomplizierten und unendlich viel kostspieligeren Forschungs- und Entwicklungszentren unserer Naturwissenschaftler und Ingenieure vor sich geht.

Überhaupt nimmt Lichtenberg in der Geschichte der naturwissenschaftlichen Entdeckungen und Erfindungen aus heutiger Sicht einen vergleichsweise bescheidenen Platz ein. 1782 läßt er zum ersten Mal mit H_2 gefüllte Schweins- und Kälberblasen von seinem Experimentiertisch auffliegen – im Jahr darauf erheben sich der Heißluftballon der Brüder Montgolfier und Charles' Wasserstoffballon in den Himmel Frankreichs, und Lichtenberg kritzelt in sein Sudelbuch: »Montgolfiers Erfindung war in meiner Hand«.[15] Er hat halt nicht in Paris oder Versailles vor einem königlichen Hof, sondern nur im armseligen Göttingen experimentieren können – mit dem Zeug vom Metzger nebenan. Und sonst? Die von ihm entdeckten, nach ihm benannten ›Lichtenbergschen Figuren‹ (durch Harzmehlstaub sichtbar gemachte Bahnspuren elektrischer Entladungen, die eine Vorstufe der Elektrophotographie und heutiger Xerokopierverfahren darstellen und deren fraktale Strukturen durch Mandelbrot neues Interesse gewonnen haben), damit zusammenhängend die von Lichtenberg eingeführten + und – Zeichen für elektrische Ladungen (die nicht mehr, wie bei Benjamin Franklin, ein ›mehr oder weniger‹ der gleichen Substanz bezeichnen, sondern eine positive oder negative Art von Elektrizität) – also wenn es nur das wäre, bräuchten wir diesen Lehrer nicht mehr, hätten ausgelernt bei ihm.

Sehr anders sieht es aus, wenn man die zahlreichen Fälle in den Blick nimmt, wo sich bestimmte Beobachtungen und Einsichten, Erwägungen und Vermutungen Lichtenbergs (keineswegs nur in den Bereichen der Naturwissenschaft) im Lauf der Zeit auf überraschende Weise bestätigt und erfüllt haben.

Das beginnt bei seinen Beobachtungen vermeintlich belanglos-peripherer Detailphänomene, mit denen gelegentlich doch weitgespannte Theorien späterer Zeit in nuce schon vorgegeben sind – wirklich wie in einer kleinen Nuß. In Sigmund Freuds Schrift ›Zur Psychopathologie des Alltagslebens‹ heißt es, bei »Lichtenberg findet sich eine Bemerkung, die wohl einer Beobachtung entstammt und fast die ganze Theorie des Verlesens [also der Freudschen Fehlleistungen] enthält [und dann zitiert der Psychoanalytiker aus dem Sudelbuch die Notiz]: ›Er

15 H 180.

las immer *Agamemnon* statt *angenommen*, so sehr hatte er den Homer gelesen.‹«[16]

Und das endet bei hochspekulativen Sätzen, die jede Haftung am Boden der Realität aufzugeben scheinen: »Hätte ich zu Vardöhus [am Nördlichen Eismeer] einen Kirschkern in die See geworfen, so hätte der Tropfen Seewasser, den Myn Heer am Kap [der guten Hoffnung] von der Nase wischt, nicht genau an *dem* Ort gesessen«.[17] Darüber lächelnd den Kopf schütteln darf eigentlich nur, wer das nicht zusammendenkt mit Lichtenbergs Notiz: »Den Wetterweisen [also den Meteorologen] muß der Mut nicht wenig bei der Betrachtung sinken, daß ein Funke eine ganze Stadt in die Asche legen kann, unsere Witterungs-Begebenheiten können ja öfters ebenso entstehen, wer will das alles schätzen«.[18] Inzwischen sind unsere Wetterweisen ja von den Mathematikern über das deterministische Chaos unterrichtet worden; darüber also, daß minimale Unterschiede in den Anfangsbedingungen eines dynamischen Systems zu unvorhersagbar großen Effekten führen können. Edward Lorenz hat das 1963 in die berühmte Formulierung gefaßt, wenn ein Schmetterling in Peking seine Flügel bewege, könne dadurch das Wetter an der Westküste der USA völlig verändert werden. – Sich selber meinte Lichtenberg doch, und das mit vollem Recht, als er fragte: »Wie nah wohl zuweilen unsere Gedanken an einer großen Entdeckung hinstreichen mögen?«.[19]

Auf ein besonders eindrucksvolles Beispiel dafür hat Peter Brix vom Heidelberger Max-Planck-Institut für Kernphysik mich hingewiesen. Kontroverse, unvereinbar erscheinende Vorstellungen bedenkend, hatte Lichtenberg geschrieben: »Wie wäre es, wenn man am besten damit auskäme, beide Theorien des Lichts, die Newtonische und Eulerische [nämlich die Kopuskulartheorie und die Wellentheorie] zu vereinigen?«[20] Albert Einstein, mit dem Nobelpreis ausgezeichnet für seine Lichtquanten-Hypothese von 1905, welche tatsächlich den dualistischen Charakter des Lichts als Teilchen *und* Welle bestätigte, nannte den Göttinger »Wie wäre es, wenn«-Denker »ein Original mit wahrhaft

16 Sigmund Freud, Gesammelte Werke. Bd IV, Frankfurt am Main, [5]1969, S. 124 (Lichtenberg-Zitat: G 187).
17 D 55.
18 J 1732.
19 F 423.
20 K 360.

genialen Anwandlungen, die sich in unsterbliche Gedankensplitter verdichteten«, und meinte: »Ich kenne keinen, der mit solcher Deutlichkeit das Gras wachsen hört.«

Wie nur stellt man es an, auf solche Weise das Gras wachsen zu hören? Als Alexander v. Humboldt, der spätere große Universalgelehrte der Naturwissenschaften, 21jährig die Göttinger Universität verließ, schrieb er dem Hofrat Lichtenberg in einem Dankesbrief: »Ich achte nicht bloß auf die Summe positiver Kenntnisse, die ich Ihrem Vortrage entlehnte – mehr aber auf die allgemeine Richtung, die mein Ideengang unter Ihrer Leitung nahm. Wahrheit an sich ist kostbar, kostbarer aber noch die Fähigkeit, sie zu finden«.[21]

Das ist es. Hinsichtlich positiver Kenntnisse mögen wir ja ausgelernt haben bei diesem Göttinger Zwiebackbäcker. Und wie jeder Lehrer hat er auch Ansichten geäußert, die wir nicht mehr billigen können und übernehmen wollen. Wegen der »Richtung« aber, in die er den »Ideengang« seiner Schüler lenkt, lohnt es noch immer, ihn zum Lehrer zu nehmen. »Wenn man die Menschen lehrt, *wie* sie denken sollen, und nicht ewig hin, *was* sie denken sollen«, so lautet sein aufklärerisches Credo, dann betreibe man »eine Art von Einweihung in die Mysteria der Menschheit.« Was nämlich »von einem Mann von Ansehen gelehrt wird, kann Tausende, die nicht [selbst] untersuchen, irre führen. Man kann nicht vorsichtig genug sein in Bekanntmachung eigner Meinungen, die auf Leben und Glückseligkeit hinaus laufen [was nun gewiß nicht nur die Physiker betrifft, sondern ebenso die Prediger, Politiker, Ideologen, Weltverbesserer aller Sorten], hingegen nicht emsig genug, Menschen-Verstand und Zweifel einzuschärfen«.[22] Darin *war* dieser Aufklärer emsig, das *hat* er uns eingeschärft: »Dinge zu bezweifeln, die ganz ohne weitere Untersuchung jetzt geglaubt werden, das ist die Hauptsache überall«.[23] Obgleich er seiner Universitäts-Titulatur nach doch ein Professor der reinen und angewandten Mathematik gewesen ist, oder richtiger wohl: gerade *weil* er das war, stellte er den Lehrsatz auf: »Zweifle an allem wenigstens Einmal, und wäre es auch der Satz: zweimal 2 ist 4«.[24] Dabei bleibt gleichgültig, daß die moderne Algebra

21 Lichtenberg, Briefwechsel (wie Anm. 6) Bd III, 1990, S. 779 f. (Brief vom 3. Okt. 1790).
22 F 441.
23 J 1276.
24 K 303.

die Gültigkeit von $2 \times 2 = 4$ abhängig sieht von gewissen Grundannahmen, welche nicht in jedem Zahlkörper gelten müssen. Es ging da auch gar nicht nur um reine Mathematik, sondern um angewandte Mathematik in dem Sinn, daß überhaupt alles einfach Behauptete und Geglaubte, Eingefahrene und Gängige, ungeprüft Fortgesetzte und gedankenlos Weitergewurstelte ins Säurebad des Zweifels gehört. Eben darauf nämlich richten sich die immer wiederkehrenden Lichtenbergschen Fragen, die nun weit über den mathematisch-naturwissenschaftlichen Bereich hinausführen.

»Warum glaube ich dieses?«, schreibt er. »Ist es auch wirklich so ausgemacht«?[25] – »ich« schreibt er da. Wer die Gründe, welche schärferer Prüfung oder neuer Erfahrung und besserer Einsicht entspringen, auf solche Weise auch gegen die *eigenen* Ansichten und Behauptungen gelten läßt, der offenbar *lernt* aus seinen Irrtümern. Lichtenbergs auf den ersten Blick einigermaßen absurdes Postulat, »Neue Irrtümer zu erfinden«[26], erklärt sich nicht erst dadurch, daß im Sinne von Poppers kritischem Rationalismus die Wahrheitsmöglichkeit einer Aussage ihre Widerlegbarkeit voraussetzt und der Fortschritt der Erkenntnis seinen Weg über den berichtigten Irrtum nimmt. Vielmehr war er der Meinung, man lerne allererst durch eigenes Irren, *daß* man sich irren könne. »Selbst unsere häufigen Irrtümer«, sagt er also, »haben den Nutzen, daß sie uns am Ende gewöhnen zu glauben, alles könne anders sein, als wir es uns vorstellen.«[27]

Alles »*könne* anders sein« – Lichtenbergs spätaufklärerischer Skeptizismus findet sein stilistisches Äquivalent im Modus des zweifelnden Konjunktivs. Und diese grammatische Figur ist ihm keineswegs absichtslos und unkontrolliert in die Feder geraten. Wie bewußt er damit operierte, zeigt eine lustige Notiz, bei der er eingangs eine Behauptung seines Zeitgenossen Johann Georg Zimmermann referiert (im Konjunktiv der indirekten Rede) und dann, freihändig, geradezu mit einer Fontäne von Konjunktiven spielt und brilliert. Zimmermann also, schreibt er da, habe behauptet, »Versailles mit Sanssouci verglichen wäre ihm vorgekommen wie die Wohnung eines Zwergen gegen die von einem Riesen. Davon ist nun kein Wort wahr, es ist ihm auch würklich nicht so vorgekommen, sondern es kam ihm zu Hause vor, es wäre ihm

25 J 1326.
26 L 886.
27 J 942.

so vorgekommen, oder es kam ihm vor, als wäre es schön, wenn es einem so vorkäme, oder es kam ihm endlich vor, es wäre schon schön, bloß zu sagen, es wäre ihm so vorgekommen. Es muß auch nichts wahr davon sein, denn wenn der Gedanke wahr wäre, so wäre er falsch.«[28]

Den Treibsatz hinter Lichtenbergs Zweifelsfragen bildet ein unstillbares Wahrheits- und Besserungsverlangen. Der konjunktivisch *skeptischen* Formel, der man auf Schritt und Tritt bei ihm begegnet (›Sollte es wirklich so sein, daß ...?‹), korrespondieren deshalb seine ständig wiederkehrenden, im Konjunktiv formulierten *hypothetischen* Formeln (›Sollte es nicht vielmehr so sein, daß ...?‹ – ›Was würde sich ergeben, wenn ...?‹ – ›Es *wäre* zu versuchen, ob ...!‹). Solche experimentellen Konjunktivkonstruktionen sind Lichtenbergs grammatisches, stilistisches, philosophisches Markenzeichen. Wenn Sie aufgepaßt haben, wird Ihnen das schon bei den bisher vorgeführten Sätzen nicht entgangen sein. Aufs Ganze gesehen: Mehr als 28 % aller Sudelbuchnotizen enthalten ein Konjunktivmorphem oder mehrere von ihnen. Bezöge man andere sprachliche Mittel mit konjunktivischer Funktion ein, dürften sich höchstens 20 % aller Notizen als *nicht* konjunktivisch formuliert erweisen (und davon müßte man noch abziehen seine gar nicht seltenen Exzerpte aus fremden Schriften, die natürlich im Indikativ verbleiben). Am auffälligsten die Häufung des vom Präteritum abgeleiteten Konjunktiv II in Konditionalgefügen bzw. hypothetischen Sätzen und Sätzen modesten Inhalts. Die nämlich begegnen in den Sudelbüchern etwa doppelt so oft wie im allgemeinen Sprachgebrauch damals und heute.

Beispiel: »*Was würde* geschehen, *wenn* ich einmal in den Papinianischen Topf [meint den von Papin konstruierten Dampfkochtopf] Alkohol *brächte* und beim Auskochen *anzündete*? NB. Der Versuch müßte wohl zuerst auf dem Garten im Freien angestellt werden.«[29] Oder (die gleiche experimentierende Denkfigur in einem anderen Bereich): »*Wenn* der Mensch, nachdem er 100 Jahre alt geworden, wieder umgewendet werden *könnte*, wie eine Sanduhr, und so wieder jünger würde, immer mit der gewöhnlichen Gefahr zu sterben: *wie würde* es da in der Welt aussehen?«[30] Elias Canetti, ein gründlicher Kenner und erklärter Liebhaber der Sudelbücher, hat dieses Modell aufgenommen,

28 F 985.
29 J 1733.
30 K 277.

und seine Rückwärts-Geschichte zeigt, welche Probleme der alte Möglichkeitendenker da eröffnet hatte. Canetti spinnt den Gedanken aus, daß dann beispielsweise »ganz kleine Leute, sechs- oder achtjährigen Knaben gleich, als die weisesten und erfahrensten gelten würden. Die ältesten Könige wären die kleinsten; es gäbe überhaupt nur ganz kleine Päpste; die Bischöfe würden auf Kardinäle und die Kardinäle auf den Papst herabsehen. Kein Kind mehr könnte sich wünschen, etwas Großes zu werden. Die Geschichte würde an Bedeutung durch ihr Alter verlieren; man hätte das Gefühl, daß Ereignisse vor dreihundert Jahren sich unter insektenähnlichen Geschöpfen abgespielt hätten, und die Vergangenheit hätte das Glück, endlich übersehen zu werden.«[31]

Lichtenbergs konjunktivische Figuren finden sich also keineswegs nur in seinen naturwissenschaftlichen Aufzeichnungen. Aber daß die Experimentalphysik als sein eigentliches Tätigkeitsfeld das Treibhaus oder das Trainingsfeld dieser hypothetischen Konjunktive bildete, ist ganz offensichtlich. Einer seiner Studenten hat gezählt, daß er in den Vorlesungen über die Naturlehre 600 Versuche vorführte.[32] Das waren in aller Regel natürlich Demonstrationsversuche, deren Ergebnisse also für den Experimentator schon im voraus feststanden. Kant hat damals formuliert, daß der Physiker Experimente anstellen solle, um von der Natur »belehrt zu werden«, und zwar in der Rolle eines »Richters, der die Zeugen nötigt auf die Fragen zu antworten, die er ihnen vorlegt.«[33] Wo es nicht um belehrend-veranschaulichenden Unterricht ging, sondern ums Entdecken und Erfinden, nahm unser Göttinger Experimentalphysiker die Natur natürlich mit Fragen ins Verhör, bei denen die Antwort zweifelhaft schien oder unbekannt war. Und über die in der Praxis durchgeführten Experimente dieser Art hinaus hat er sich notiert: »Man muß mit Ideen experimentieren!«[34] Selbst wenn er für seine Projekte damals schon die Drittmittel einer Deutschen Forschungsgemeinschaft hätte einwerben können: für die Reisekosten vom Nördlichen Eismeer (wo der Kirschkern in die See geworfen werden müßte) bis zum Kap der Guten Hoffnung (wo der veränderte Sitz des Wassertropfens an Mynheers Nase zu messen wäre) hätten die Gelder

31 Elias Canetti, Die Provinz des Menschen. Aufzeichnungen 1942-1972. München 1973, S. 9.

32 Gottlieb Gamauf, Erinnerungen aus Lichtenbergs Vorlesungen über Erxlebens Anfangsgründe der Naturlehre. Bd 1, Wien/Triest 1808, S. 12.

33 Kant, Akademie-Ausgabe. 1. Abt. Bd 3. Berlin 1911, S. 10.

34 K 308.

kaum gereicht. Also – »Man muß mit *Ideen* experimentieren!« Was ja auch Vorteile hat. Solche virtuellen Unternehmungen sind auf Apparate nicht angewiesen, werden von ihnen also auch nicht gegängelt und behindert. Nicht selten sind Lichtenbergs Gedankenexperimente denn auch höher und weiter geflogen als der französische Wasserstoffballon, weit hinaus auch über seinen engeren naturwissenschaftlichen Zuständigkeitsbereich.

Weil doch »die Menschen alles so ansehen lernen, wie ihre Lehrer und ihr Umgang es ansieht«, hielt er es für nützlich, mit der Autorität des Lehrers selbst »eine Anweisung zu geben, wie man nach gewissen Gesetzen von der Regel *abweichen* könne.«[35] Ein Gesetzeswerk solcher Abweichungsregeln hat er freilich nicht hinterlassen. Aber aus den zahllosen praktischen Abweichungsbeispielen in seinen Schriften könnte man es unschwer selber ableiten und zusammenstellen. Wenigstens drei Lichtenbergsche Beispiele will ich Ihnen noch vorführen, an denen sich bestimmte Grundregeln seines vom Gewohnten abweichenden Andersdenkens und Bessermachens demonstrieren lassen.

Mein erstes braucht kaum Erläuterung: »Der Amerikaner, der den Kolumbus zuerst entdeckte, machte eine böse Entdeckung«.[36] – Das wäre ein Exempel für die von Lichtenberg häufig empfohlene und praktizierte *Umkehr*-Technik. Ein Experiment, ein (hier schon in den Vollzugsmodus des indikativischen Präteritums transformiertes) Gedankenexperiment, bei dem der unorthodoxe Austausch gewohnter Positionen in der Versuchsanordnung oder eine unübliche, etwa gegenläufige Perspektive des Beobachters neues Licht auf die Sachverhalte fallen läßt, Altgewohntes gleichsam gegen den Strich bürstet und dadurch eingewurzelte Urteile geradezu in ihr Gegenteil verkehren kann. Wir, denen die Zerstörung der indianischen Kulturen und der Tod von 70 Millionen Ureinwohnern Lateinamerikas als Folgen der großen Conquista eindringlich genug vor Augen geführt worden sind, haben keine Mühe mehr mit Lichtenbergs veränderter Versuchsanordnung und ihrem Resultat. Aber welcher Unabhängigkeit des Denkens verdankte sich die Sprengkraft einer solchen Umkehrung, als sie vor 200 Jahren unternommen wurde! Ein ganzes Forschungsprogramm in

35 J 1329.
36 G 183.

einem Satz, und das in ein einziges Wort gefaßte hypothetische Endergebnis gleich schon dazu – »Der Amerikaner, der den Kolumbus zuerst entdeckte, machte eine böse Entdeckung.«

Zweites Beispiel: »In den Kehrichthaufen vor der Stadt [in den Mülldeponien also müßte man, sollte man] lesen und suchen, was den Städten fehlt, wie der Arzt aus dem Stuhlgang und Urin«[37] – das *Übertragungs*-Verfahren. Lichtenberg postulierte nicht nur, sondern praktizierte auch, was wir heute als ›interdisziplinär‹ im Munde führen. Er benannte es nur ein bißchen weniger hochtrabend, dafür anschaulicher: Da zumeist »an der Heerstraße nichts mehr zu gewinnen« sei, müsse man »querfeldein marschieren und über die Gräben setzen«.[38] Auf den praktischen Fall angewendet, erklärte er: »Wer nichts als Chemie versteht, versteht auch die nicht recht«.[39] Aber anwendbar ist das wohl in vielen Fällen. Sie haben längst bemerkt: die Anweisungen dieses Lehrers, der uns beibringen will, »bei allem zu fragen: wie könnte dieses besser eingerichtet werden?«[40], sind für Handwerksmeister oder Techniker, Ärzte oder Bundestagsabgeordnete ebenso nützlich wie für Wissenschaftler aller Disziplinen. Allemal kann eine Übertragung von Methoden, Praktiken, Einsichten aus anderen, fremden Arbeitsbereichen in den eigenen doch höchst förderlich sein für das verbessernde Andersmachen. Lichtenberg riskierte den schwindelnd kühnen Satz: »Ich glaube, daß man durch ein aus der Physik gewähltes Paradigma auf Kantische Philosophie hätte kommen können«.[41] Aber wenn er dem Physiologen Soemmerring schreibt, »die wahren Denker in allen Wissenschaften sind alle gewissermaßen von *einem* Orden«,[42] meint er eigentlich alle menschlichen Tätigkeitsbereiche. Und mit seinem konkreten ökologischen Vorschlag hier, nicht weniger doch mit dem daraus abzuleitenden methodischen Prinzip redet er wahrhaftig als unser Zeitgenosse – »In den Kehrichthaufen vor der Stadt lesen und suchen, was den Städten fehlt, *wie der Arzt* aus dem Stuhlgang und Urin.«

37 J 990.
38 K 384.
39 J 860.
40 J 1634.
41 K 313.
42 Lichtenberg, Briefwechsel (wie Anm. 6) Bd IV, 1992, S. 950.

Drittes und letztes Beispiel: »Wenn die Physiognomik das wird, was Lavater von ihr erwartet, so wird man die Kinder aufhängen, ehe sie die Taten getan haben, die den Galgen verdienen«.[43] – Das *Folgen-Bedenken*. Bei Lichtenberg, der den Menschen als den »Ursachensucher« definiert hat,[44] lernt man doch auch, die Wirkungen des Entdeckens, Erfindens, Andersmachens nicht außer acht zu lassen. Sein ständiges Fragen »Was würde geschehen, wenn?« zielt ja allemal auf die möglichen Ergebnisse, also auch auf die Konsequenzen unseres Handelns, und keineswegs hat er ein bedenkenloses Herumexperimentieren angeraten und uns auf das abweichend Andere und Neue gewiesen, nur *weil* es anders ist und neu, oder den Irrtum um seiner selbst willen gepriesen. Er hat aufmerksam zu machen versucht darauf, daß die Folgen allen Handelns unabsehbar weit reichen können. »Wenn ich dieses Buch [sein eigenes, gar nicht zur Veröffentlichung bestimmtes Sudelbuch!] nicht geschrieben hätte, so würde heute über 1000 Jahre abends zwischen 6 und 7 zum Exempel in mancher Stadt in Deutschland von ganz andern Dingen gesprochen worden sein, als wirklich gesprochen werden wird«.[45] Das ist nicht nur ein Späßchen, sondern ein Veranschaulichungsmuster. Und diese Sensibilität des handlungssteuernden konjunktivischen Folgen-Bedenkens rührt keineswegs nur an Erfreuliches oder Harmloses. 1796: »Es wäre doch möglich, daß einmal unsere Chemiker auf ein Mittel gerieten, unsere Luft plötzlich zu zersetzen, durch eine Art von Ferment. So könnte die Welt untergehen«.[46]

Zurück zu meinem letzten Beispiel. Als 1777 »Niedersachsen von einer Raserei für Physiognomik befallen wurde«,[47] die in ganz Deutschland, in ganz Europa grassierte, legte er sich gewaltig ins Zeug gegen die verchristlichte Kalokagathia-Lehre von Lavaters ›Physiognomischen Fragmenten‹ um seine Zeitgenossen von der durch sie befestigten Vorstellung abzubringen, daß man das Wesen, die Charakterzüge eines Menschen täuschungsfrei von seinen Gesichtszügen ablesen und sein Verhalten dadurch prognostizieren könne. Er bestand darauf, daß man »den Menschen aus seiner äußern Form nicht so beurteilen könnte, wie die Viehhändler die Ochsen«.[48] 150 Jahre später begann man bei

43 F 521.
44 J 1551.
45 D 55.
46 K 334.
47 Lichtenberg, Schriften und Briefe (wie Anm. 2) Bd III, 1972, S. 564.
48 Ebd.

uns in der Tat, Menschen zu sortieren und zu selektieren, wie Viehhändler und Schlächter die Ochsen. In Julius Streichers nazistisch-antisemetischem Hetzblatt ›Der Stürmer‹ waren damals unter einer wiederkehrenden Rubrik mit der Überschrift ›Wie der Mensch aussieht, so ist er!‹ Fotografien auch von jüdischen Kindern zu sehen, aus deren Gesichtszügen die physiognomischen Begleitkommentare eine verbrecherische Bosheit ihrer Rasse ableiteten. Aber man könnte ebenso an die mit physiognomischen Einschätzungen verbundenen ethnischen Massaker und den mörderischen Fremdenhaß in *unseren* Tagen denken, um die Hellsicht und den Weitblick dieses Folgenbedenkers zu ermessen – »Wenn die Physiognomik das wird, was Lavater von ihr erwartet, so wird man die Kinder aufhängen, ehe sie die Taten getan haben, die den Galgen verdienen«.

So richtet sich Lichtenbergs Leitfrage »Was würde geschehen, wenn?« nicht nur auf die Bemühung um neue Einsichten und nicht allein auf das Bedenken, ob unsere Versuche, etwas anders zu machen, im Rahmen des Absehbaren eigentlich vernünftig seien und erfolgversprechend. Sie zielt am Ende auf unsere Verantwortlichkeit auch für Spätfolgen unseres Handelns, welche nicht mehr in unserer Hand liegen. »Unternimm nie etwas,« sagte er, »wozu du nicht das Herz hast, dir den Segen des Himmels zu erbitten!«[49]

Lebenslang dem Gedanken anhängend, daß alles, was die herrschende Meinung für zutreffend, richtig, wohlgetan hält, auch anders sein könnte und, soweit es in unserem Vermögen liegt, besser sein sollte, hat Lichtenberg lebenslang auch sich *selber* anders und besser gewünscht – was freilich nicht vollständig in seinem eigenen Vermögen lag. Eine »Geschichte meines Geistes so wohl als elenden Körpers«, die zu schreiben er sich vorgenommen hatte (»mit einer Aufrichtigkeit, die vielleicht manchem eine Art von Mitscham erwecken« werde)[50], hat er leider nur in kleinen, verstreuten Fragmenten hinterlassen. Um die Geschichte seines Geistes *als* die seines elenden Körpers ging es da. Dieser kleinwüchsig verbuckelte Mensch litt unter einer kyphoskoliotischen Wirbelsäulenverkrümmung, die zunehmend schwere Störungen der Herz- und Lungenfunktion nach sich zog. Aber eben als ein qualvoll Behinderter hat dieser schonungslose Selbstbeobachter und große Menschenkenner etwas zu bedenken gegeben, was man in unserer Zeit

49 K 298.
50 F 811.

kaum mehr wahrhaben will: daß durch Leiden auch etwas gewonnen werden kann – wie denn wohl die Menschheit viele ihrer geistigen Schätze den Leidenden verdankt. »Es ist nicht mein Geist«, schreibt Lichtenberg in einem Brief gegen Ende seines Lebens, »sondern der leidige Leib, was mich zum Nonkonformisten macht«.[51] Und im Sudelbuch, geradewegs zur Regel erhoben: »Sobald einer ein Gebrechen hat, so hat er seine eigne Meinung«.[52] Das meint, eine abweichende, eine andere.

Nein, man hätte 1983 auf dem Göttinger Bartholomäus-Friedhof seine armseligen Knochen nicht ausgraben und vermessen müssen, um nachzuweisen, wie stark das Rückgrat denn tatsächlich verkrümmt war und daß er nicht unbegründet klagte über diesen jammervollen Körper. Könnten wir so scharfsichtig und helldenkend beobachten wie er, müßten wir eigentlich seinen Sätzen selber ablesen können, daß sie ihren Eigen-Sinn, ihre Schärfe, ihre Klarheit, ihren Glanz auch am Schleifstein dieses Leidens gewonnen haben.

Seine groteske Thoraxverkürzung im Blick, hat er bitter scherzend von sich selber erklärt: »Bei mir liegt das Herz dem Kopf wenigstens um einen ganzen Schuh näher als bei den übrigen Menschen, daher meine große Billigkeit [was meint: angemessene Nachsichtigkeit, Milde, ja Menschlichkeit]. Die Entschlüsse können noch ganz warm ratifiziert werden«.[53] Auch das mag seine Richtigkeit haben. Zur kalten Herrschaft des Rationalismus, zur ›Dialektik der Aufklärung‹ hat er nicht beigetragen. Sein Herz lag so und so nahe dem Kopf, und bei aller Vernunft hat er das Gefühl nie verbannt aus seinem Denken. Auch darüber belehren uns seine Sätze.

Eigene frühere Überlegungen wieder aufnehmend,[54] will ich am Ende noch einen Schritt weitergehen. Den von der Experimentalphysik zu einer experimentierenden Metaphysik.

Einer unter den vielen, die vor uns gesagt und gezeigt haben, was sie von Lichtenberg gelernt hätten, war der studierte Maschinenbauer und Dichter Robert Musil, der bei dem alten Konjunktivmeister in die Schule gegangen ist. Zu Beginn seines großen Romans ›Der Mann ohne

51 Lichtenberg, Briefwechsel (wie Anm. 6) Bd IV, 1992, S. 762 (an Kries, 2. Okt. 1797).

52 G 86.

53 C 20.

54 Albrecht Schöne, Aufklärung aus dem Geist der Experimentalphysik. Lichtenbergsche Konjunktive. 3. Aufl. München 1993 (hier S. 148-157).

Eigenschaften‹ erzählt er von diesem Ulrich, der habe schon während seiner Schulzeit in einem Aufsatz geschrieben, »daß wahrscheinlich auch Gott von seiner Welt am liebsten im Conjunctivus potentialis spreche«. Denn: »Gott macht die Welt und denkt dabei, es könnte ebenso gut anders sein«.[55] In seinem Wiener Gymnasium wird daraufhin der Verdacht auf Gotteslästerung wach. In der Tat, wenn Ulrich (und in gleicher Weise sein Autor), in Konjunktiven denkend und sprechend, das Leben sich vorstellen »wie eine große Versuchsstätte, wo die besten Arten, Mensch zu sein, durchgeprobt und neue entdeckt werden müßten«, dann setzt dieser ausdrückliche »Vergleich der Welt mit einem Laboratorium«[56] die Schöpfung nicht nur als unvollendet, sondern als (noch) unvollkommen voraus. Das wirft ein Licht zurück auch auf die Denkfiguren des Sudelbuchschreibers und ihre Letztbegründung. Lichtenbergs Aufforderung »Ja Wort zu halten und bei allem zu fragen: wie könnte dieses besser eingerichtet werden?«, sein ›Es könnte anders, sollte besser sein‹, scheint in einem grundsätzlichen, umfassenden Sinn doch erst möglich, nachdem die Vorstellung sich durchgesetzt hat, daß unsere real existierende Welt nicht die einzig denkbare sei und unter den denkbaren jedenfalls nicht die beste. »Gott sah an alles, was er gemacht hatte,« heißt es im biblischen Schöpfungsbericht, »und siehe, es war sehr gut.« In Musils Satz, daß »auch Gott von seiner Welt am liebsten im Conjunctivus potentialis spreche«, bricht dieser indikativische Lobpreis der Schöpfung ab, signalisiert das Modusmorphem des Konjunktivs das Ende der Zeitalter, die mit der Welt als einer unveränderbar gottgegebenen ins Einverständnis zu gelangen suchten. Angesichts einer unvollkommenen Welt erscheint das menschenmögliche Anders- und Bessermachen als das dem Menschen Aufgetragene. Musil schreibt im ›Mann ohne Eigenschaften‹, dieses »Mögliche« umfasse »nicht nur die Träume nervenschwacher Personen, sondern auch die noch nicht erwachten Absichten Gottes«.[57] Und der vom Konjunktiv besessene Möglichkeitendenker Lichtenberg hat im Sudelbuch notiert, es sei »eine Torheit zu glauben, es wäre keine Welt möglich, worin keine Krankheit, kein Schmerz und kein Tod wäre. Denkt man sich ja doch den Himmel so [...]. Warum sollte es nicht Stufen von Geistern bis zu Gott hinauf

55 Robert Musil, Der Mann ohne Eigenschaften (Ges. Werke Bd I, hg. v. Adolf Frisé). Reinbek bei Hamburg 1978, S. 19.
56 Ebd. S. 152.
57 Ebd. S. 16.

geben, und unsere Welt das Werk von einem sein können, der die Sache noch nicht recht verstand, ein Versuch?«[58]

Wenige Jahre zuvor hatte in England der große Astronom Herschel begonnen, mit seinem neuen Spiegelteleskop in der Tiefe des Weltraums die Sternenhaufen der auflöslichen Nebelflecke auszumachen. Das bringt unser Experimentalphysiker hier in die »Sollte nicht?«-Fragen seines Sudelbuchs ein – der Möglichkeit nachdenkend, daß der tiefste Grund, eine außerirdische Rechtfertigung, ein überirdischer Auftrag für die lebenslangen eigenen Versuche und Versuchsanweisungen im Versuchscharakter des Universums selber liegen, aus dem ›konjunktivischen‹ Zustand der Schöpfung ergehen möchte. »Vielleicht«, schreibt er, »sind die Nebelsterne, die Herschel gesehen hat, nichts als eingelieferte Probestücke, oder solche, an denen noch gearbeitet wird.«

Auf Probestücke läuft alles hinaus, woran wir arbeiten können. Die sind viel kleiner als Herschels Nebelsterne, Teilstückchen von etwas größeren Teilstücken allermeist. Und was dabei das Besserwerden durchs Andersmachen angeht – Lichtenberg hat zu fortgesetzten Versuchen ermuntert, ohne uns doch mit den trügerischen Verheißungen der Weltverbesserer zu blenden. »Ich kann freilich nicht sagen, ob es besser werden wird«, schreibt er – »Ich kann freilich nicht sagen, ob es besser werden wird, wenn es anders wird; aber so viel kann ich sagen, es muß anders werden, wenn es gut werden soll«.[59]

Das noch einmal, damit dieser kleine Zwieback eine Weile haltbar bleibt in Ihrem Gedächtnis: »Ich kann freilich nicht sagen, ob es besser werden wird, wenn es anders wird; aber so viel kann ich sagen, es muß anders werden, wenn es gut werden soll.«

58 K 69.
59 K 293.

Erwin Neher

Ionenkanäle für die inter- und intrazelluläre Kommunikation

(Nobel-Vortrag)

Um 1970 waren die fundamentalen Signalmechanismen für die Kommunikation zwischen Zellen des Nervensystems bekannt. Hodgkin und Huxley [1] hatten bereits 1952 die Grundlagen für das Verständnis des Nervenaktionspotentials aufgeklärt. Das Konzept der chemischen Übertragung an Synapsen hatte seine experimentelle Bestätigung durch detaillierte Untersuchungen über exzitatorische und inhibitorische postsynaptische Potentiale gefunden (siehe B. Katz [2] für eine knappe Beschreibung der elektrischen Signale in Nerv und Muskel). Die Frage nach den molekularen Mechanismen, die diesen Signalen zugrunde liegen, war jedoch noch offen. Hodgkin und Huxley [1] benutzten das Konzept von spannungsaktivierten »Schleusen« für eine formale Beschreibung der Leitfähigkeitsänderungen, und gegen 1970 wurden die Begriffe Na-Kanal und K-Kanal häufig benutzt (siehe Übersicht von Hille [3]), obwohl es keinen direkten Nachweis für die Existenz von Kanälen in biologischen Präparaten gab. Dies war anders im Falle von künstlichen Membranen. Müller und Rudin [4] führten »schwarze« Membranen als experimentelles Modellsystem ein, welches in vielerlei Hinsicht den bimolekularen Lipidmembranen lebender Zellen ähnelt. Diese Membranen sind recht gute Isolatoren. Werden sie jedoch mit bestimmten Antibiotica oder Proteinen versetzt, so werden sie elektrisch leitend. R.C. Bean et al. [5] und Hladky und Haydon [6] zeigten, daß einige dieser Stoffe diskrete, stufenförmige Änderungen der Leitfähigkeit verursachen, wenn man Spuren von ihnen hinzugibt. Alle Evidenzen wiesen darauf hin, daß die beobachteten Leitfähigkeitsänderungen auf den Einbau einzelner, porenähnlicher Strukturen in die Membran zurückzuführen sind.

Damals waren ähnliche Messungen an biologischen Präparaten nicht möglich, da die verfügbaren Methoden zur Stromregistrierung in lebenden Zellen einen Rauschpegel hatten, der um den Faktor hundert höher war als die in Doppellipidmembranen beobachteten Einzelkanalströme (siehe Abb. 1). Indirekte Methoden hatten jedoch starke Hinweise darauf gegeben, daß Kanäle mit ähnlichen Leitfähigkeiten wie in künstlichen Membranen auch in Nerven- und Muskelzellen enthalten sein sollten. Anfängliche Versuche, die Zahl der Na-Kanäle durch Bindungsstudien mit Tetrodotoxin zu bestimmen, ergaben, daß der Beitrag eines einzelnen Kanals zur Na-Leitfähigkeit bis zu 500 pS sein könnte. Später erbrachte die Technik der Rauschanalyse [7, 8] genauere Zahlen. Anderson und Stevens [9] schätzten den Beitrag zur Leitfähigkeit einzelner Acetylcholin-aktivierter Kanäle (ACh-Kanäle) an der neuromuskulären Synapse des Frosches auf 32 pS. Dieser Wert stimmt nahezu mit dem von Hladky und Haydon [6] gemessenen Wert an Gramicidin-Einzelkanälen überein. Es war daher naheliegend, über bessere Methoden zur Strommessung an biologischen Präparaten nachzudenken: Es gab gute Gründe zu hoffen, daß eine verbesserte Meßtechnik einen ganzen »Mikrokosmos« von elektrischen Signalen in einer Vielzahl elektrisch und chemisch erregbarer Zelltypen enthüllen würde. In dieser Vorlesung werde ich einen kurzen Abriß über unsere gemeinsamen Anstrengungen geben, dieses Problem zu lösen. Des weiteren werde ich auf Entwicklungen eingehen, die der Lösung dieses meßtechnischen Problems folgten. Bert Sakmann wird in der zweiten Vorlesung [10] einige der detaillierten Erkenntnisse, die die hochauflösende Strommessung erbracht hat, darlegen.

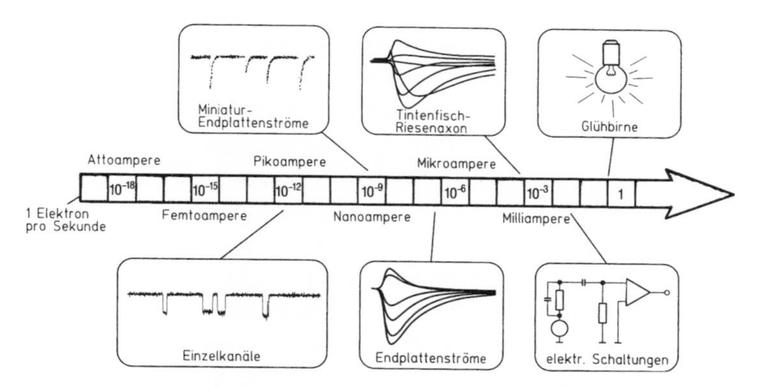

Abbildung 1: Graphische Repräsentation der Größe »Strom« auf logarithmischer Skala mit Beispielen von Stromsignalen oder stromführenden Elementen aus Elektrotechnik und Biologie. Der grau unterlegte Bereich ist derjenige, der durch Hintergrundrauschen überdeckt war, bevor die Patch-Clamp-Technik entwickelt wurde.

1 Überlegungen zum Einsatz von »Patch-Pipetten«

Die grundlegende Limitierung für jegliche Strommessung, abgesehen vom Instrumentrauschen, ist das »Johnson« oder thermische Rauschen einer Signalquelle, welches für einen Widerstand gegeben ist durch

$$\sigma_{\mathrm{n}} = \sqrt{4kT\Delta f/R}$$

wobei σ_{n} den Effektivwert des Stromrauschens, k die Boltzmann-Konstante, T die absolute Temperatur, Δf die Bandbreite der Messung und R den Widerstand bedeutet. Hieraus wird deutlich, daß der Innenwiderstand einer Signalquelle (oder allgemeiner, die komplexe Impedanz) für eine rauscharme Strommessung sehr hoch sein sollte. Genauer gesagt: Zur Messung eines Stroms von 1 pA bei einer Bandbreite von 1 kHz mit der Genauigkeit von 10% sollte der Innenwiderstand der Signalquelle etwa 2 GΩ oder höher sein. Heute wissen wir, daß die Eingangswiderstände kleiner Zellen so hoch sein können. Aber Anfang der siebziger Jahre erforderten die konventionellen Techniken mit Mikroelektroden große Zellen für Strommessungen, und diese hatten typischerweise Eingangswiderstände im Bereich 100 kΩ bis 50 MΩ. Daher schien es unmöglich, die benötigte Auflösung mit Standardtechniken und Standardpräparaten zu erreichen. Was benötigt wurde, war eine kleinere Signalquelle.

Mit diesen Überlegungen richteten wir unsere Anstrengungen darauf, einen kleinen Membranflecken zum Zwecke der elektrischen Messung zu isolieren. Ich hatte im Labor von H.D. Lux in München, wo ich meine Dissertation anfertigte, Erfahrungen mit Saugpipetten gewonnen, die wir zur lokalen Strommessung auf die Oberfläche von Zellen plazierten. Derartige Pipetten (»Patch-Pipetten«) wurden vordem in unterschiedlichen Zusammenhängen eingesetzt, so zur Stimulation von Zellen oder für Strommessungen [11-15]. Es war uns klar, daß sie hervorragende Werkzeuge für Einzelkanalmessungen sein würden, wenn es gelänge, eine genügend gute Abdichtung zwischen Pipette und Membran herzustellen. Die Impedanz des Membranfleckens selbst sollte höher als erforderlich sein, sogar für einen Membranflecken von 10 µm Durchmesser. Eine unvollständige Abdichtung dagegen wird vom Meßverstärker parallel zum Membranflecken registriert, und ihr Rauschen ist dem Signal des Membranfleckens überlagert.

2 Frühe Einzelkanalmessungen

Als Bert Sakmann und ich unsere Messungen begannen, indem wir Pipetten auf die Oberfläche denervierter Muskelfasern setzten, bemerkten wir bald, daß es nicht so einfach war, einen zufriedenstellenden Abdichtwiderstand zu erzielen. Obwohl Bert Sakmann durch seine Arbeit in B. Katz' Labor reiche Erfahrung in der enzymatischen Behandlung von Zelloberflächen gesammelt hatte und obwohl die Arbeiten von Katz und Miledi [7] und unsere Messungen unter Spannungsklemme gezeigt hatten, daß denervierte Muskelfasern eine geeignete, diffus verteilte Ansammlung von ACh-Kanälen enthalten sollten, waren unsere anfänglichen Bemühungen erfolglos. Unsere Abdichtwiderstände betrugen gerade 10 bis 20 MΩ, d.h., sie waren zwei Größenordnungen niedriger als erwünscht. Dennoch erreichten wir durch Reduzierung der Pipettengröße und Optimierung ihrer Form langsam den Punkt, wo Signale vor dem Rausch-Hintergrund auftauchten – zunächst charakteristische Fluktuationen, später dann »Blips«, die den erwarteten Rechteckpulsen ähnlich sahen. 1976 publizierten wir Ableitungen [16], die mit gutem Gewissen als Signale von Einzelkanälen interpretiert werden konnten (siehe Abb. 2). Die Tatsache, daß ähnliche Registrierungen sowohl in unserem Göttinger Labor als auch im Labor von

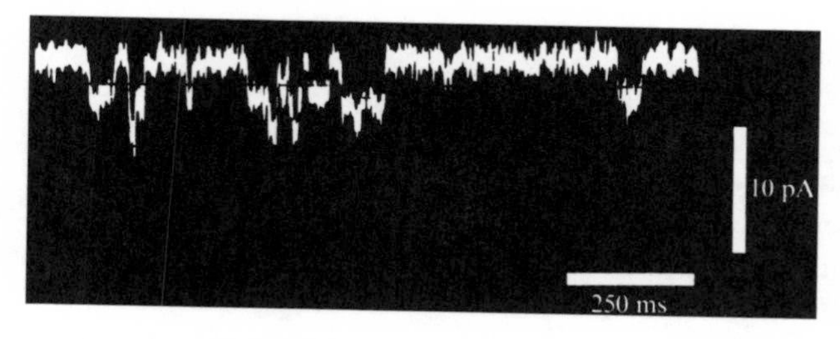

Abbildung 2: Frühe Einzelkanalströme, abgeleitet am denervierten Muskel (cutaneus pectoris) des Frosches (*Rana pipiens*). Die Pipette enthielt 0.2 µM Suberoyldicholin, ein Analogon des Acetylcholins, das sehr langlebige Kanalöffnungen auslöst. Das Membranpotential betrug −120 mV, die Temperatur 8 °C (aus [16]).

Charles F. Stevens in Yale (wo ich einen Teil von 1975 und 1976 verbrachte) gemacht werden konnten, gab uns die Zuversicht, daß sie nicht das Werk irgendeines lokalen Dämons waren, sondern vielmehr Signale mit biologischer Bedeutung. Die rechteckförmige Natur der Signale war der Beweis für die Hypothese, daß sich Kanäle in biologischen Membranen stochastisch in einem »Alles-oder-Nichts«-Prozeß öffnen und schließen. Zum ersten Mal konnte man Konformationsänderungen biologischer Makromoleküle in situ und in Echtzeit beobachten. Dennoch gab es zuviel Hintergrundrauschen, was kleine und kürzerlebige Beiträge anderer Kanaltypen überdeckte. Darüber hinaus wiesen die Amplituden der Einzelkanalereignisse eine weite Streuung auf, da die Mehrzahl der Kanäle unter dem Rand der Pipette lagen und somit ihre Strombeiträge nur teilweise registriert wurden.

Wir unternahmen viele systematische Versuche, das Abdichtproblem zu überwinden (Manipulieren und Säubern von Zelloberflächen, Beschichten der Pipettenoberfläche, Umkehrung der Ladung von Glasoberflächen etc.) – mit wenig Erfolg. Dennoch konnten in den Jahren 1975 bis 1980 wichtige Eigenschaften von Einzelkanälen aufgeklärt werden [17-21].

Etwa 1980 hatten wir unsere Bemühungen um eine Verbesserung des Kontaktes schon fast aufgegeben, als wir durch Zufall beobachteten, daß der Abdichtwiderstand plötzlich um zwei Größenordnungen anstieg, als leichter Unterdruck auf die Pipette gegeben wurde. Der resultierende Abdichtwiderstand war im Bereich von Gigaohm, das sogenannte »Gigaseal«. Es stellte sich heraus, daß

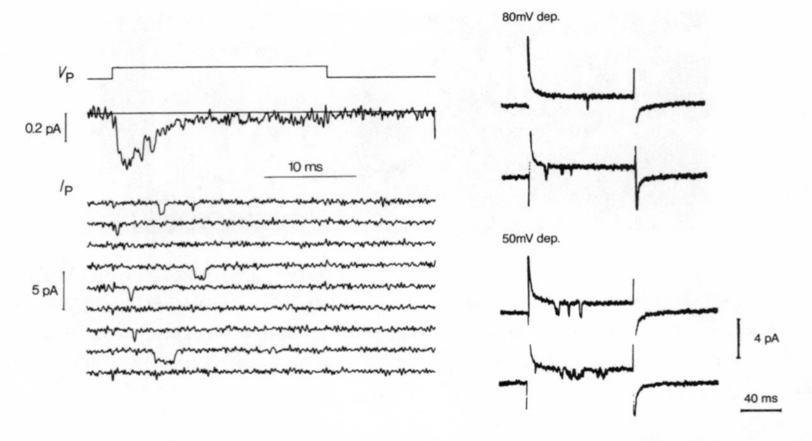

Abbildung 3: Frühe Ableitungen von spannungsaktivierten Einzelkanälen. Die linke Seite zeigt Na-Kanäle (abgeändert aus [23]). Die oberste Spur beschreibt das Spannungsprotokoll. Die zweite Spur zeigt die über 300 depolarisierende Spannungspulse gemittelte Antwort; die folgenden Spuren sind Beispiele für individuelle Antworten. Man sieht in einigen Spuren – jedoch nicht allen – einzelne Öffnungen (Auslenkung nach unten) von Na-Kanälen. Der Membranfleck wurde gegenüber dem Ruhepotential um 30 mV hyperpolarisiert und mit depolarisierenden Pulsen von 40 mV stimuliert. Die rechte Seite zeigt einzelne Ca-Kanalströme (abgeändert aus [24]). Wie angegeben wurden depolarisierende Pulse (dep.) ausgehend vom Ruhepotential appliziert. Die Pipette enthielt isotone Ba-Lösung. Einzelkanalöffnungen sind den verbleibenden Kapazitäts- und Leckartefakten überlagert. In der linken Spalte sind diese Artefakte digital subtrahiert worden.

ein Gigaseal reproduzierbar erzielt werden konnte, wenn Unterdruck angelegt und gleichzeitig einige einfache Maßnahmen getroffen wurden, um saubere Glasoberflächen zu gewährleisten, z.B. das Benutzen einer frischen Pipette für jedes Experiment und der Einsatz filtrierter Lösungen. Die verbesserte Abdichtung ermöglichte ein wesentlich niedrigeres Hintergrundrauschen [22]. Glücklicherweise war gerade zu diesem Zeitpunkt Fred Sigworth zu uns gestoßen. Mit seiner Ingenieurserfahrung verbesserte er die elektronischen Meßverstärker so, daß sie mit den gewachsenen Anforderungen durch die Fortschritte in der Ableittechnik Schritt hielten (Abb. 3). So konnten rasch mehrere Typen von Ionenkanälen mit guter Amplituden- und Zeitauflösung charakterisiert werden.

3 Unerwartete experimentelle Möglichkeiten

Die gelungene Abdichtung verbesserte die elektrische Messung und erwies sich darüber hinaus als nützliches Werkzeug zur Manipulation von Membranflecken und kleinen Zellen. Obwohl die physikalische Natur des »Gigaseal« noch ungeklärt ist, bemerkten wir umgehend, daß es nicht nur eine elektrische Abgrenzung, sondern auch eine stabile mechanische Verbindung zwischen der Meßpipette und der Membran gewährleistet. Owen Hamill und Bert Sakmann [25] fanden etwa gleichzeitig mit Horn und Patlak [26], daß Membranflecken durch einfaches Zurückziehen der Pipette aus Zellen herausgelöst werden konnten. Dies ergibt »excised patches«, die für Lösungsaustausch auf beiden Seiten zugänglich sind. Alternativ kann der Membranflecken durch einen kurzen Saugstoß oder einen Spannungspuls zerstört werden, ohne daß der Abdichtwiderstand zwischen Glas und Membran verlorengeht. Es bildet sich eine elektrische Verbindung zwischen der Meßpipette und der Zelle, wobei die Pipetten-Zell-Kombination gut gegen die umgebende Badlösung isoliert ist. Diese Konfiguration wurde »whole-cell« genannt. Abbildung 4 zeigt schematisch die Prozeduren und die sich ergebenden »Patch-Clamp«-Konfigurationen.

»Whole-cell«-Ableitungen sind konventionellen Ableitungen mit eingestochenen Mikroelektroden recht ähnlich, weisen jedoch einige wichtige Unterschiede auf:

1. Das Leck zwischen dem Zellinneren und dem Bad ist extrem klein, so daß diese Form der Penetration selbst von so kleinen Zellen wie roten Blutkörperchen toleriert wird [27].

2. Der elektrische Zugangswiderstand ist niedrig (1 bis 10 MΩ) im Vergleich zu dem von Einstich-Mikroelektroden (typischerweise 20 bis 100 MΩ für kleine Zellen). Daher können Spannungsklemmbedingungen leicht und ohne Rückkopplungsschaltkreise oder zusätzliche Elektroden erzielt werden, vorausgesetzt man verwendet kleine Zellen (Membranwiderstände von 100 MΩ bis 10 GΩ).

3. Es findet ein rascher Diffusionsaustausch zwischen Patch-Pipette und Zelle statt [28, 29]. Dadurch kann man die Zusammensetzung des Milieus im Inneren der Zelle beeinflussen. Eine Zelle

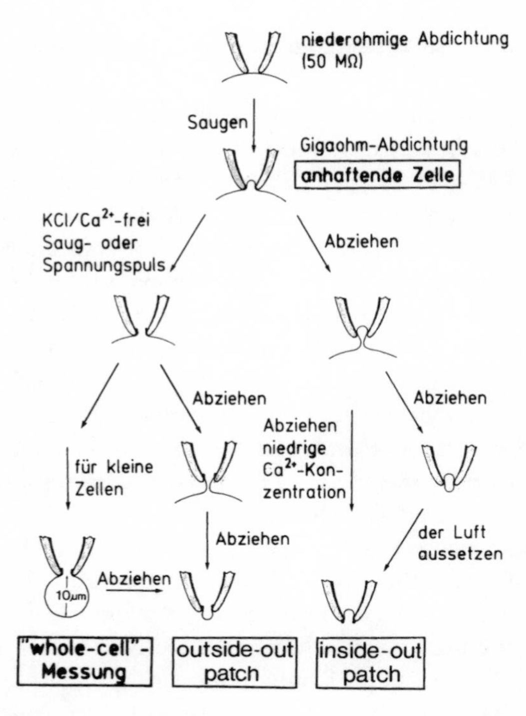

Abbildung 4: Schematische Darstellung der Prozeduren, die zu den verschiedenen »Patch-Clamp«-Konfigurationen führen (aus [22]).

kann leicht mit Ionen, Chelatbildnern, sekundären Botenstoffen, Fluoreszenzfarbstoffen etc. beladen werden, indem man diese Substanzen einfach in die Meßpipette gibt. Andererseits bewirkt dieser Austausch aber auch, daß das natürliche interne Milieu gestört wird und daß Signalkaskaden unterbrochen werden können (siehe unten).

Mit diesen Eigenschaften entwickelte sich die »whole-cell«-Ableitung zur Methode der Wahl für die meisten Messungen an Zellkulturen und akut dissoziierten Geweben. Viele Zelltypen, besonders kleine Säugerzellen, wurden erst durch »whole-cell«-Ableitungen einer biophysikalischen Analyse zugänglich, da sie Einstiche mit konventionellen Mikroelektroden nicht tolerieren. Individuelle Ionenströme konnten durch die Vorgabe der Lösungszusammensetzung auf

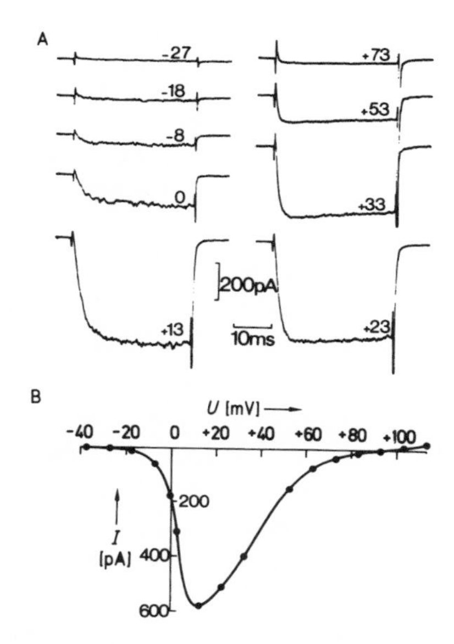

Abbildung 5: »Whole-cell«-Membranströme in Chromaffinzellen in einer Badlösung, die isotones $BaCl_2$ und 20 μgml^{-1} TTX (Tetrodotoxin) enthielt. Das Membranpotential wurde ausgehend von einem Haltepotential von −67 mV stufenweise auf die in Teil A angezeigten Werte gebracht. Die Pipettenlösung enthielt hauptsächlich CsCl und TEA (Tetraethylammonium-Ionen). Mit dieser Lösungszusammensetzung werden die Ströme im wesentlichen durch Ca-Ionen getragen. Teil B zeigt die Strom-Spannungs-Beziehung für dieses Experiment (aus [30]). U = Membranpotential, I = Plateaustrom.

beiden Seiten der Membran separiert werden [30] (siehe Abb. 5 als Beispiel für »whole-cell«-Calciumströme). Diese Entwicklung verschob die Schwerpunkte elektrophysiologischer Studien weg von großzelligen Präparaten, die üblicherweise von Evertebrate stammten, hin zu Säugerzellen und menschlichen Zellen. In der ersten Hälfte von 1981, kurz bevor wir erstmals eine Charakterisierung von »whole-cell«-Strömen in einer kleinen Säugerzelle (chromaffine Zellen des Nebennierenmarks) publizierten, waren im »Journal of Physiology« nur fünf von vierzehn Studien – unter Benutzung der Spannungsklemme – an Säugerzellen durchgeführt worden. Allein die erste Ausgabe derselben Zeitschrift im Jahre 1991 enthielt zehn Studien an Säugerzellen unter Spannungsklemme, keine an Evertebraten, und alle benutzten als Technik entweder »whole-cell«-Messungen oder Einzelkanalableitungen.

4 Sekundäre Botenstoffe: Störungen eines Gleichgewichtes

Allen Meßtechniken gemeinsam ist ein Konflikt in bezug auf das angestrebte Ziel. In manchen Fällen ist es erwünscht, einen Prozeß zu beobachten und ihn dabei so wenig wie möglich zu stören; in anderen Fällen würde man gerne quantitative Daten unter weitestgehender experimenteller Kontrolle erheben. Diese beiden Ziele schließen sich natürlich gegenseitig aus. Die »cell-attached«-Messung kommt dem ersteren Ideal recht nahe, denn sie läßt die Zelle weitgehend intakt und erlaubt die Beobachtung des Öffnens und Schließens von Einzelkanälen oder das extrazelluläre Messen von Aktionspotentialen [31]. Isolierte Membranflecken bilden das andere Extrem: Membranflecken werden aus ihrer natürlichen Umgebung herausgelöst, um eine optimale Kontrolle der Lösungszusammensetzung auf beiden Seiten der Membran zu erhalten. Die »whole-cell«-Ableitmethode nimmt in diesem Zusammenhang eine Mittelstellung ein. Sie gestattet eine exzellente Kontrolle des Membranpotentials, wenn Zellen mit einem Durchmesser kleiner als 20 µm benutzt werden; jedoch ist die Zusammensetzung des intrazellulären Mediums weder ungestört noch unter sehr guter Kontrolle. Wir fanden, daß sich kleine, mobile Ionen typischerweise innerhalb weniger Sekunden zwischen Pipette und Zelle durch Diffusion austauschen (für Zellen mit einem Durchmesser von 15 µm und Pipetten mit 2 bis 5 MΩ Widerstand). Moleküle von mittlerer Größe, wie etwa sekundäre Botenstoffe, »waschen aus« oder »laden« die Zelle innerhalb von 10 Sekunden bis zu einer Minute; kleine regulatorische Proteine benötigen mehrere Minuten und länger bis zum Gleichgewichtszustand [29].

Im nachhinein erscheint es als Glücksfall, daß wir unsere Messungen mit ACh-Kanälen und Na-Kanälen begannen, die sich als relativ robust in bezug auf diffusible regulatorische Komponenten herausgestellt haben. So blieben wir ursprünglich von Komplikationen der »Kanalmodulation« verschont. Als wir uns jedoch Kanälen zuwandten, von denen wir heute wissen, daß sie der Modulation durch sekundäre Botenstoffe, G-Proteine und Phosphorylierung unterliegen (z.B. Ca-Kanäle), bemerkten wir schnell, daß die Kanalaktivität als Folge der Störung durch die Messung rasch abnahm, und zwar sowohl in der »whole-cell«-Konfiguration als auch – sogar in stärkerem Maße – in zellfreien Membranflecken [30]. Solch ein »Auswaschen« war schon in früheren Untersuchungen an dialysierten Riesenneuronen beobachtet worden [32]. Der Prototyp eines Kanals, der durch einen intrazellulären sekundären Botenstoff moduliert wird, der Ca-aktivierte K-Kanal, wurde 1981 durch Alain Marty [33] charakterisiert. Diese frühen Studien zeigten bereits die ambivalente Natur der neuen Werkzeuge: Auf der einen Seite zählte der Vorteil der Kontrolle über das intrazelluläre Calcium zur Klärung des Mechanismus der Ca-Modulation; auf der anderen Seite war der Verlust zellulärer Funktionen durch das Auswaschen von damals noch unbekannten Regulatoren ein Nachteil. Später hat die virtuose Benutzung dieser neuen Werkzeuge in vielen Laboratorien ein ganzes Netzwerk von Interaktionen zwischen Kanälen, sekundären Botenstoffen, G-Proteinen und anderen regulatorischen Proteinen aufgedeckt (siehe Übersicht von Hille [34]). Um dieses Netzwerk zu enthüllen, konnte man sich nicht darauf beschränken, von diesen Zellen elektrische Signale abzuleiten, sondern man mußte die Konzentrationen von sekundären Botenstoffen festhalten oder systematisch verändern [33, 35-37]. Später wurde es dann möglich, stufenweise Änderungen der Regulatoren durch »caged compounds« auszulösen [38] oder Zellen mit fluoreszierenden Indikatorfarbstoffen [39] und regulatorischen Proteinen [40] zu beladen.

All dies wurde möglich durch das Ausnützen des Diffusionsaustausches zwischen Patch-Pipette und Zelle oder durch Freilegung der cytoplasmatischen Seite eines herausgelösten Membranfleckens. Später wurden Methoden entwickelt, um die unerwünschten Effekte des »Auswaschens« zu vermeiden, indem der Membranflecken selektiv für kleine Ionen permeabilisiert wurde [41, 42]. Diese Technik dürfte gegenwärtig die am wenigsten invasive Methode zum Studium der Funktionsweise kleiner Zellen sein.

5 Ein elektrophysiologischer Ansatz zum Studium der Sekretion

Eine hervorragende Eigenschaft der elektrischen Messung mit einer »Gigaseal«-Pipette ist ihre hohe Empfindlichkeit. Dies bringt Vorteile nicht nur bei der Strommessung, sondern auch bei der Registrierung der Membrankapazität, die ein Maß für die Membranoberfläche ist. Es wurde schon früher beobachtet, daß die Membrankapazität sich unter Bedingungen erhöht, unter denen massive Exocytose von sekretorischen

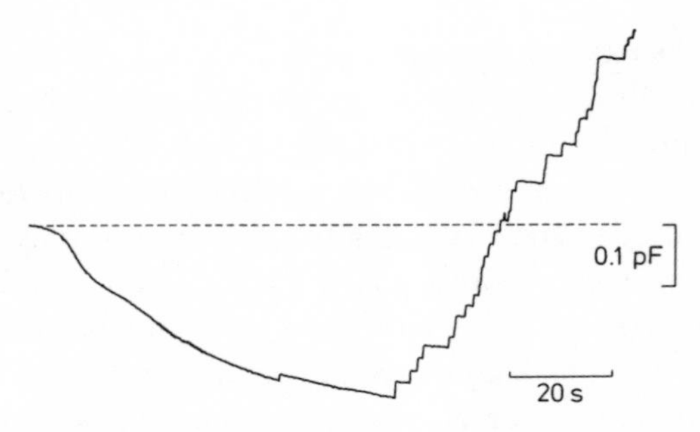

Abbildung 6: Hochauflösende Kapazitätsmessung zu Beginn einer Mastzelldegranulation. »Whole-cell«-Ableitung von einer Mastzelle aus dem Peritoneum der Ratte mit einer Pipette, die 20 µM GTP-γ-S enthielt. Anfänglich verringert sich die Kapazität, vermutlich durch das Abschnüren von sehr kleinen pinocytotischen Vesikeln. Nach einiger Verzögerung beginnt dann die Degranulation, so daß stufenförmige Anstiege der Kapazität zu sehen sind, wobei jede Stufe der Fusion eines einzelnen Vesikels entspricht (abgeändert aus [47]).

Vesikeln stattfindet. Vermutlich ist dies auf die Inkorporation vesikulärer Membranen in die Plasmamembran zurückzuführen [43, 44]. Das niedrige Hintergrundrauschen der »Gigaseal«-Messung ermöglichte es, Flächenänderungen aufzulösen, die durch die exocytotische Fusion von einzelnen Vesikeln auftreten. Dies wurde von Neher und Marty [45] für die Exocytose in Chromaffinzellen des Nebennierenmarks und von Fernandez, Neher und Gomperts [46] für die Histaminfreisetzung aus Mastzellen gezeigt. Im letzteren Fall sind die Vesikel etwas größer und führen zu gut aufgelösten, stufenförmigen Anstiegen der Kapazität (siehe Abb. 6). Diese Registrierungen zeigen, daß die Kapazitätsmessung eine *hochauflösende* Technik ist. Die Abbildung zeigt aber auch, daß die Kapazität kein sehr *spezifisches* Maß für Sekretion ist. Dies wird deutlich durch die Tatsache, daß den schrittartigen, exocytotischen Ereignissen ein langsamer, kontinuierlicher Abfall der Kapazität vorausgeht. Wir fanden [47], daß die Rate dieses Abfalls von der Konzentration des intrazellulären freien Calciums $[Ca]_i$ abhängt und daß er Eigenschaften aufweist, die man für den Prozeß der Pinocytose erwartet.

Wir benutzten Kapazitätsmessungen zusammen mit Stromregistrierungen und Mikrofluorimetrie (mit Fura-2, einem Fluoreszenz-Indikator), um simultan in einer Einzelzelle Änderungen von $[Ca]_i$ und

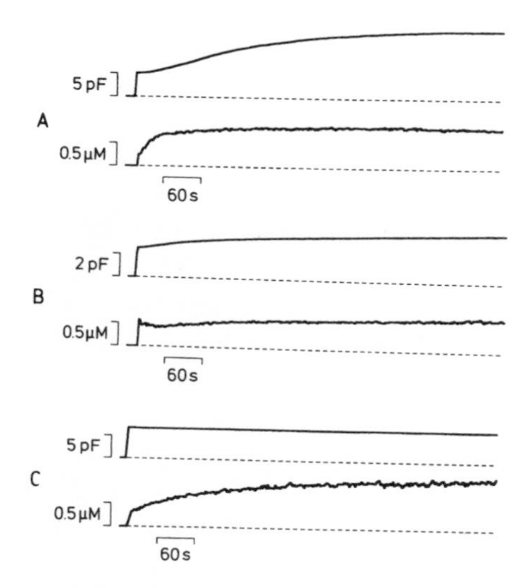

Abbildung 7: Unterschiedliche Effektivät in der Auslösung von Kapazitätsanstiegen durch intrazelluläres freies Calcium. Teil A zeigt die Messung an einer Chromaffinzelle des Rindes. Die Spuren entsprechen dem Zeitverlauf der Kapazität (obere Spur) und der Konzentration des freien Calciums (untere Spur; gemessen durch Fura-2-Fluoreszenz) im Anschluß an eine »whole-cell«-Penetration. Die Calciumkonzentration steigt rasch an, da die Pipette mit einer Mischung aus Ca-EGTA (EGTA ist ein Chelatbildner) gefüllt war, die das freie Calcium auf etwa 1 µM einstellt. Auf der Kapazitätsspur entspricht die Stufe am Anfang (≈ 6 pF) dem Ausgangswert der Zellkapazität, die zum Zeitpunkt des »Einbrechens« sichtbar wird. Die Kapazität steigt dann etwa auf das Zwei- bis Dreifache als Folge der Exocytose. Teil B zeigt eine ähnliche Messung an einer Betazelle der Bauchspeicheldrüse, wobei lediglich eine kleine Kapazitätserhöhung erfolgt, und Teil C dokumentiert die völlige Abwesenheit einer sekretorischen Antwort in einer Mastzelle aus dem Peritoneum der Ratte (aus [48]).

Sekretion mit hoher Zeitauflösung zu studieren. Überraschenderweise fanden wir, daß Regulatoren der Sekretion in verschiedenen Zellen unterschiedliche Effektivität hatten (Abb. 7). Für Chromaffinzellen, die in vielen Aspekten Neuronen ähneln, konnte die klassische Rolle des Calciums als wesentlicher Regulator der Exocytose voll bestätigt werden [49]. In Mastzellen jedoch, die elektrisch nicht erregbar sind, zeigten Änderungen der Calciumkonzentration (im physiologischen Bereich) wenig Wirkung. Calciumunabhängige Sekretion wurde schon für einige nichterregbare Zelltypen beschrieben [50-52]. Aber für uns, die wir gewohnt waren, mit elektrisch erregbaren Zellen zu arbeiten, war es ein Schock, nicht imstande zu sein, durch eine auf 1 μM freies Calcium gepufferte intrazelluläre Lösung Sekretion auszulösen. Unsere erste Hypothese war, daß die »whole-cell«-Konfiguration zum Verlust eines calciumabhängigen Regulators durch »Auswaschen« geführt hatte, ganz analog zu früheren Arbeiten über die Muskelkontraktion an »enthäuteten« Fasern. Später lernten wir dann, daß Zellen in der »whole-cell«-Konfiguration durchaus sezernieren konnten, und zwar als Antwort auf die Gabe von GTP-γ-S, einem nicht-hydrolysierbaren Analogon von GTP [46]. Mit dieser Antwort war es nun möglich zu zeigen, daß Calcium, obzwar es selbst keine Sekretion auslösen konnte, dennoch sehr wirksam war, eine bereits ablaufende sekretorische Antwort zu beschleunigen. Es gab keinen Hinweis auf den Verlust eines Ca-Regulators; im Gegenteil, es schien, daß die Stimulation durch GTP-γ-S eher zu einer Zunahme der Empfindlichkeit gegenüber Calcium führte [53].

GTP-γ-S aktiviert unspezifischerweise intrazelluläre Signalwege, insbesondere auch den sogenannten »dualen Signalweg« [55, 56]. Unter Benutzung des gesamten Repertoires der Patch-Clamp-Methode konnte Penner [57] nachweisen, daß mehrere externe Agonisten, die bekanntermaßen den dualen Signalweg aktivierten, ein charakteristisches Muster der Sekretion zeigten. Dies ist von einer IP_3-vermittelten Calciumfreisetzung aus intrazellulären Speichern begleitet (IP_3 = Inositol-tris(phosphat). Durch die Kombination von Fura-2-Messungen mit Patch-Clamp-Ableitungen kann man die zeitliche Beziehung zwischen dem prominenten, transienten Ca-Signal und der Sekretion untersuchen. Trotz des oben beschriebenen modulatorischen Effekts von Calcium gibt es keine strikte Korrelation zwischen beiden Größen. Die sekretorische Antwort beginnt sehr häufig erst nach dem Spitzenwert des Ca-Signals. Auch kann der Calciumtransient durch Zugabe von EGTA in die Patch-Pipette unterdrückt werden, ohne daß dies drastische Effekte auf die Sekretion hätte (Abb. 8). Phänomenologisch kann dies erklärt werden durch die Tatsache, daß der Calciumtransient sehr früh auftritt, zu einem Zeitpunkt, bei dem die oben beschriebene Sensitisierung für Calcium durch den chemischen Stimulus noch nicht stattgefunden hat. Eine länger anhaltende Phase erhöhter Calciumkonzentration, die häufig dem Calciumtransienten folgt, beschleunigt die Sekretion viel effizienter, da sie auf den Prozeß zeitlich günstiger abgestimmt ist. Was den molekularen Mechanismus betrifft, ist es

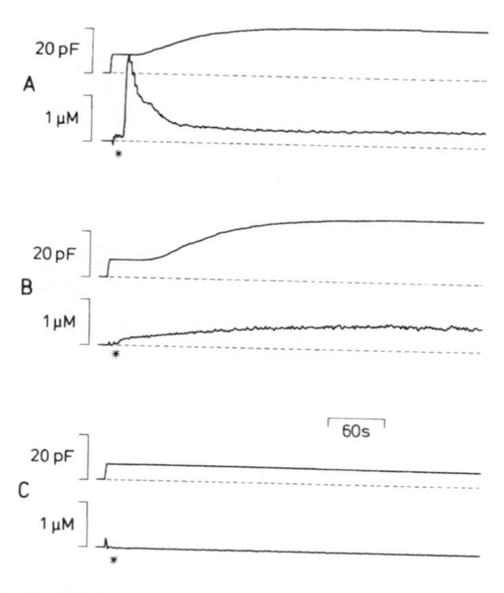

Abbildung 8: Sekretorische Antworten von Mastzellen auf einen Agonisten (Substanz 48/80) unter verschiedenen Pufferbedingungen für Calcium. Die individuellen Experimente umfassen kombinierte Kapazitäts- und Calciummessungen ähnlich denen in Abb. 7. Teil A zeigt den »ungepufferten« Fall. Es wurde kein Calciumpuffer in die Pipette gegeben (außer 100 µM Fura-2). Als Antwort auf die Stimulation (markiert durch den Stern) entwickelt sich ein Calciumtransient. Typischerweise verläuft die Sekretion hauptsächlich während der fallenden Phase des Calciumtransienten oder im Anschluß daran. In Teil B enthielt die Pipette eine EGTA/Ca-Mischung (10 mM), die den Calciumtransienten unterdrückte und die Calciumkonzentration auf etwa 200 bis 500 nM pufferte. Dennoch verlief die Sekretion zeitlich ähnlich wie im Fall A. In Teil C wurde 10 mM EGTA zugesetzt, um das Calcium auf niedrige Werte zu bringen. Dies unterdrückte sowohl das Calciumsignal als auch die sekretorische Antwort (aus [54]).

wahrscheinlich, daß die Sensitisierung auf die Aktivierung von Protein-Kinase C zurückzuführen ist [57, 58]. Daneben wurde gezeigt, daß es einen zusätzlichen G-Protein-vermittelten Signalweg gibt, der hormonelle Stimuli in Sekretion umsetzt [57, 59]. Dieser Signalweg ist empfindlich gegenüber Pertussis-Toxin und wird durch intrazelluläre Erhöhung von cAMP gehemmt [57].

Unsere Studien an Mastzellen (siehe Übersicht von Penner und Neher [60]) haben uns gelehrt, daß die Sekretionssteuerung nicht unbedingt durch Calcium dominiert wird, sondern daß sie ein interaktives

Netzwerk von sekundären Botenstoffen umfaßt. In Neuronen, so scheint es, bestimmen im wesentlichen Änderungen der Calciumkonzentration [61] oder der Calciumkonzentration und der Spannung [62] die Kinetik schneller sekretorischer Ereignisse. Es gibt aber auch zunehmend Hinweise darauf, daß andere sekundäre Botenstoffe für plastische Veränderungen der synaptischen Signale verantwortlich sind, möglicherweise durch die Regulation der Anzahl der für die Exocytose zur Verfügung stehenden Vesikel [63]. Unglücklicherweise sind Nervenendigungen den hier beschriebenen Methoden der biophysikalischen Analyse normalerweise nicht zugänglich. Dennoch haben jüngste Studien an neurosekretorischen Zellen neue Details über die Kinetik der Ca-vermittelten Sekretion enthüllt [49, 64-66]. Es ist zu erwarten, daß es möglich sein wird, zwischen dem exocytotischen Ereignis per se und einigen der anderen Schritte im Lebenscyclus eines sekretorischen Vesikels zu diskriminieren. Zusammen mit den Möglichkeiten der Beeinflussung durch sekundäre Botenstoffe könnten solche Studien bald zu einem besseren Verständnis der Exocytose und derjenigen molekularen Prozesse führen, die die Vesikel zum Ort ihrer Wirkung dirigieren.

Großen Dank bin ich meinem Lehrer der Elektrophysiologie, H.D. Lux, schuldig, der die Gedanken des jungen Physikstudenten auf Ionenkanäle lenkte und mich lehrte, mikroskopische Werkzeuge zu benutzen. Hervorragende Arbeitsbedingungen in Göttingen wurden von H. Kuhn, O.D. Creutzfeldt und T. Jovin geschaffen, indem sie ein Labor für Nachwuchswissenschaftler zur Verfügung stellten, in welchem Bert Sakmann, F. Barrantes und ich unabhängig unsere Ziele verfolgen konnten. In den letzten Jahren wurde meine Arbeit durch den Leibniz-Preis der Deutschen Forschungsgemeinschaft großzügig unterstützt.

Übersetzt von Prof. Dr. *Reinhold Penner*, Göttingen

Literaturverzeichnis

[1] A.L. Hodgkin und A.F. Huxley, *J. Physiol.*, 117:500-544, 1952.

[2] Sir Bernard Katz, *Nerve, Muscle, and Synapse*, McGraw-Hill, New York, 1966.

[3] B. Hille, *Prog. Biophys. Mol. Biol.*, 21:1-32, 1970.
[4] P. Müller und D.O. Rudin, *J. Theor. Biol.*, 4:243-280, 1963.
[5] R.C. Bean, W.C. Shepherd, H. Chan, und J.T. Eichler, *J. Gen. Physiol.*, 53:741-757, 1969.
[6] S.B. Hladky und D.A. Haydon, *Nature (London)*, 225:451-453, 1970.
[7] B. Katz und R. Miledi, *J. Physiol.*, 224:665-700, 1972.
[8] E. Neher und C.F. Stevens, *Annu. Rev. Biophys. Bioeng.*, 6:345-381, 1977.
[9] C.R. Anderson und C.F. Stevens, *J. Physiol.*, 235:655-691, 1973.
[10] B. Sakmann, *Angew. Chem.*, 104:844-856, 1992.
[11] H.M. Fishman, *Proc. Natl. Acad. Sci. USA*, 70:876-879, 1973.
[12] K. Frank und L. Tauc, In J. Hoffman (Hrsg.), *The Cellular Function of Membrane Transport*. Prentice Hall, Englewood Cliffs, NJ, USA, 1963.
[13] E. Neher und H.D. Lux, *Pflügers Arch.*, 311:272-277, 1969.
[14] F.H. Pratt und J.P. Eisenberger, *Am. J. Physiol.*, 49:1-54, 1919.
[15] A. Strickholm, *J. Gen. Physiol.*, 44:1073-1087, 1991.
[16] E. Neher und B. Sakmann, *Nature (London)*, 260:799-802, 1976.
[17] F. Conti und F. Neher, *Nature (London)*, 285:140-143, 1980.
[18] E. Neher und J.H. Steinbach, *J. Physiol.*, 277:153-176, 1978.
[19] B. Sakmann, *Fed. Proc.*, 37:2654-2659, 1978.
[20] B. Sakmann und G. Boheim, *Nature (London)*, 282:336-339, 1978.
[21] B. Sakmann, J. Patlak, und E. Neher, *Nature (London)*, 286:71-73, 1980.
[22] O.P. Hamill, A. Marty, E. Neher, B. Sakmann, und F.J. Sigworth, *Pflügers Arch.*, 391:85-100, 1981.
[23] F.J. Sigworth und E. Neher, *Nature (London)*, 287:447-449, 1980.
[24] E.M. Fenwick, A. Marty, und E. Neher, *J. Physiol.*, 319:100P-101P, 1981.
[25] O.P. Hamill und B. Sakmann, *J. Physiol.*, 312:41P-42P, 1981.
[26] R. Horn und J. Patlak, *Proc. Natl. Acad. Sci. USA*, 77:6930-6934, 1980.
[27] O.P. Hamill, In B. Sakmann und E. Neher (Hrsg.), *Single Channel Recording*, S. 451-471. Plenum Press, New York, 1983.
[28] A. Marty und E. Neher, In B. Sakmann und E. Neher (Hrsg.), *Single Channel Recording*, S. 107-122. Plenum Press, New York, 1983.
[29] M. Pusch und E. Neher, *Pflügers Arch.*, 411:204-211, 1988.

[30] E.M. Fenwick, A. Marty, und E. Neher, *J. Physiol.*, 331:599-635, 1982.
[31] E.M. Fenwick, A. Marty, und E. Neher, *J. Physiol.*, 331:577-597, 1982.
[32] P.G. Kostyuk, *Neuroscience*, 5:945-959, 1980.
[33] A. Marty, *Nature (London)*, 291:497-500, 1991.
[34] B. Hille, *Q. J. Exp. Physiol.*, 74:785-804, 1989.
[35] E.E. Fesenko, S.S. Kolesnikov, und A.L. Lyubarsky, *Nature (London)*, 313:310-313, 1985.
[36] M. Kameyama, J. Hescheler, F. Hofmann, und W. Trautwein, *Pflügers Arch.*, 407:123-128, 1986.
[37] R. Penner, G. Matthews, und E. Neher, *Nature (London)*, 334: 499-504, 1988.
[38] M. Morad, N.W. Davies, J.H. Kaplan, und H.D. Lux, *Science (Washington, D.C.)*, 241:842-844, 1988.
[39] W. Almers und E. Neher, *FEBS Lett.*, 192:13-18, 1985.
[40] J. Hescheler, M. Kameyama, und W. Trautwein, *Pflügers. Arch.*, 407:182-189, 1986.
[41] R. Horn und A. Marty, *J. Gen. Physiol.*, 92:154-159, 1988.
[42] M. Lindau und J.M. Fernandez, *Nature (London)*, 319:150-153, 1986.
[43] T.J. Gillespie, *Proc. R. Soc. London B*, 206:293-306, 1979.
[44] L.A. Jaffe, S. Hagiwara, und R.T. Kado, *Dev. Biol.*, 67:243-248, 1978.
[45] E. Neher und A. Marty, *Proc. Natl. Acad. Sci. USA*, 79:6712-6716, 1982.
[46] J.M. Fernandez, E. Neher, und B.D. Gomperts, *Nature (London)*, 312:453-455, 1984.
[47] W. Almers und E. Neher, *J. Physiol.*, 386:205-217, 1987.
[48] R. Penner und E. Neher, *J. Exp. Biol.*, 139:329-345, 1988.
[49] G.J. Augustine und E. Neher, *J. Physiol.*, 450:247-271, 1992.
[50] F. Di Virgilio, D.P. Lew, und T. Pozzan, *Nature (London)*, 310: 691-693, 1984.
[51] R.J. Haslam und M.L. Davidson, *FEBS. Lett.*, 174:90-95, 1984.
[52] R.I. Sha'afi, J.R. White, T.P.F. Molski, J. Shefcyk, M. Volpi, P.H. Naccache, und M.B. Feinstein, *Biochem. Biophys. Res. Commun.*, 114:638-645, 1983.
[53] E. Neher, *J. Physiol.*, 395:193-214, 1988.

[54] E. Neher und R. Penner, In N.A. Thorn, M. Treiman, und O.H. Petersen (Hrsg.), *Molecular Mechanisms in Secretion*, S. 262-270. Munksgaard, Copenhagen, 1988.

[55] M.J. Berridge und R.F. Irvine, *Nature (London)*, 341:197-205, 1989.

[56] S. Cockcroft und B.D. Gomperts, *Nature (London)*, 314:534-536, 1985.

[57] R. Penner, *Proc. Natl. Acad. Sci. USA*, 85:9856-9860, 1988.

[58] A.S. Heiman und F.T. Crews, *J. Immunol.*, 134:548-554, 1985.

[59] B.D. Gomperts, M.M. Barrowman, und S. Cockcroft, *Fed. Proc.*, 45:2156-2161, 1986.

[60] R. Penner und E. Neher, *Trends Neural Sci.*, 12:159-163, 1989.

[61] G.J. Augustine, M.P. Charlton, und S.J. Smith, *Annu. Rev. Neurosci.*, 10:633-693, 1987.

[62] H. Parnas, J. Dudel, und I. Parnas, *Pflügers Arch.*, 406:121-130, 1986.

[63] R. Llinas, J.A. Gruner, M. Sugimori, T.L. McGuiness, und P. Greengard, *J. Physiol.*, 436:257-282, 1991.

[64] N.F. Lim, M.C. Nowycky, und R.J. Bookman, *Nature (London)*, 344:449-451, 1990.

[65] M. Lindau, E.L. Stuenkel, und J.J. Nordmann, *Biophys. J.*, 1992,

[66] P. Thomas, A. Suprenant, und W. Almers, *Neuron*, 5:723-733, 1990.

Erwin Neher

Informationsverarbeitung im Gehirn – Was macht die Signale in der Hörbahn so schnell?

(Kurzfassung des Vortrags vom 21.12.2004)

Unser Gehirn hat – gemessen an den größten Hochleistungsrechenanlagen – eine unheimlich hohe Leistungsfähigkeit. Allein die Bewältigung der Sekunde für Sekunde über unsere Augen einströmenden visuellen Informationen würde jeden Computer überfordern. Obwohl die einzelne Schaltstelle zwischen Nervenzellen im Gehirn, eine Synapse, etwa eine Million Mal langsamer ist als der Takt eines schnellen Laptop-Rechners und obwohl die Fortpflanzungsgeschwindigkeit des Nervenimpulses mit bis zu 100 m/s viele Millionen Mal langsamer ist als die Lichtgeschwindigkeit, mit der sich schnelle Signale in elektrischen Schaltungen ausbreiten, schafft es das Nervensystem, die besten Computer in den Schatten zu stellen. Wie ist das zu verstehen?

Der Schlüssel für die Schnelligkeit liegt in der unheimlich großen Zahl der »Rechenelemente« in unserem Gehirn (etwa 100 Milliarden Neurone) und der Tatsache, daß die Verarbeitung in hohem Maße »parallel«, d.h. auf vielen Wegen gleichzeitig, passiert. Daneben hat die Natur im Laufe der Evolution viele Tricks entwickelt, um trotz der Langsamkeit der biologischen Prozeße (im Vergleich zum Computer) das Beste herauszuholen. Ein spezielles Beispiel dafür sind die Signale der Hörbahn, wo sich eine Reihe von Spezialisierungen herausgebildet haben, die eine besonders schnelle Informationsverarbeitung erlauben. Darüber soll dieser Vortrag berichten.

Warum ist in der Hörbahn besonders schnelle Informationsverarbeitung wichtig: Für Tiere in der freien Wildbahn und auch für unsere urzeitlichen Vorfahren war es äußerst wichtig, ein gut ausgeprägtes Richtungshören zu besitzen, um Gefahrenquellen lokalisieren zu können. Wir können daher die Richtung, in der sich eine Schallquelle befindet, auf wenige Grad genau feststellen. Dazu müssen unsere Ohren in der Lage sein, feinste Lautstärkenunterschiede zwischen rechts und

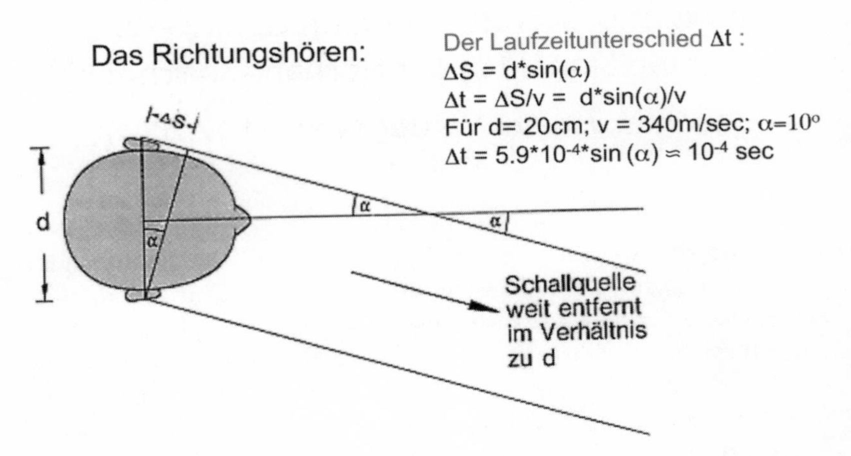

Abbildung 1: Schallwellen erreichen unsere beiden Ohren zu unterschiedlichen Zeiten, je nach der Richtung des eintreffenden Schalls. Um die Richtung, aus der der Schall kommt, mit einer Genauigkeit von 10° feststellen zu können, müssen wir Laufzeitunterschiede von 0.0001 s messen können.

links und auch geringste Laufzeitunterschiede des Schalls aufzulösen. Abbildung 1 erläutert dieses Problem.

Auf dem Weg vom Ohr zur Hirnrinde durchläuft das vom Schall ausgelöste Signal mehrere Stationen. Es wird entlang von Nervenfasern zunächst zum Stammhirn geführt, wo es an »Synapsen« auf nachgeschaltete Nervenfasern übertragen wird. Bis zu dem Punkt, an dem Information vom rechten Ohr auf die vom linken Ohr trifft, wird es zweimal über Synapsen verschaltet. Da jedoch Laufzeitunterschiede zwischen beiden Ohren erst dort gemessen werden können, muß die Fortleitung bis zu diesem Punkt äußerst präzise erfolgen. Die Nervenbahnen und die beiden Synapsen auf dem Weg dorthin sind daher ganz besonders auf Schnelligkeit und Präzision abgestimmt. Im folgenden möchte ich den Prozeß der synaptischen Übertragung im allgemeinen und einige Tricks erläutern, mit denen die Natur die Synapsen der Hörbahn äußerst schnell gemacht hat.

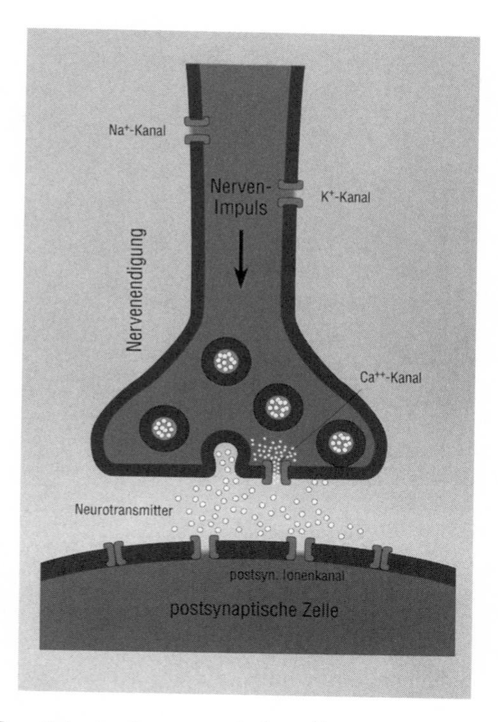

Abbildung 2: Das Prinzip der synaptischen Übertragung (siehe Text). (siehe auch Farbabb. 3)

Synaptische Übertragung von einer Nervenzelle auf die nächste erfolgt in einem komplizierten Dreierschritt, wie in Abb. 2 dargestellt. Die »sendende« Nervenendigung schüttet bei Eintreffen eines Nervenimpulses einen in kleinen Bläschen dort vorhandenen Botenstoff, den Neurotransmitter, aus. Dieser wandert zur nachgeschalteten Zelle und führt dort wiederum zu elektrischen Strömen durch das Öffnen von Ionenkanälen. Das ursprünglich elektrische Signal in der Nervenendigung wird also in ein chemisches umgewandelt und dann wieder in ein elektrisches zurückversetzt. Warum es die Natur so kompliziert macht, ist eine vieldiskutierte Frage. Akzeptieren wir dies mal und fragen, wie kann es trotzdem schnell gehen.

Abbildung 3 zeigt eine solche ›schnelle‹ Synapse, den sog. Heldschen Kelch – benannt nach dem Leipziger Neuroanatomen Hans Held, der diese Synapse 1893 erstmals beschrieben hat. Im Gegensatz zu den

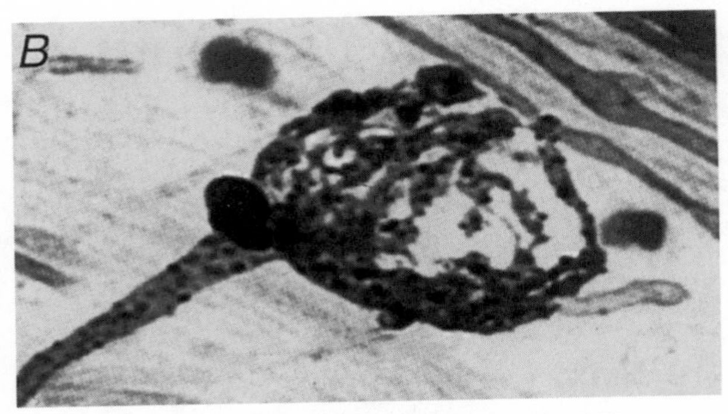

aus: J. Physiol. (1994), Vol 497, pp. 381-387.

Abbildung 3: Der Heldsche Kelch, eine spezialisierte Synapse der Hörbahn. Die Nervenfaser und die kelch- oder fingerartige Nervenendigung ist braun angefärbt. Sie umgreift einen kompakten kugeligen Zellkörper der nachgeschalteten Zelle. (siehe auch Farbabb. 4)

meisten Nervenendigungen im Gehirn, die nur mikroskopisch klein sind, ist diese Nervenendigung riesig. Auch die zuführende Nervenfaser ist im Vergleich mit normalen Fasern sehr dick. Dies macht die Ausbreitungsgeschwindigkeit des Nervenimpulses groß und die Übertragung schnell, und dies ist auch der eigentliche Grund, weshalb wir uns in unserem Labor so sehr für diese Synapse interessieren. Die Größe bringt es nämlich mit sich, daß wir mit Hilfe von Mikroelektroden diese Synapse sehr viel besser studieren können als jede andere. Wir können gleichzeitig auf der prä- und der postsynaptischen Seite Messungen unter »Spannungsklemme« durchführen. Dies heißt, daß man die elektrische Spannung vorgeben kann und z.B. die vom Neurotransmitter ausgelösten Ströme exakt messen kann. Außerdem können wir über die Meßpipetten in die präsynaptische Endigung fluoreszierende Farbstoffe und andere Substanzen einbringen, die es dann erlauben, die Konzentration des freien Kalizums (im folgenden [Ca^{++}] genannt) zu messen. Dies ist besonders interessant, da es seit etwa 50 Jahren bekannt ist, daß der eigentliche Auslöser für die Freisetzung des Neurotransmitters ein Anstieg des [Ca^{++}] ist. Trotzdem wußte man bislang nicht, wie hoch [Ca^{++}] ansteigen muß, damit dies geschieht, und wie es die Natur bewerkstelligt, daß der Freisetzungsprozeß so schnell an- und abgeschaltet werden kann. Die Schwierigkeit liegt darin, daß der Anstieg von [Ca^{++}] durch den Einstrom von Kalzium aus dem Zellaußenraum durch

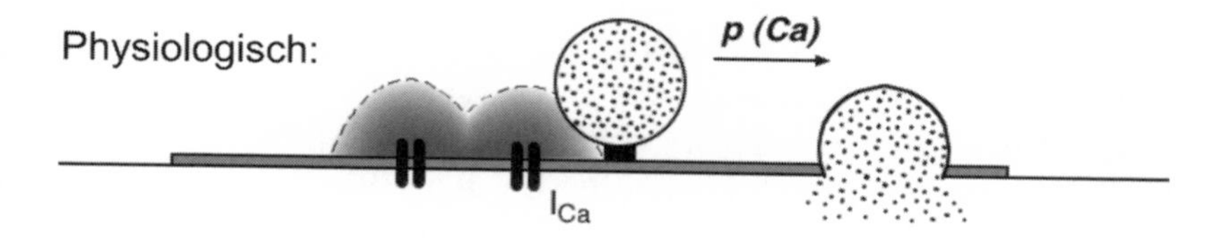

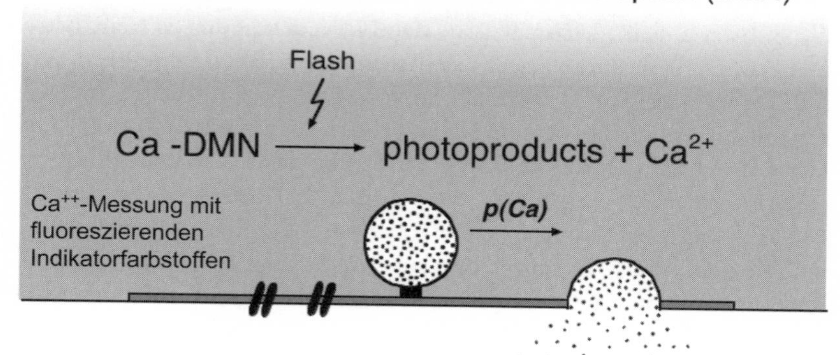

Abbildung 4: Die ›lokale‹ Kalziumkonzentration in der Umgebung von Ca^{++}-Kanälen und Transmitterbläschen. Die obere Hälfte zeigt die ›physiologische‹ Situation, wenn Kalzium durch Kanäle einströmt ([Ca^{++}]-Erhöhung ist rot dargestellt); die untere Hälfte zeigt das ›caged-Ca^{++}‹-Experiment, bei dem durch Freisetzungen von Kalzium mittels UV-Bestrahlung die Kalziumkonzentration einheitlich erhöht wird.

spezielle Membranporen, sog. Ca^{++}-Kanäle, erfolgt, die sich schnell öffnen und schließen. Die genaue räumliche Anordnung von Kanälen und den Bläschen, welche den Transmitter enthalten, ist nicht bekannt, und je nachdem wie weit nun der Abstand zwischen Bläschen und dem nächsten Kanal ist, »sieht« das Bläschen entweder mehr oder weniger Kalzium , wie in Abb. 4 gezeigt. Wir können zwar mit den oben angesprochenen Fluoreszenzfarbstoffen [Ca^{++}] messen, eine Antwort auf die Frage nach dem »lokalen« [Ca^{++}] in der unmittelbaren Umgebung der Bläschen würde aber eine Auflösung im Nanometer-Bereich erfordern, die von einer optischen Messung nicht zu leisten ist.

Wir haben daher das Problem auf einem anderen Weg, mit einer sog. »gekapselten Verbindung« (im engl. caged-compound) gelöst. Nach diesem Prinzip können Substanzen, die zunächst von einer Kapsel umschlossen vorliegen, freigesetzt werden, indem durch UV-Bestrahlung die Kapsel zerstört wird. Im Falle des caged-Ca^{++} ist die Kapsel eine Substanz (DM-Nitrophen), welche in ihrem Ausgangszustand das Ca^{++}-Ion sehr fest an sich bindet. Bei UV-Bestrahlung wird eine Seitengruppe von DM-Nitrophen abgespalten, und das Ca^{++}-Ion wird freigesetzt. Wir brachten bei unseren Experimenten Ca^{++}-gebundenes DM-Nitrophen über unsere Meßpipetten in die Zelle ein, warteten, bis die Substanz sich gleichmäßig in der Nervenendigung verteilt hatte, und setzten dann durch kurze UV-Beleuchtung (Blitzlampe!) Kalzium frei. Dabei stieg [Ca^{++}] räumlich homogen an, was mit dem gleichzeitig eingebrachten Fluoreszenzfarbstoff gemessen werden konnte. Die Höhe des Anstiegs konnte durch die Stärke der UV-Beleuchtung reguliert werden. Es zeigte sich, daß ein [Ca^{++}]-Anstieg in den Bereich 10 µM genügte, um in der postsynaptischen Zelle Antworten auszulösen, die den durch Nervenreizung ausgelösten Signalen ähnlich waren. Eine umfangreiche Analyse der Geschwindigkeit und Größe der Antwort in Abhängigkeit von der Größe des [Ca^{++}]-Anstiegs erlaubte auch Rückschlüsse auf den gesamten Zeitverlauf des [Ca^{++}]-Signals am Ort der Transmitterfreisetzung (Abb. 5). Daraus ergibt sich, daß [Ca^{++}] nur etwa für eine tausendstel Sekunde erhöht ist. Dies wiederum ist aus physikalischer Sicht nur möglich, wenn zum einen die Ca^{++}-Kanäle nur so kurzzeitig öffnen (was sich durch andere Messungen belegen läßt) und zum anderen die Abstände zwischen Ca^{++}-Kanälen und den zur Freisetzung bereiten Transmitterbläschen weniger als 100 nm betragen. Die Schnelligkeit der synaptischen Antwort läßt sich also letztendlich auf eine sehr präzise räumliche Koordination der beteiligten Komponenten zurückführen.

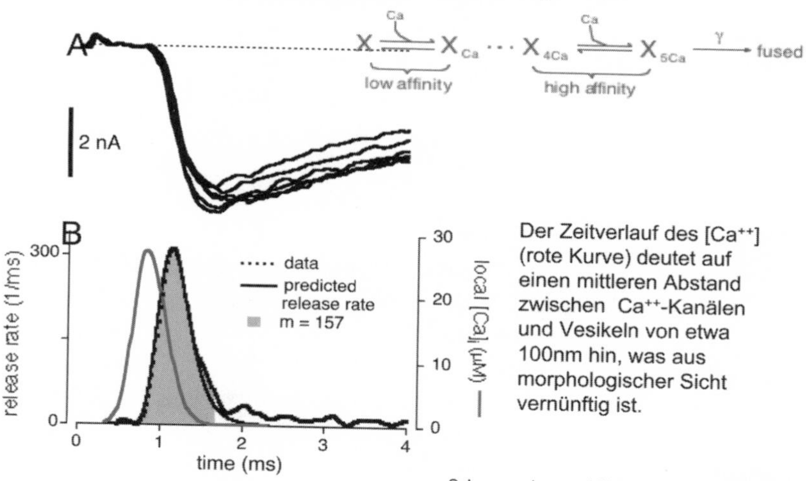

Abbildung 5: In der oberen Bildhälfte sind postsynaptische Ströme gezeigt, wie sie nach Reizung der zuführenden Nervenfaser gemessen werden. In roter Farbe ist das Schema eines kinetischen Modelles gezeigt, was der biophysikalischen Analyse zugrunde liegt. Die untere Bildhälfte zeigt den Zeitverlauf der Transmitterfreisetzung (schwarze Kurve) und den – entsprechend der kinetischen Analyse – erforderlichen Zeitverlauf des $[Ca^{++}]$-Signals am Ort der Transmitterfreisetzung.

Michael Hörner

Der 7. Sinn elektrischer Fische

Nur ein Narr macht keine Experimente
Charles Darwin (1809-82)

Verba docent, exempla trahunt
Anonym

›Hast du sie noch alle beisammen?‹ ... gemeint sind mit dieser etwas provozierenden Frage die 5 Sinne des Menschen, die den Gehörsinn, Gesichtssinn, Geruchssinn, Geschmackssinn und Tastsinn umfassen. Zusätzlich zu den genannten ›5 Sinnen‹ besitzt der Mensch aber tatsächlich eine Vielzahl weiterer Sinne, wovon hier nur der Temperatursinn, der Schmerzsinn oder der Gleichgewichtssinn genannt sein sollen. Obwohl damit alle Menschen mehr als 7 Sinne haben, wird die Bezeichnung ›6. oder 7. Sinn‹ häufig für eine mehr oder weniger rätselhafte Fähigkeit verwendet, durch die manche Personen Dinge wahrnehmen zu können glauben, für die es keine Sinnesorgane gibt (›paranormale Wahrnehmung‹). Dazu ist aus sinnesphysiologischer Sicht festzustellen, daß ausschließlich solche Umweltreize wahrgenommen werden können, die auch zur meßbaren Erregung von Sinnesstrukturen führen.

Das bedeutet jedoch umgekehrt nicht, daß unsere Sinne alle existierenden Reize erfassen. So besitzt der Mensch z.B. keine Sinnesorgane zur Wahrnehmung von Magnetfeldern, obwohl das Erdmagnetfeld permanent vorhanden ist, wie ein Blick auf einen Magnetkompaß sofort bestätigt. Manche der Reize, auf die die menschlichen Sinnessysteme nicht reagieren, werden jedoch von Tieren wahrgenommen, die in der Evolution dafür spezielle Sinnesorgane entwickelt haben. So messen viele Zugvögel die Ausrichtung des Erdmagnetfeldes, um daraus ihren Zugweg zu bestimmen, Klapperschlangen jagen auch nachts erfolgreich, weil sie die Wärmestrahlung ihrer Beute mit Infrarotstrahlungssensoren erfassen, und viele Fische sind empfindlich für elektrische Signale, die ihnen das Aufspüren verborgener Beute in trüben Gewässern und bei Dunkelheit ermöglicht.

Auch beim Menschen führen elektrische Spannungen gewisser Stärke zu Muskelzuckungen, und durch Auflegen der Pole einer Taschenlampenbatterie auf die Zungenoberfläche ist feststellbar, ob die Batterie geladen oder leer ist. Trotzdem fehlt dem Menschen ein echter ›elektrischer Sinn‹. Denn es existieren weder spezialisierte Elektro-Sinnesorgane, noch ist ein ›natürliches elektrisches Phänomen‹ bekannt, dessen Wahrnehmung durch Sinnesorgane von Bedeutung für Überleben, Ernährung oder Fortpflanzung des Menschen wäre.

Im Mittelpunkt des vorliegenden Beitrages steht die Beschreibung des ›elektrischen Sinns‹ (Elektrorezeption), der bei wasserlebenden Tieren vorkommt. Speziell geht es um die elektrorezeptiven Eigenschaften ›elektrischer Fische‹. Als elektrische Fische werden ganz verschiedene systematische Gruppen von Fischen bezeichnet, die spezielle Organe besitzen, die ihnen die im Tierreich einzigartige Fähigkeit zur willkürlichen Erzeugung mehr oder weniger starker elektrischer Spannungen verleiht.

1 Welche Tiere sind elektrorezeptiv?

Bei der Betrachtung von Sinnesleistungen ist es zunächst von Interesse, nach der Entstehung und der biologischen Bedeutung des betreffenden Sinnessystems zu fragen. Wie ist also im Lauf der Evolution das ›elektro-rezeptive Sinnessystem‹ entstanden, und welchen Vorteil hatte (und hat) die Wahrnehmung von elektrischen Ereignissen für Fische?

Dazu möchte ich zunächst die Tiergruppen vorstellen, die einen elektrischen Sinn besitzen, um anschließend der Frage nachzugehen, welchen Nutzen Fische und andere wasserlebende Tiere durch den Besitz ihres ›Elektrosinns‹ haben, wie sie ihn einsetzen und zu welchen Leistungen speziell elektrische Fische durch Elektrorezeption befähigt sind. Ich werde auch auf die Erzeugung elektrischer Entladungen in den speziellen Organen elektrischer Fische eingehen, da die Darstellung der Entstehung von Bioelektrizität eine Voraussetzung zum Verständnis für die besonderen ›elektrischen Orientierungsleistungen‹ elektrischer Fische ist.

Die Analyse des Stammbaums der heute lebenden Wirbeltiere zeigt, daß fast alle systematischen Gruppen der Fische elektrorezeptiv sind, die Wahrnehmung von Elektrizität deshalb eher die Regel als die Ausnahme darstellt (Abb. 1, dunkel hinterlegt). Man geht davon aus, daß die Vorfahren der Wirbeltiere zur Elektrorezeption in der Lage gewesen sind und die Elektrorezeption ein ursprüngliches Merkmal aller Wirbeltiere ist. So sind alle Haie und Rochen (Knorpelfische) und auch niedere Fische wie die Schleimfische (Kieferlose; z.B. Neunauge) elektrorezeptiv.

Ebenso sind 2 von 3 Ordnungen der Amphibien, die Schwanzlurche und einige Arten der weniger bekannten Blindwühlen, elektrorezeptiv, nicht aber die Froschlurche wie Frösche und Kröten. Generell scheint die Fähigkeit zur Elektrorezeption mit einer räuberischen und jagenden Lebensweise einherzugehen. Interessanterweise sind bei den Amphibien die Larven und geschlechtsreifen Tiere der Schwanzlurche (z.B. einheimischer Kammolch), die sich als Beutejäger räuberisch ernähren, elektrorezeptiv, während die Larven von Fröschen und Kröten (›Kaulquappen‹), die bekanntermaßen ihre Nahrung aus dem Wasser filtrieren, nicht elektrorezeptiv sind. Elektrorezeption scheint also besondere Orientierungs- und Ortungsfähigkeiten zu erlauben, die besonders bei räuberischer Lebensweise von Vorteil sind.

Elektrorezeption findet man ebenfalls bei einem Vertreter der primitiven Säugetiere, dem Schnabeltier (*Ornithorhynchus anatinus*), welches ebenfalls im Wasser nach Kleintieren jagt. Das in Australien vorkommende Schnabeltier stellt in vielerlei Hinsicht eine zoologische Besonderheit dar, dessen Existenz nach seiner Erstbeschreibung zunächst immer wieder angezweifelt wurde. Denn es ist ein eierlegendes Säugetier mit vogelähnlichem Schnabel, und es besitzt als einziges Säugetier Giftstachel an den Hinterbeinen, womit es sich bei Gefahr verteidigt. Der Zoologe Hennig Scheich wies außerdem zusammen mit seinen Mitarbeitern 1986 anhand von Verhaltensstudien nach, daß australische Schnabeltiere die bioelektrischen Signale ihrer Beutetiere im Wasser wahrnehmen und so auch vergrabene oder versteckte Beute aufspüren können. Verhaltensstudien belegen zudem, daß Schnabeltiere erfolgreich mit geschlossenen Augen jagen und auf künstlich erzeugte elektrische Felder mit typischem Suchverhalten (›Wedeln‹ des Schnabels parallel zum Grund) reagieren, was ihre Fähigkeit zur Elektrorezeption

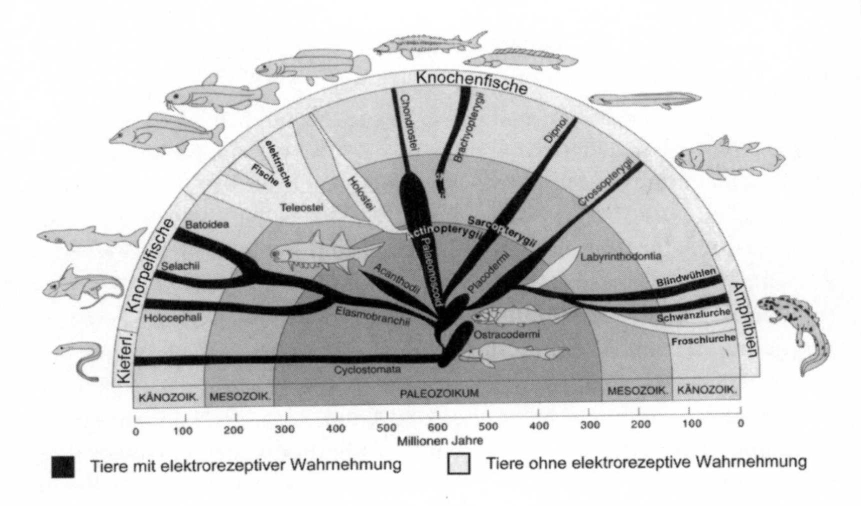

Abbildung 1: Stammbaum der Wirbeltiere (ohne Reptilien und Säuger).

belegt. Es sind die bioelektrischen Signale der Beutetiere, die z.B. durch die Tätigkeit der Kiemenmuskeln, den Herzschlag oder andere Muskelaktivität entstehen und sich im elektrisch leitfähigen Medium Wasser ausbreiten, die Schnabeltiere wahrnehmen und zum Aufspüren auch versteckter Insektenlarven oder anderer Kleintiere heranziehen können.

Bei den höheren Knochenfischen (*Teleostei*) ist Elektrorezeption dagegen – mit Ausnahme der elektrischen Fische – nicht mehr anzutreffen, so daß man davon ausgeht, daß im Verlauf der Evolution der Fische der elektrische Sinn verlorenging (Abb. 1, hell hinterlegt). Die meisten Arten der gängigen Speisefische sind damit nicht elektrorezeptiv. Elektrorezeption ist nur bei denjenigen Knochenfischarten vorhanden, die elektrische Organe besitzen, aber zu unterschiedlichen systematischen Gruppen gehören können. Neuroanatomische und funktionelle Besonderheiten der Elektrorezeptoren der elektrischen Fische deuten darauf hin, daß die Fähigkeit zur Elektrorezeption bei den elektrischen Fischen wieder neu entwickelt wurde und nicht aus dem oben erwähnten ursprünglich vorhandenen elektrischen Sinn der Wirbeltiere direkt abzuleiten ist. Dennoch weisen ›alte‹ und ›neue‹ Elektrorezeptoren ähnliche Bau- und Funktionsprinzipien auf.

2 Wie sind Elektrorezeptoren entstanden, und wie funktionieren sie?

Elektrorezeptoren wurden zuerst an Haien und Rochen entdeckt und erstmals 1678 von dem italienischen Arzt Stefano Lorenzini beschrieben. Es handelt sich bei den Lorenzinischen Ampullen um kleine, im Schnauzenbereich konzentrierte Poren auf der Hautoberfläche, die in mehr oder weniger langen Gängen (Ampullen) blind enden (Abb. 2). Vergleichende anatomische Untersuchungen belegen, daß die zur Messung von Elektrizität spezialisierten Sinneszellen (Elektrorezeptoren), die an der Basis der Lorenzinischen Ampullen liegen, aus Mechano-Rezeptoren des Strömungssinnesorgans (Seitenlinienorgan), das alle Fische besitzen, hervorgegangen sind. Aus den gleichen Anlagen entsteht auch das menschliche Gehör. Fische messen mit diesem empfindlichen ›Seitenlinien-Tastsinnesorgan‹ ständig Wasserbewegungen und orientieren sich entsprechend der Strömung im Raum. Aus Teilen der Seitenlinie hat sich im Laufe der Evolution ein Sinnesorgan entwickelt, welches auch für elektrische Signale aus der Umgebung empfindlich ist.

Feldquellen für die Ampullenrezeptoren sind äußere elektrische Entladungen z.B. anderer wasserlebender Tiere (Muskelpotentiale, die bei Atembewegungen entstehen, Herzschlag etc. wie beim Schnabeltier beschrieben), aber auch geophysikalische Faktoren, wie Blitze, elektrische Feldänderungen, wie sie vor Erdbeben auftreten, und das Erdmagnetfeld. Eine Orientierung im Erdmagnetfeld von Haien gilt als gesichert und geschieht durch induktive Messung des Einflusses des statischen Erdmagnetfeldes auf einen schwimmenden Fisch; die Orientierung im Erdmagnetfeld ist gerade für Fische von besonderer Bedeutung, die saisonale Wanderungen über große Distanzen durchführen. Da es sich um die Wahrnehmung fremder elektrischer Entladungen handelt, spricht man von passiver Elektrorezeption.

Die meisten Haie sind Jäger und suchen oft auch auf dem Meeresgrund nach versteckten Beutetieren (Abb. 2, unten). Wie Verhaltensbeobachtungen und Experimente mit künstlichen Reizen belegen, orten Haie auf diese Weise die elektrischen Signale auch vollständig im Meeresboden vergrabener Beutetiere. Der Hai mit der größten Anzahl von Ampullen ist der Hammerhai (*Sphyrna mokarran*): Durch die hammerartige Ausbreitung und Abflachung des Kopfes zu einer Art Bugfinne ist er ein sehr wendiger Schwimmer. Die auffällige Kopfform

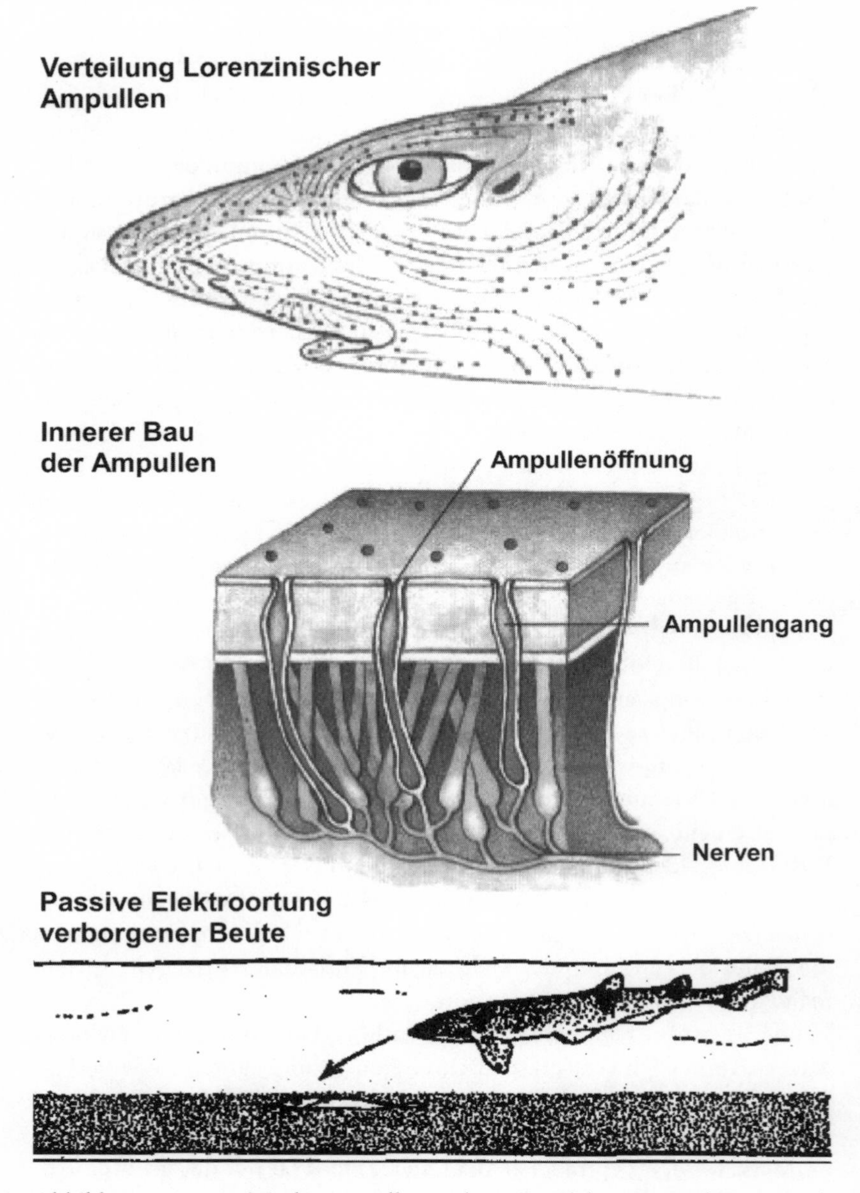

Abbildung 2: Lorenzinische Ampullen und passive Elektroortung bei Knorpelfischen.

des Hammerhais steht aber auch im Zusammenhang mit der Elektrorezeption, denn auf der vergrößerten Kopfoberfläche findet man die größte Anzahl und Dichte Lorenzinischer Ampullen, und somit dürfte der Kopf des Hammerhais einer der empfindlichsten ›biologischen Elektrosensoren‹ im Tierreich sein.

Ampullenorgane sind sehr empfindliche Spannungsmesser, und Haie können Unterschiede von wenigen Nanovolt (ein Milliardstel Volt) Spannungsamplitude wahrnehmen. Theoretisch könnte ein Hai eine Taschenlampenbatterie im Wasser noch in Entfernungen von mehreren hundert Kilometern orten. Die hohe Empfindlichkeit der Elektrorezeptoren an der Basis der Ampullen wird durch Kodierung kleinster Spannungsunterschiede über den relativ großen elektrischen Widerstand der Fischhaut (Spannungsgefälle Außenseite gegen Innseite des Rezeptors) erreicht.

3 Zu welchem Zweck erzeugen elektrische Fische Elektrizität?

Einige Fische sind aber nicht nur in der Lage, elektrische Ereignisse wahrzunehmen, sondern können auch selbst elektrische Signale erzeugen. Zur oben erwähnten Gruppe der elektrischen Fische gehört der Zitterwels *Malapterururs electricus* (Abb. 3), der im Nil häufig vorkommt und schon auf ca. 4400 Jahre alten ägyptischen Tempelreliefs detailgetreu dargestellt ist. Schon damals war bekannt, daß dieser Fisch ganz besondere Eigenschaften hat und seine »Schläge« über gewisse Entfernung im Süßwasser übertragen werden. Diese Erkenntnis nutzten bereits um Christi Geburt römische Ärzte, die elektrische Fische zu therapeutischen Zwecken einsetzten: Es gibt ausführliche Abhandlungen darüber, wie Menschen mit Gelenkschmerzen behandelt wurden, indem sie sich vorzugsweise im nassen Sand auf einen elektrischen Fisch stellten, um die narkotisierende und damit schmerzlindernde Wirkung der Entladungen der elektrischen Organe zu nutzen. Dies war sozusagen die Geburtsstunde der Elektrotherapie, wie sie bei Gelenkleiden in der orthopädischen Praxis – heute natürlich über elektrische Reizapparaturen – immer noch Anwendung findet. Bemerkenswert ist, daß man sich im Altertum die Elektrizität bereits zunutze zu machen wußte, lange bevor man ein Verständnis davon hatte, was Elektrizität ist.

Neben dem Zitterwels gibt es weitere Arten von stark elektrischen Fischen, wie z.B. den Zitteraal (*Electrophorus electricus*, Abb. 3), der in den Süßgewässern Südamerikas heimisch ist. Ausgewachsene Exemplare können bei einer Länge von bis zu 2,5 m ein Körpergewicht von über 20 kg erreichen. Der Zitteraal erzeugt mit Spannungen von 600 bis 800 V die stärksten elektrischen Entladungen im Tierreich überhaupt. Obwohl schon 1766 von Carl von Linné beschrieben, wurde der Zitteraal erst nach 1800 in Europa durch die Reisebeschreibungen der Expeditionen Alexander von Humboldts bekannt. Humboldt war der erste europäische Naturwissenschaftler, der das Verhalten von Zitteraalen im natürlichen Lebensraum beobachtet und genau dokumentiert hat. Alexander von Humboldt (ab 1789 Studium der Chemie und Physik in Göttingen) erregte mit seinen Vorträgen über elektrische Fische großes wissenschaftliches Interesse, denn seine Darstellungen über die ›Kräfte der Zitteraale‹ berührten das noch junge Feld der Elektrizitätslehre innerhalb der Physik, welches um 1800 entwickelt und formuliert wurde (u.a. von Benjamin Franklin, Henry Cavendish, Charles Auguste Coulomb, Luigi Galvani, Alessandro Volta; vgl. ›Leydener Flasche‹, ›Voltasche Säule‹).

Aber auch in der modernen neurobiologischen Forschung spielen elektrische Fische eine bedeutende Rolle: So wurde in den 70er Jahren des letzten Jahrhunderts aus dem Gewebe der elektrischen Organe des Zitterrochens (*Torpedo marmorata*, Abb. 3) erstmals der Acetylcholin Rezeptor – und damit der erste Ionenkanal – isoliert und seine chemische Struktur aufgeklärt. Acetylcholin ist ein wichtiger chemischer Überträgerstoff (Transmitter) an den Verbindungsstellen von Nervenzellen untereinander (Synapsen) und von Nerven und Muskeln (Neuro-muskuläre Synapse). Das Acetylcholin wird an den synaptischen Kontaktstellen freigesetzt und bindet an den Acetylcholin-Rezeptor einer benachbarten Nerven- oder Muskelzelle. An Muskelzellen erregt Acetylcholin die in der Zellmembran vorhandenen Acetylcholin-Rezeptoren, welche im angeregten Zustand den Fluß geladener Teilchen (Ionenstrom) erlauben, der die elektrische Erregung der Muskelzellen bewirkt. Diese durch Acetylcholin ausgelöste Erregung bringt die Muskelzelle schließlich zur Kontraktion und ist die Grundlage aller sichtbaren Bewegungen von Wirbeltieren.

Die Isolierung des Acetylcholin-Rezeptors aus dem elektrischen Organ von *Torpedo* war u.a. deswegen möglich, weil das Eiweiß, das diesen Ionenkanal bildet, in den Membranen des elektrischen Organs in sehr hoher Konzentration vorhanden ist. Die ungewöhnlich hohe Gewebskonzentration dieses Ionenkanal-Proteins hängt direkt mit der besonderen Funktion des elektrischen Organs zusammen, denn, wie später ausgeführt wird, ist es eine Voraussetzung für die Erzeugung elektrischer Spannungen in elektrischen Organen, daß Ionen schnell und in großer Zahl durch die Membran der Elektrozyten fließen können.

Beobachtet man einen lebenden Zitterrochen, fällt er sofort durch seine unbeholfene Fortbewegungsweise auf: Im Gegensatz zu den typischerweise eleganten, fließend flugähnlichen Schwimmbewegungen anderer Rochen (z.B. Mantarochen) bewegt sich der Zitterrochen eher ruckartig robbend nahe am Meeresgrund fort. Der Grund für diese ungewöhnliche Fortbewegungsart liegt darin, daß *Torpedo* seine Muskulatur nur noch teilweise zum Schwimmen benutzen kann, da große Teile der Schwimmuskulatur in den seitlichen Flügelflossen zu den paarigen elektrischen Organen umgebaut sind. Da die elektrischen Organe nicht kontrahieren, fehlt folglich die Bewegungsmöglichkeit an diesen Körperstellen. Wahrscheinlich sind alle elektrischen Organe heute existierender elektrischer Fische in der Evolution durch Umwandlung von Skelettmuskulatur entstanden, und können deshalb als ›elektrische Muskeln‹ bezeichnet werden (Abb. 3). Es zeigt sich aber, daß bei den unterschiedlichen Arten heute existierender elektrischer Fische ganz unterschiedliche Teile der Muskulatur zu elektrischen Organen geworden sind, ein Indiz dafür, daß elektrische Organe trotz ihrer sehr ähnlichen Baueigenschaften wahrscheinlich mehrfach unabhängig voneinander in der Evolution entstanden sind.

Es gibt unter den bekannten stark elektrischen Fischen wie Zitteraal und Zitterrochen aber auch weniger bekannte und eher verborgen lebende Arten wie z.B. den Sterngucker (*Astroscopus guttatus*, Abb. 3). Der Sterngucker verbringt sein Leben bis auf die Augen vergraben am oder besser unter dem Meeresgrund. Er kann außerdem seine Hautfarbe dem Untergrund anpassen und ist dadurch perfekt getarnt. Er blickt starr nach oben (deswegen Sterngucker) und kann so gegen das Sonnenlicht die Schatten vorbeischwimmender Fische gut erkennen. Der Sterngucker hat eine spezielle Jagdmethode entwickelt und ist ein typischer Überraschungsjäger: Statt seine Beute aktiv zu verfolgen, wartet er ›geduldig‹ so lange ab, bis ein Beutetier nahe genug an seiner Maulregion vorbeischwimmt. Dann reißt er schlagartig sein Maul auf und erzeugt so einen Unterdruck, der das Beutetier in sein Maul saugt. Zusätzlich

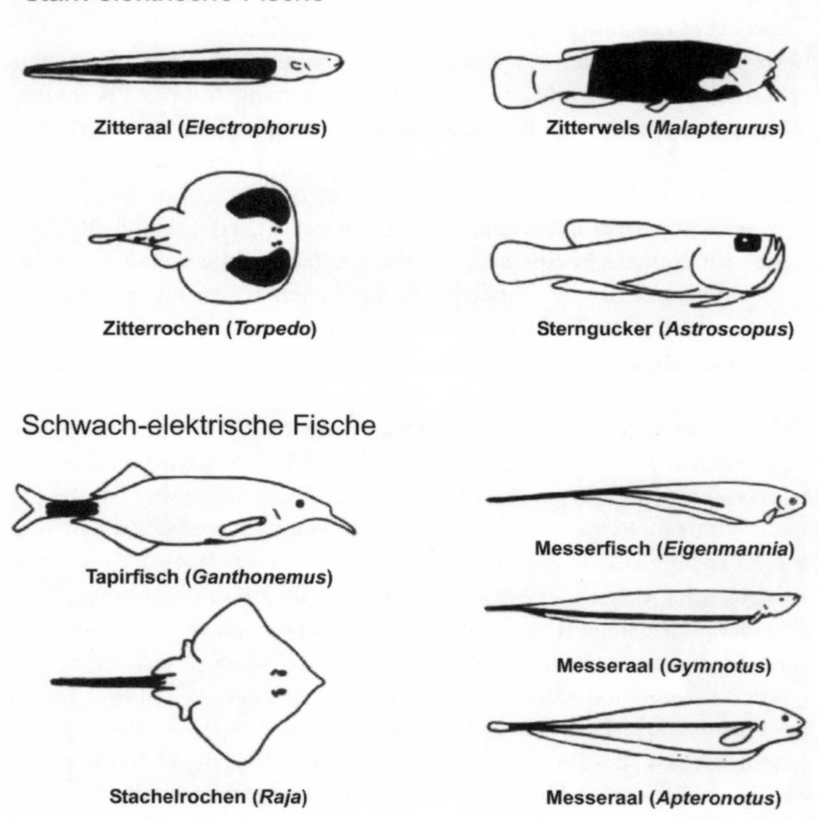

Abbildung 3: Elektrische Organe bei elektrischen Fischen.

entlädt er seine elektrischen Organe, die sich aus Teilen der Augenmuskulatur gebildet haben. Dadurch wird das Beutetier zusätzlich irritiert, was den Jagderfolg des Sternguckers steigert.

Aus diesen Beispielen wird deutlich, daß stark elektrische Fische ihre elektrischen Organe hauptsächlich als Jagdwaffen einsetzen. Auch wenn die ›elektrischen Schläge‹ die Beutetiere in aller Regel nicht töten, werden durch die hervorgerufene zeitweise Lähmung und verminderte Orientierungsfähigkeit die lebenserhaltenden Fluchtreflexe der Beutetiere zugunsten des Jagderfolgs des ›elektrischen‹ Räubers eingeschränkt. Darüber hinaus setzen elektrische Fische ihre Organe aber auch zur eigenen Verteidigung ein, z.B. zur Feindabwehr gegen eigene Freßfeinde. Die oft gestellte Frage, warum die Fische sich durch ihre Entladungen nicht selbst ›betäuben‹, hat mehrere Antworten: Zunächst ist das ›elektrisch‹ am meisten empfindliche Organ, das Nervensystem, bei elektrischen Fischen von einer mehrlagigen und vergleichsweise dikken Fettschicht umhüllt und deshalb elektrisch gut isoliert. Deshalb werden die im Organ erzeugten Spannungen im ›eigenen‹ Nervensystem weniger wirksam. Zum anderen hat sich gezeigt, daß elektrische Fische für elektrische Spannungen weniger empfindlich sind als andere Arten vergleichbarer Größe und z.B. erst relativ große Spannungen zu unkontrollierten Muskelkontraktionen oder Veränderung des Herzrhythmus führen.

4 Wie funktionieren elektrische Organe?

Nachdem die wichtigsten Funktionen der elektrischen Organe stark elektrischer Fische beschrieben wurden, soll nun die Frage geklärt werden, wie in den elektrischen Organen die elektrischen Signale entstehen.

Wie bereits erwähnt, gehen elektrische Organe aus Skelettmuskelgewebe hervor, sind aber nicht in der Lage, Bewegungen auszuführen, sondern produzieren statt dessen elektrische Spannungen. Die Bauelemente von elektrischen Organen sind die Elektrozyten, Zellen, die eine abgeplattete Form aufweisen und sehr regelmäßig ›geldrollenartig‹ gestapelt im Organ angeordnet sind (Abb. 4). Hinzu kommt, daß die Elektrozyten asymmetrisch gebaut, aber alle in gleicher Orientierung im Organ angeordnet sind und nur von einer Seite her (von der ›glatten‹ Seite) innerviert werden (Abb. 4). Dieses Bauprinzip ist in allen bisher bekannten Organen in gleicher Weise vorhanden und steht in direktem Zusammenhang mit der Funktion der Spannungserzeugung.

Bei nervöser Erregung wird an den synaptischen Kontaktstellen zwischen Nerven und Elektrozyten wie erwähnt Acetylcholin ausgeschüttet. Da alle Elektrozyten von nur einer Seite Kontakt zu den versorgenden Nerven haben, wird zunächst nur die nahe an der Synapse gelegene Membranseite umgepolt, während die von der Synapse abgewandte Seite unerregt bleibt (Abb. 5). Dadurch entsteht eine ›Miniaturbatterie‹ (elektrischer Dipol) mit einer Spannung von

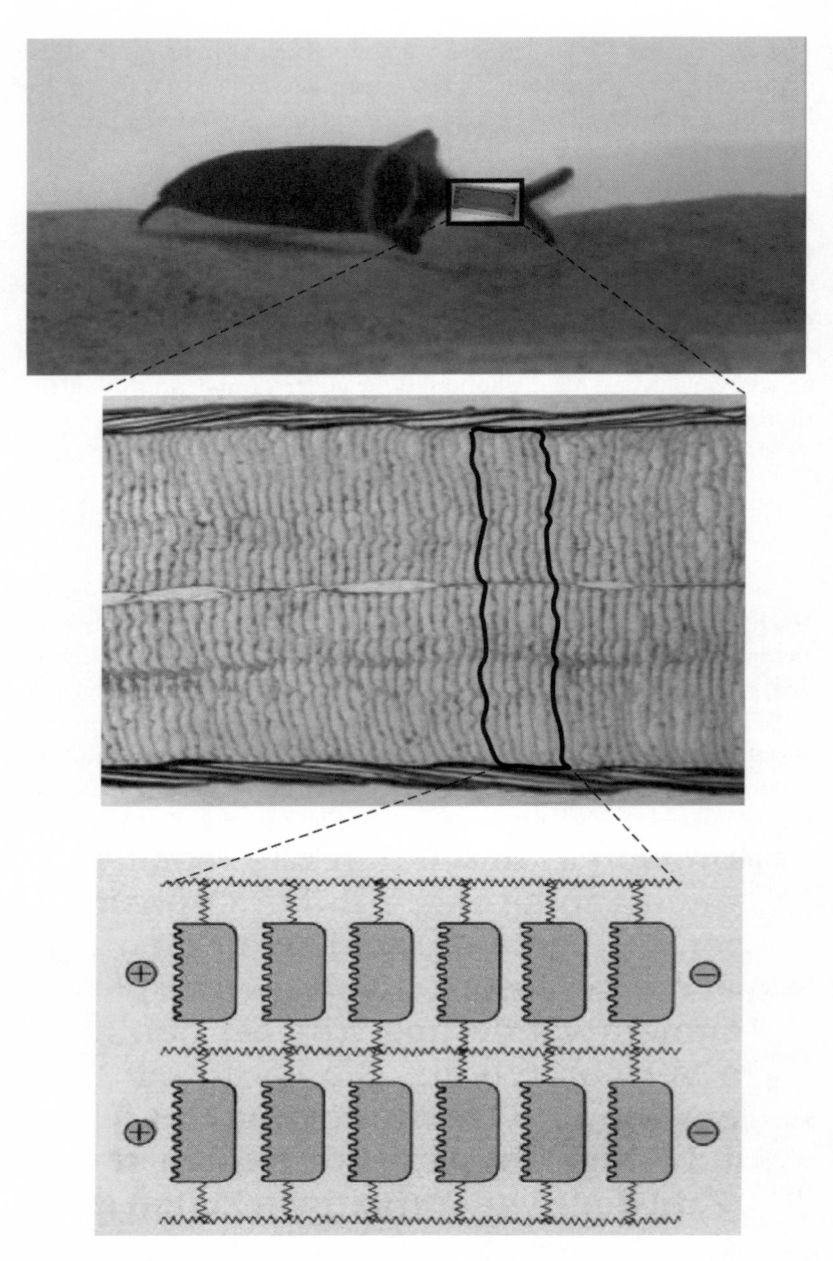

Abbildung 4: Lage und Aufbau des elektrischen Organs des Tapirfisches, *Gnathonemus petersii* (Fam. Nilhechte).

etwa 1/10 V (140 mV). Dieser im Vergleich zu Membranspannungen anderer Zellen hohe Wert wird erst durch die hohe Anzahl und Dichte der Acetylcholin-abhängigen Ionenkanäle möglich, die den Transport größerer Ionenmengen pro Zeit durch die Membran gestatten. Der starke elektrische ›Schlag‹ entsteht dadurch, daß sich die zeitgleich in allen Elektrozyten aufgebauten Einzelspannungen im elektrischen Organ addieren (vgl. Abb. 4). Ähnlich einer Taschenlampe, bei der sich die Einzelspannungen aller eingelegten Batterien beim Einschalten zusammenaddieren und entsprechend aufsummierte Voltwerte liefern, entstehen in elektrischen Organen je nach Anzahl der Elektrozyten hohe oder weniger hohe Spannungen: Organe mit nur wenigen Elektrozyten (bei schwach elektrischen Fischen sind das 100 bis 200 Elektrozyten) erzeugen nur relativ geringe Spannungen, elektrische Organe, die viele Elektrozyten (10.000 bis 20.000 Zellen) enthalten, können – wie beim Zitteraal – entsprechend hohe Spannungswerte produzieren. Das beschriebene Prinzip der Spannungsaddition aller vorhandenen Einzelspannungen gilt für alle bisher untersuchten elektrischen Organe und kann – trotz der erwähnten mehrfach unabhängigen Evolution elektrischer Organe – als gemeinsames Funktionsprinzip betrachtet werden.

Zusätzlich zu den stark elektrischen Fischen wurden elektrische Fische beschrieben, die Spannungen von nur etwa 1 bis 10 V in ihren elektrischen Organen generieren. Diese sog. schwach elektrischen Fische wurden um 1950 von Hans W. Lissmann, einem Zoologen an der Universität Cambridge, erstmals genauer untersucht. Man hat zunächst vermutet, daß die entdeckten schwachen elektrischen Entladungen bei der Jagd auf kleine Beutetiere wie Insekten oder kleine Krebse eingesetzt werden. Allerdings ließ sich dies bis heute nicht beweisen, und man geht deshalb davon aus, daß die Organe schwach elektrischer Fische nicht als Jagdwaffen oder zu Verteidigungszwecken eingesetzt werden.

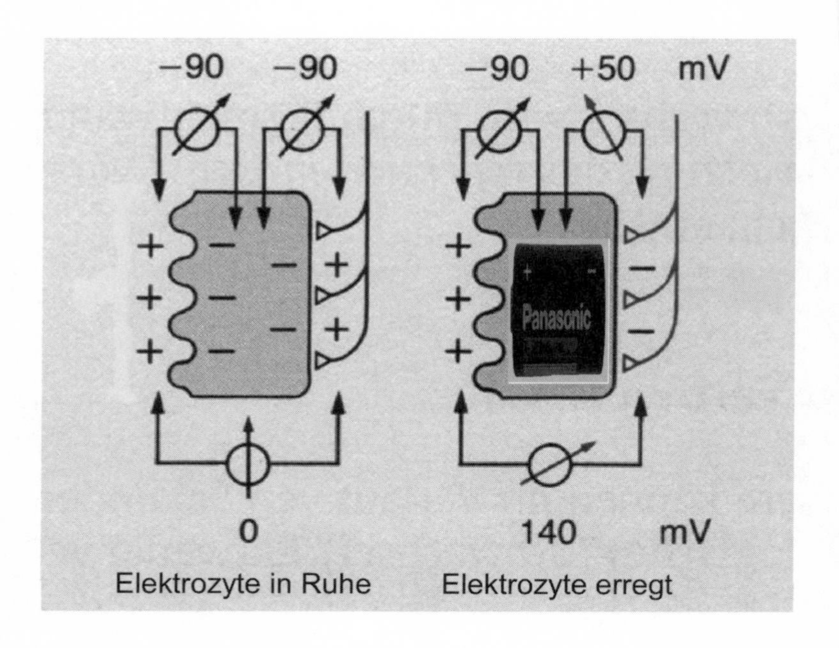

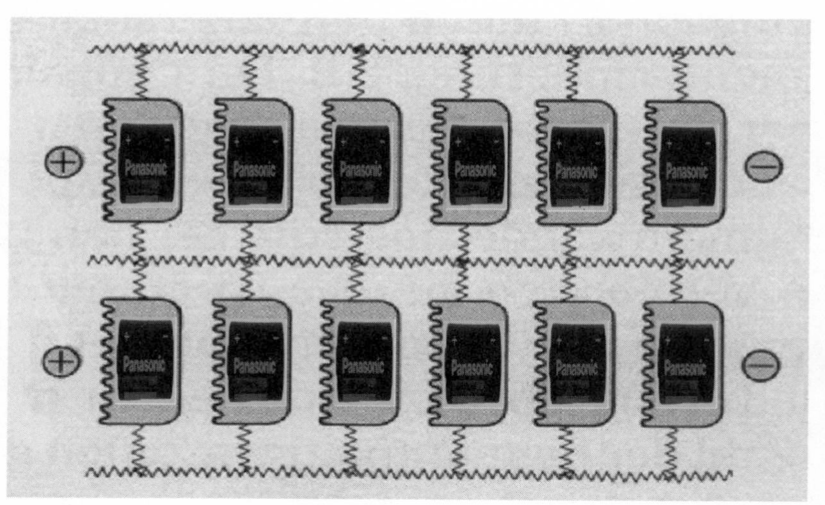

Abbildung 5: Prinzip der Spannungserzeugung in einer Elektrozyte (oben) und im elektrischen Organ (unten; Addition der Einzelspannungen).

5 Wozu benutzen schwach elektrische Fische ›ihre‹ Elektrizität?

Die Frage, wozu schwach elektrische Fische ihre elektrischen Organe benutzen, konnte Lissmann durch eine Reihe von verhaltensphysiologischen Dressurversuchen klären. Er wies nach, daß diese Tiere zu ganz besonderen Orientierungsleistungen in der Lage sind. Auffällig war, daß alle Arten, mit denen Lissmann experimentierte, nachtaktiv sind und obendrein in oft schlammigen und trüben Gewässern leben. Obwohl die Tiere unter diesen Bedingungen ihren Sehsinn nur sehr eingeschränkt benutzen können, sind die meisten Vertreter der schwach elektrischen Fische Räuber, die auch in völliger Dunkelheit Beutetiere zielgerichtet orten und erfolgreich jagen können.

Lissmann wies nach, daß schwach elektrische Fische mit ihren Organen ein elektrisches Feld erzeugen, welches sich um den Fischkörper herum ausbildet und im Wasser übertragen wird. In diesem elektrischen Feld kommt es z.B. durch Gegenstände oder Beutetiere im Wasser zu Verzerrungen der Feldliniengeometrie, die mit einem spezialisierten Sinnessystem, den Elektrorezeptoren, gemessen werden können (Abb. 6). Schwach elektrische Fische messen also ihr eigenes, selbsterzeugtes elektrisches Signal und besitzen damit ein elektrisches Sende- und Empfangssystem, das sie – ähnlich dem Ultraschallsystem der Fledermäuse oder der Sonarpeilung der Delphine – zur Orientierung nutzen können.

Der evolutive Vorteil des Besitzes schwach elektrischer Organe besteht in der Möglichkeit, durch die ›Nachtjagd‹ eine neue Nische zu erschließen. Ein weiterer Vorteil könnte darin liegen, daß die Tiere sich tagsüber während ihrer Tagruhe in ihren Verstecken aufhalten und so besser vor möglichen Freßfeinden geschützt sind.

Zu den beiden am meisten untersuchten Arten schwach elektrischer Fische gehören der afrikanische Nilhecht oder Tapirfisch *Gnathonemus petersii* und der Glasmesserfisch *Eigenmannia virescens* (s. Farbabb. 5). Der Tapirfisch aus der Familie der Nilhechte ist ein Bewohner afrikanischer Fließgewässer. Seinen Namen verdankt er seiner verlängerten, sehr beweglichen Unterlippe, mit der er im Untergrund nach Beute stöbert. Die zweite Art ist ein Vertreter der Messerfische aus Südamerika. Messerfische schwimmen in auffällig starrer Körperhaltung vor und zurück, Bewegungsmuster, die an die Schneidebewegungen eines Messers erinnern.

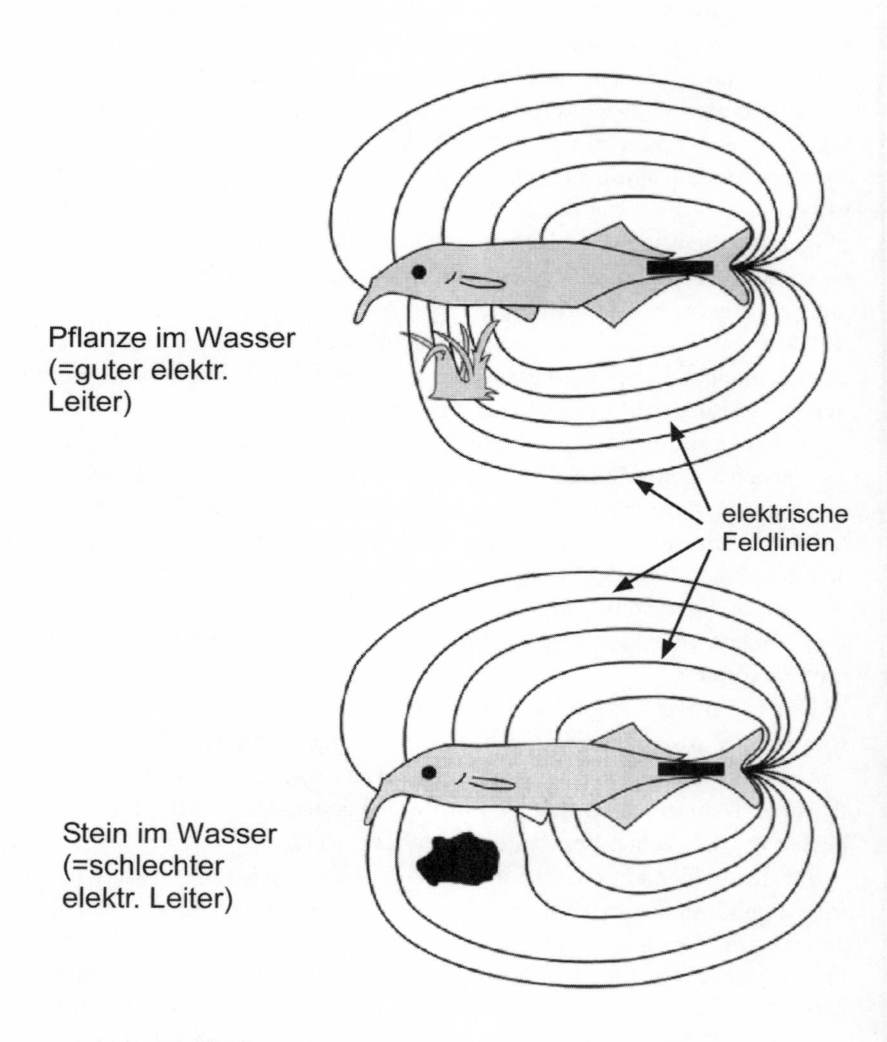

Abbildung 6: Aktive Elektroortung bei schwach elektrischen Fischen.

6 Wie funktioniert die aktive Elektroortung?

Wie verwenden nun die schwach elektrischen Fische ihr elektrisches System? Im Unterschied zur passiven Elektrorezeption (Wahrnehmung von fremden elektrischen Signalen) erzeugen schwach elektrische Fische ihr eigenes Feldsignal. Man bezeichnet das als aktive Elektrorezeption, weil das Sendesignal aktiv im elektrischen Organ entsteht (Sende- und Empfangssystem). Befinden sich in direkter Nachbarschaft eines schwach elektrischen Fisches Gegenstände, das können Pflanzen oder Steine aber auch Beutetiere sein, kommt es zu charakteristischen Verzerrungen des eigenerzeugten elektrischen Feldes. Wenn es sich um Gegenstände handelt, die eine bessere elektrische Leitfähigkeit als das umgebende Wasser haben, werden die Feldlinien ›verdichtet‹. Befinden sich Gegenstände in der Umgebung, die schlechtere Leiter als das umgebende Wasser darstellen, kommt es zu einer ›Dehnung‹ der Feldlinien (Abb. 6). Diese Veränderungen der lokalen Feldlinienverläufe erzeugen auf der Hautoberfläche und in den darunter liegenden Elektrorezeptoren spezifische Erregungsmuster, die Information über die Beschaffenheit des Nahbereichs bis zu etwa 10–15 cm Entfernung um den Fischkörper enthalten. Untersuchungen an dressierten Nilhechten zeigen, daß die Tiere über die Wahrnehmung von Objekten hinausgehend auch Details wie z.B. Objektentfernungen und Oberflächenstrukturen unterscheiden können.

Die elektrischen Signale, mit denen schwach elektrische Fische ihre Umgebung erkunden, haben unterschiedliche artspezifische Zeitmuster. Die zeitliche Abfolge der Signale kann man recht einfach im Wasser messen und mit Hilfe eines Verstärkers hörbar machen. Man unterscheidet die sog. Pulsfische oder ›Knatterer‹ (*Gnathonemus petersii*), die ihre Entladungen unregelmäßig abgeben, ihre Sendesignale aber eng an das jeweilige Schwimmverhalten koppeln, von den ›Summern‹ oder Wellenfischen (*Eigenmannia virescens*). Summer erzeugen sehr regelmäßige Entladungswellen mit konstanter Frequenz unabhängig vom jeweiligen Schwimmverhalten, wobei die biologische Wellenform von idealen technisch erzeugten Sinuswellen kaum zu unterscheiden ist.

Verglichen mit der beschriebenen passiven Elektrorezeption der Haie und Rochen oder des Schnabeltiers, ist die Empfindlichkeit der aktiven Elektrorezeption wesentlich geringer. Dennoch reicht die Empfindlichkeit des Sinnessystems zur Detektion des selbsterzeugten Signals aus und gestattet eine Umweltabbildung und damit eine

Orientierungsmöglichkeit im Nahbereich. Zum Empfang des eigenen elektrischen Feldes haben sich bei schwach elektrischen Fischen spezialisierte Elektrorezeptoren (tuberöse Elektrorezeptoren) gebildet, die genau auf das eigene Signal abgestimmt sind und am besten auf die eigen-erzeugten Signalfrequenzen ansprechen.

Wie neuere Befunde zeigen, kommt als Funktion der Elektrorezeption zur Elektroorientierung im Nahbereich noch das Element der innerartlichen Kommunikation hinzu: Schwach-elektrische Fische können mit Hilfe ihrer elektrischen Signale wahrscheinlich ihr Geschlecht, ihr Alter, ihren Paarungszustand oder ihren Sozialstatus durch Aussenden spezifischer zeitlicher Signalmuster oder Veränderungen der Signalform kommunizieren. Es gilt außerdem als wahrscheinlich, daß sich Individuen, die in Schwarmgruppen zusammenleben, auch individuell ›elektrisch‹ erkennen können und möglicherweise sogar bei der Rudeljagd das individuelle Jagdverhalten durch Elektrokommunikation abstimmen.

Normalerweise verhalten sich Tapirfische territorial und verteidigen ihr Revier gegen Eindringlinge, wobei es bei Kämpfen durch Bisse zu tödlichen Verletzungen kommen kann. Im Verlauf eines Rivalenkampfes zeigen beide Kontrahenten gleichzeitig mit den Attacken auf den Gegner typische Veränderungen ihrer elektrischen Entladungsmuster: Beide Tiere erhöhen ihre Sendefrequenzen zunächst stark und ›antworten‹ auf das elektrische Signal des Artgenossen jeweils mit einem eigenen Signal. Auf diese Weise koppeln sie ihre Entladungen zeitlich eng an die Entladungen des Artgenossen an. Dadurch ergibt sich ein wechselseitiges ›Duett‹, das auch als ›bevorzugte Latenzantwort‹ oder ›Echoreaktion‹ bezeichnet wird.

Dieses wechselseitige Antworten erfolgt stets mit einer festen, artspezifischen Verzögerung (Latenz), wodurch gleichzeitige Entladungen, die zu Überlagerungen und damit zu Störungen der Elektroortung führen könnten, weitgehend vermieden werden. Diese Echoreaktion des Nilhechts gehört mit einer Reaktionszeit von nur etwa 10 ms (1 Hundertstel Sekunde) zu den schnellsten Verhaltensreaktionen im Tierreich.

Auch bei Messerfischen ist Sozialkommunikation über elektrische Signale nachgewiesen und tritt z.B. während des Balzverhaltens auf: Es kommt zu charakteristischen Veränderungen der Sendefrequenzen bis hin zu kurzen Unterbrechungen der ansonsten sehr konstanten

Signalraten. So entstehen regelrechte ›Balzgesänge‹, die Bestandteil des Paarungsverhaltens sind.

Ein häufig zu beobachtendes Sozialverhalten von Messerfischen ist auch das sog. ›Stör-Ausweich-Verhalten‹. Es tritt immer dann auf, wenn sich zwei Summer, die die gleiche Sendefrequenz besitzen, räumlich so nahe kommen, daß ihre elektrischen Felder überlagern. Durch Interferenz kann es zur Auslöschung der elektrischen Signale kommen, wodurch die Elektroortung beider Fische gestört wird oder gänzlich zum Erliegen kommt. Beide Tiere versuchen dann durch Verstellen ihrer jeweiligen Entladungsfrequenzen, möglichst große Unterschiede zwischen ihren Sendefrequenzen zu erreichen, indem ein Tier seine Frequenz in einen höheren Bereich und das andere in einen niedrigeren Sendebereich verstellt.

Praktische Versuche an schwach elektrischen Fischen, wie sie auch im XLAB durchgeführt werden, sind besonders als Schulversuche geeignet, da mit einfacher Methodik ohne Beeinträchtigung der Tiere elektrische Signale biologischen Ursprungs bei gleichzeitiger Beobachtung des Verhaltens gemessen werden können. Dadurch werden Eigenschaften eines dem Menschen fremden, bei wasserlebenden Tieren aber weit verbreiteten Sinnessystems ebenso experimentell erarbeitet werden wie die praktische Handhabung einfacher elektrophysiologischer Meßtechniken. Anhand von Vergleichen der Elektrorezeption mit den Sinnesleistungen des Menschen können allgemeine Eigenschaften von Sinnessystemen erarbeitet werden und die Leistungen und Grenzen der Wahrnehmung diskutiert werden. Am Beispiel von elektrischen Organen kann darüber hinaus die Entstehung von Bioelektrizität behandelt und eine Grundlage zum praktischen Verständnis der Elektrizitätslehre erarbeitet werden. Anhand von Verhaltensbeobachtungen unter verschiedenen Bedingungen wird die konkrete Versuchsplanung, Protokollierung, Auswertung und Diskussion geübt.

Herbert W. Roesky

Chemische Kabinettstücke

Wissenschaft und Kunst sind anspruchsvolle schöpferische Tätigkeiten des Menschen. Beide sind kognitive Prozesse, die sich im Kreativen und im Handwerklichen ähnlich sind und sich vielleicht nur in der Intensität oder dem Bearbeitungsgrad oder der Benutzung der Symbole unterscheiden mögen. So erfordert das seit über zwei Jahrhunderten so erfolgreiche Forschen der Chemiker über die Zusammensetzung und die innere Struktur der uns umgebenden toten und lebenden Materie ebenso klug abgestimmte logische, rational vorhersehbare und kontrollierte Schritte, wie sie der Musiker für die meisterhaft komponierte Sinfonie oder der Maler für die künstlerisch adäquate Wiedergabe seiner Ideen auf der Leinwand benötigen. Intuitives Denken und figuratives Erfassen eines Problems werden als unverzichtbare Elemente des künstlerischen Schaffensprozesses angesehen, aber seltener mit naturwissenschaftlichem Erkenntnisgewinn in Verbindung gebracht. Und doch erforderten die Entdeckung des Periodensystems der Elemente, die Aufklärung der bei der Uranspaltung ablaufenden Kernreaktionen und die großartige Entwicklung der Chlorophyll- und Vitamin-B_{12}-Totalsynthese ein ebenso hohes Maß an Phantasie und an simultanem und totalem Erfassen, wie sie Hermann Hesse mit dem »Glasperlenspiel« oder Thomas Mann mit dem Faustusroman präsentieren. Wie Hegel schließlich in der Harmonie der künstlerischen Ebene die »zusammenstimmende Einheit« unterschiedlicher, ja sogar widersprüchlicher Elemente eines Kunstwerkes sieht, so sind die Strukturen des Buckminsterfullerens oder der Kronenetherkomplexe das Resultat chemischer Glanzleistungen, die die Kunst in der Wissenschaft und die Wissenschaft in der Kunst aufgehen lassen.

Wilhelm Ostwald bezeichnete einmal die Gesetzmäßigkeit als Grundlage von Harmonie und Schönheit, und sein 1922 veröffentlichtes Buch trägt den Titel »Die Welt der Formen. Entwicklung und

Ordnung der gesetzlich-schönen Gebilde«. Diese Formulierung drückt präzise die von ihm und vielen anderen herausragenden Chemikern empfundene und erstrebte Einheit von wissenschaftlichem Forschen und künstlerischem Anspruch aus. Bereits im ausgehenden 18. Jahrhundert will Goethe, auf den wir in unserem Buch öfters zurückkommen werden, mit seinen Ausflügen in die Naturwissenschaft (die ihn bis in die Zeit von 1810 bis 1815 begleiten) noch einmal zusammenhalten und verbinden, was die mächtigen Strömungen des Zeitalters auseinanderreißen: analytischen Verstand und schöpferische Phantasie, künstliches Experiment und gelebte Erfahrung, abstrakten Begriff und sinnliche Anschauung. Goethe nennt das künstliches Experiment. Jedem von uns Chemikern ist wohlbekannt, wie nachhaltig uns ein guter Chemieunterricht mit attraktiven Experimenten geprägt und wie uns die eigene experimentelle Arbeit zu phantasievollem Nachdenken über das Wesen unserer Wissenschaft angeregt hat. So sind chemische Entdeckungen und das Begreifen chemischer Zusammenhänge ohne Experimente nicht denkbar. Wir möchten deshalb gern aus Liebigs »Eröffnungsrede zu Vorlesungen über Experimentalchemie (1852)« zitieren:

> Es gieht keine Kunst, welche so schwierig ist, wie die Kunst der Beobachtung: es gehört dazu ein gebildeter nüchterner Geist und eine wohlgeschulte Erfahrung, welche nur durch Umgang erworben wird; denn nicht der ist der Beobachter, welcher sieht aus welchen Theilen das Ding besteht und in welchem Zusammenhang die Theile mit dem Ganzen stehen. Mancher übersieht die Hälfte aus Unachtsamkeit, ein anderer giebt mehr als er sieht, indem er es mit dem was er sich einbildet verwechselt, ein anderer sieht die Theile des Ganzen, aber er wirft Dinge zusammen, die getrennt werden müssen. – Wenn der Beobachter den Grund seiner Erscheinung ermittelt hat, und er im Stande ist ihre Bedingungen zu vereinigen, so beweist er, indem er versucht die Erscheinungen nach seinem Willen hervorzubringen, die Richtigkeit seiner Beobachtungen durch den Versuch, das Experiment. Eine Reihe von Versuchen machen, heißt oft einen Gedanken in seine Theile zerlegen und denselben durch eine sinnliche Erscheinung prüfen. Der Naturforscher macht Versuche, um die Wahrheit seiner Auffassung zu beweisen, er macht Versuche, um eine Erscheinung in

> allen ihren verschiedenen Theilen zu zeigen. Wenn er für eine Reihe von Erscheinungen darzuthun vermag, daß sie alle Wirkungen derselben Ursache sind, so gelangt er zu einem einfachen Ausdruck derselben, welcher in diesem Fall ein Naturgesetz heißt. Wir sprechen von einer einfachen Eigenschaft als einem Naturgesetz, wenn diese zur Erklärung einer oder mehrerer Naturerscheinungen dient.

Chemische Experimente besitzen nicht nur im Erkenntnisprozeß, sondern bereits per se ihren eigenen, unverwechselbaren Reiz für den Experimentator und den Zuschauer. So ziehen die in den Vereinigten Staaten verbreiteten »magic shows« die Chemiestudenten der Colleges ebenso in ihren Bann wie die Öffentlichkeit. Auch die Experimentalvorträge, die einer von uns mit dem Titel »Chemische Kabinettstücke« einem breit gefächerten Zuhörerkreis in allen Teilen der Bundesrepublik vorstellt, werden von erfahrenen Industriechemikern ebenso besucht wie von Lehrern der naturwissenschaftlichen Fächer, Studenten oder naturwissenschaftlich interessierten Laien. Wir sind über die große Resonanz erfreut und erfüllen deshalb gerne den vielfach geäußerten Wunsch, die »Chemischen Kabinettstücke« in gedruckter Form erhalten zu können. Dabei waren wir uns der Schwierigkeit bewußt, die sich mit dem Anspruch verbindet, den wir an unser Vorhaben stellen wollten. Jeder Experimentalvortrag lebt nicht nur vom Geschick des Vortragenden, sondern auch von dessen Kunst, zu improvisieren und »mit leichter Hand« Brücken zu anderen Themen unserer Zeit zu schlagen. Des weiteren wollen wir exakte Versuchsbeschreibungen mit dem für den Lernenden notwendigen Hintergrundwissen sinnvoll verbinden, aber gleichzeitig auch dem Fachmann interessante Anregungen zur Geschichte unseres Faches oder zum Nachschlagen über weiterführende Aspekte des Versuches vermitteln. Und schließlich möchten wir, ganz im Sinne unserer eingangs vorgetragenen Gedanken, Elemente der Kunst, speziell ästhetische Gesichtspunkte, aber auch ihren Formenreichtum, in den chemischen Sachthemen ansprechen. Mit Gedichten, Sinnsprüchen, Anekdoten und der Schilderung alltäglicher Begebenheiten soll die tragende Rolle der Chemie in unserer Kultur und Zivilisation sichtbar gemacht werden.

Allerdings konnten wir nicht immer Nietzsche folgen, wenn er fordert: »Wo du stehst, grab tief hinein! Drunten ist die Quelle.« Verzichten wollen wir auf ein didaktisches Zerreden der Versuchsbeschreibungen, denn das Experiment muß zunächst in seiner Gesamtheit wirken. Kommentare zu jedem einzelnen Schritt des Versuchsablaufes würden häufig eher schaden als nützen. Manchmal würde auch eine ausführliche theoretische Interpretation des Reaktionsablaufes, wie z.B. bei den oszillierenden Systemen oder den Adsorptionseffekten chromatographischer Trennungen, den weniger geschulten Leser eher verwirren, so daß wir hier auf die Quellen verweisen. In einigen Fällen ist eine exakte Deutung des vorgestellten Experimentes auch noch gar nicht ohne weiteres möglich. Hier vertrauen wir Thomas von Aquin: »Das Staunen ist eine Sehnsucht nach Wissen.«

(gekürztes Vorwort aus: H.W. Roesky, K. Möckel: Chemische Kabinettstücke. Spektakuläre Experimente und geistreiche Zitate, Weinheim 1994)

Herstellung von »Bier«

Deswegen ist die Alchemie eine keusche Hure, die viele Liebhaber hat, aber alle enttäuscht und keinem ihre Umarmung gewährt. Sie verwandelt die Dummen in Schwachsinnige, die Reichen in Bettler, die Philosophen in Schwätzer und die Betrogenen in eloquente Betrüger.

Trithemius, »Annalium Hirsaugensium Tomi II« (1690)

Emmer, eine Weizenart, die im Nahen Osten wild wächst, wurde von den Ägyptern der Pharaonenzeit zur Herstellung von Brot und Bier gebraucht. Dies zeigten Ausgrabungen in der alten ägyptischen Stadt Tell el Amarna. Dort befand sich eine Großbäckerei, in der zugleich auch Bier gebraut wurde. Die Anlage hatte der Pharao *Amenophis IV.*, der auch den Namen *Echnaton* trug, erbauen lassen. Er regierte von 1364 bis 1348 vor Christus. *Echnaton* war der Gemahl von *Nofretete* und Schwiegervater des Pharaos *Tut-ench-Amun*, dessen nahezu unversehrtes Grab mit allen Schätzen im Jahre 1922 entdeckt wurde. Archäologen fanden dort auch Backformen für Brot und zerbrochene Gefäße für das Brauen von Bier.

Die Gefäße, die in Tell el Amarna gefunden wurden, hatten ein Fassungsvermögen von 40 bis 50 l. Wandmalereien von Braugesellen und ihren Gerätschaften, die in altägyptischen Tempeln von Luxor und Theben entdeckt wurden, gaben den Ägyptologen weitere Hinweise. Untersuchungen von Weizenkörnern brachten zutage, daß die Ägypter der Pharaonenzeit sich darauf verstanden, Malz zu produzieren.

Die Wandmalereien und Inschriften deuten darauf hin, daß sie Getreidekörner einweichten, bis sie keimten, sie dann zu einem Brei zerstampften, dem Hefe zugefügt wurde. Der daraus entstehende Sauerteig wurde kurz gebacken, dann zerkrümelt und mit Wasser zusammen in großen Gefäßen zum Gären gebracht.

Unbekannt ist, wie es den Ägyptern gelang, das Gebräu kühl zu halten. Große Wärme zerstört die Enzyme, die notwendig sind, damit Bier entsteht. Allerdings: Die Biergefäße waren porös, dies könnte Verdunstung ermöglicht haben, die wiederum eine Kühlung zur Folge gehabt hätte.

Hopfen benutzten die alten Ägypter für ihr Bier höchstwahrscheinlich nicht. Das Gebräu wurde vermutlich mit Kräutern, Zimt und Obst gewürzt.

Geräte

0.4-1-Bierglas, 2 250-ml-Bechergläser, 2 100-ml-Meßzylinder, Schutzbrille

Chemikalien

Lösung A

8.6 g KIO_3 in 2000 ml Wasser lösen

Lösung B

8 g konzentrierte H_2SO_4, 20 ml C_2H_5OH und 2.32 g Na_2SO_3 in 2000 ml H_2O lösen.

Spülmittel (o. ä.)

Versuchsdurchführung

Verwendet werden die Lösungen A + B vom vorhergehenden **Landolt-Zeitversuch.** Je 100 ml Sulfit-Lösung (B) und Iodat-Lösung (A) werden mit der gleichen Menge destilliertem H_2O versetzt. In das Bierglas gibt man vor Versuchsbeginn 2 ml Spülmittel.

Bei der Versuchsvorführung werden beide Lösungen gleichzeitig in das Bierglas geschüttet. Man erhält (durch das Spülmittel) eine schaumige klare Lösung, die sich nach ca. 10 s nach gelbbraun verfärbt. Es liegt nun scheinbar »Bier« vor. (s. Farbabb. 6)
Es ist selbstverständlich, daß diese Lösung nicht getrunken werden darf!

Entsorgung

Die Lösungen enthalten nur geringe Konzentrationen bedenklicher Stoffe, so daß sie über das Abwasser entsorgt werden können.

Das Döbereiner-Feuerzeug – Physikalische und chemische Eigenschaften des Wasserstoffs

Das Feuer besitzt für die menschliche Kultur eine große Bedeutung. Man wußte aus Erfahrung, daß für die Verbrennung Luft erforderlich war. Die Entdeckung des Sauerstoffs gelang eindeutig jedoch erst *Priestley* 1774. *Cavendish* entdeckte 1766 den Wasserstoff. *Lavoisier* konnte zeigen, daß Wasser durch Eisenfeilspäne zersetzt wurde. Die dabei entstandene Menge Wasserstoff entsprach derjenigen Menge Sauerstoff, die das Wasser an die Eisenfeile abgegeben hatte. Durch Verbrennen von Wasserstoff erhielt er Wasser. Die Tatsache, daß Wasser aus Wasserstoff und Sauerstoff zusammengesetzt ist, hatte *Lavoisier* nicht nur synthetisch durch Verbrennen beider Gase, sondern auch analytisch durch Zersetzung des Wassers bewiesen.

Im Jahre 1782 stellten sowohl *Cavallo* als auch *Lichtenberg* in Göttingen Seifenblasen her, die mit Wasserstoff gefüllt waren. Sie beobachteten, daß diese aufstiegen und an der Zimmerdecke zerplatzten.

In Gegenwart von feinverteiltem Palladium- oder Platinmetall vereinigen sich Wasserstoff und Sauerstoff bei Zimmertemperatur quantitativ unter Bildung von Wasser. Diese katalytische Wirkung benutzte *Döbereiner* 1823 zur Herstellung eines Feuerzeugs.

In der Arbeit »*Über neu entdeckte höchst merkwürdige Eigenschaften des Platins*« schreibt *J. W. Döbereiner* 1823 in Jena:

> Die in dem vorletzten Experimente sich darstellende feuererregende Thätigkeit des mit Knallgas in Berührung gesetzten Platins brachte mich auf den Gedanken, dieselbe zur Darstellung einer neuen Art von Feuerzeugen, Nachtlampen usw. zu benutzen.
>
> Ich stellte eine zahlreiche Menge von Versuchen an, um die Bedingungen auszumitteln, unter welchen das Glühendwerden des Platins mit dem kleinsten Aufwande von Wasserstoffgas erfolgt, und fand endlich, dass das gewünschte Phänomen im höchsten Glanze hervortritt, wenn man das Wasserstoffgas aus einem Gasreservoir (oder sogenannten elektrischen Feuerzeuge) durch ein nach unten gebogenes Haarröhrchen von Glas auf den schwammigen Platinstaub, welcher in einem Uhrglase oder in einem nahe am spitzen Ende zugeschmolzenen Glastrichterchen enthalten ist, ausströmen lässt, und zwar so, dass der Strom desselben sich vor der Berührung des Platins mit atmosphärischer Luft mischt (welches geschieht, wenn das äussere Ende des Haarröhrchens 1, 1 1/2 bis 2 Zoll hoch von dem Platin entfernt steht). Der Platinstaub wird dann fast augenblicklich erst roth – dann weißglühend, und bleibt diess so lange, als Wasserstoffgas ausströmt. Ist der Gasstrom stark, so entflammt das Wasserstoffgas.

Döbereiner wurde 1810 Professor der Chemie, Pharmazie und Technologie in Jena. Er war der Berater *Goethes* in chemischen Fragen. Bei diesem beschwerte er sich in einem Brief 1812 über seine schlechten Arbeitsbedingungen:

> Mir wird das Untersuchen doppelt erschwert durch den Umstand, daß ich in meiner gemietheten Wohnung selbst keine Untersuchungsarbeiten anstellen kann, sondern dieses allezeit im Herzogl. Laboratorio thun muß, wo im

> Winter der wärmste Chemiker in wenigen Stunden vor Kälte erstarrt. Wird mir einmahl, vielleicht durch die Gnade des Durchlauchtigsten Herzogs, eine Wohnung ..., in der ich mich ganz nach meinen wissenschaftlichen Absichten und Zwecke einrichten darf; dann will ich auch meine ganze Zeit chemischen Untersuchungen widmen, und nichts Neues ununtersucht der Wissenschaft entgehen lassen.

Vorsicht

Vor der Entzündung der Wasserstoff-Flamme das entstehende Gas etwa eine Minute lang entweichen lassen, um sicher zu sein, daß sich kein Knallgas mehr im Reaktionsrohr befindet. Schutzbrille tragen.

Geräte

Döbereiner-Feuerzeug, Schutzbrille, Schutzhandschuhe

Das Döbereiner-Feuerzeug besteht aus einem Vorratsgefäß (ca. 30 cm hoch, Durchmesser 10 cm) für die Säure und einem Deckel mit nach unten offenem Reaktionsrohr, in dem der entstehende Wasserstoff gesammelt und über eine Düse mit Hahn abgenommen werden kann. In dem Reaktionsrohr befindet sich außerdem noch ein Reaktionsteller, der das granulierte Zink aufnimmt. Vor der Düse mit Hahn ist in einem Abstand von etwa 5 cm ein Behälter für den Platinschwamm angebracht (s. Abb. 1).

Chemikalien

Zink granuliert (etwa 20 bis 25 g), 6 M Salzsäure (ca. 370 bis 400 ml; anstelle der Salzsäure kann auch verdünnte Schwefelsäure verwendet werden), Platinschwamm (einige in der Säure gelöste Körnchen NaCl bewirken eine Gelbfärbung der sonst schlecht sichtbaren Wasserstoff-Flamme)

Versuchsdurchführung

In das Vorratsgefäß wird die entsprechende Menge Säure eingefüllt und auf den Reaktionsteller das Metall gelegt. Zur Durchführung des Versuches setzt man den Deckel auf das Vorratsgefäß. Das glockenartige Reaktionsrohr mit dem Reaktionsteller ragt nun ca. 2 cm tief

Abbildung 1: Döbereiner-Feuerzeug im Original und als Nachbau aus Glas.

in die Säure. Sofort beginnt eine lebhafte Gasentwicklung. Der entstehende Wasserstoff entweicht bei geöffneter Düse und entzündet sich am Platinschwamm. Die Wasserstoff-Flamme brennt nur, solange Gas nachströmt, beim Schließen des Hahnes verlöscht sie. Dabei beobachtet man, daß der entstehende Wasserstoff die Säure im Reaktionsrohr nach unten drückt und die Säure dann nicht mehr mit dem Metall in Berührung kommt.

Entsorgung

Die saure Zinksalzlösung wird in den Behälter für mindergiftige anorganische Lösungen gegeben.

Brummender Gummibär

Wer über vier Dinge nachgrübelt, der wäre besser nie geboren: was oben, was unten, was vorher und was nachher ist.

Talmud

Berchtold, Herzog von Zähringen, soll, als er die Stadt Bern gründete, ausgerufen haben: »...so wie der Bär das größte und mächtigste Tier des Landes sei, so werde die nach ihm benannte Stadt mächtig werden.«

Als Symbol der Tapferkeit erscheint der Bär auf dem von *Kaiser Friedrich II.* im Jahre 1213 gegründeten Ritterorden vom Bären, welchen er aus Dankbarkeit für seine Anhänger gestiftet hatte, die ihm beistanden, *Otto IV.* aus dem Reiche zu verjagen.

Vorsicht

Die Reaktion muß hinter einem Schutzschild oder in einem Abzug durchgeführt werden. In der Nähe des Versuchs dürfen sich keine brennbaren Stoffe befinden, und die Unterlage muß feuerfest sein. Kaliumchlorat ist ein sehr starkes Oxidationsmittel, die meisten organischen Stoffe werden unter Feuererscheinung oder explosionsartig zersetzt.

Geräte

Großes Reagenzglas, Bunsenbrenner, Stativ, Muffe, Klammer, Schutzbrille, Schutzhandschuhe

Chemikalien

Kaliumchlorat, Gummibärchen

Versuchsdurchführung

10 g Kaliumchlorat werden im Reagenzglas über dem Bunsenbrenner aufgeschmolzen. Danach gibt man ein Gummibärchen hinzu. Das Gummibärchen verbrennt unter intensivem Aufglühen, tanzt auf der Salzschmelze und erzeugt ein merkliches Geräusch (s. Farbabb. 7). **Vorsicht!** Häufig ist die Reaktion so heftig, daß ein Teil des Kaliumchlorats mit dem entstehenden Kohlendioxid und Wasser hinausgeschleudert wird. Daher sollte das Reagenzglas leicht schräg eingespannt und nicht auf die Beobachter gerichtet werden [1].

Entsorgung

Das überschüssige Kaliumchlorat wird mit wäßriger Salzsäure verkocht und anschließend mit Natronlauge neutralisiert. Die Salzlösung kann dann gefahrlos in das Abwasser gegeben werden.

Motivbelichtung

Es wird! Die Masse regt sich klarer!
Die Überzeugung wahrer, wahrer!
Was man an der Natur Geheimnisvolles pries,
das wagen wir verständig zu probieren,
und was sie sonst organisieren ließ,
das lassen wir kristallisieren.

Johann Wolfgang von Goethe

Geräte

Blitzlichtgerät oder besser Halogenlampe, 600-ml-Becherglas, Glasstab, 10-ml- und 5-ml-Meßzylinder, 2 150-ml-Bechergläser, Küvette aus Glas oder Plexiglas 150 mm × 10 mm × 15 mm, Maske für Küvette (aus Pappe gefertigtes Motiv), Schutzhandschuhe, Schutzbrille

Chemikalien

$Fe(NO_3)_3 \cdot 9H_2O$, Oxalsäure, $K_3[Fe(CN)_6] \cdot H_2O$, Triton-X-100 (Alkylphenylpolyethylenglykol, Fluka), Cabosil M-5 (Kieselsäurepyrogen, hochdispers, Fluka)

Lösung A

1.2 g $Fe(NO_3)_3 \cdot 9H_2O$ in 100 ml H_2O

Lösung B

0.8 g Oxalsäure in 100 ml H_2O

Lösung C

10 ml 3prozentige $K_3[Fe(CN)_6]$-Lösung

Abbildung 2: Durch eine Photoreaktion färben sich die belichteten Stellen des Gels blau.

Versuchsdurchführung

In ein 600-ml-Becherglas werden 11 g Cabosil M-5 gegeben, dazu die Lösungen A, B und C. Das Gemisch wird gut gerührt, bis ein gleichmäßiger Brei entstanden ist, in den nun noch die 3 ml Triton-X-100 eingerührt werden.

Der zähflüssige gelbe Brei wird in die Küvette gegeben, diese mit einer Maske (mit Motiv) versehen und mit einer Halogenlampe ca. 5 Sekunden lang belichtet [2].

Nach Entfernen der Maske ist das Motiv in dunkelblauer Farbe auf gelbem Hintergrund gut erkennbar.

Setzt man beide Lösungen nach dem Vermischen hellem Licht aus, geht das Gemisch von der gelben Farbe des Eisenoxalatkomplexes langsam zur dunkelblauen Farbe des Berliner-Blau-Komplexes über.

Erklärung

Bei der Belichtung wird Fe^{3+} zu Fe^{2+} reduziert, das dann mit $[Fe(CN_6)]^{3-}$ zu Berliner Blau reagiert.

$$2\,[Fe(C_2O_4)_3]^{3-} \xrightarrow{h \cdot v} 2\,Fe^{2+} + 2\,CO_2 + 5\,C_2O_4^{2-}$$

$$K^+ + Fe^{2+} + [Fe(CN)_6]^{3-} \longrightarrow K[Fe(III)Fe(II)(CN)_6]$$

Entsorgung

Der Rückstand wird im Behälter für anorganische Schwermetalle gesammelt.

Pharaoschlange

Wir unterscheiden erstens den Stoff, der an und für sich noch kein bestimmtes Dieses ist, zweitens die Gestalt und Form, auf Grund deren man nunmehr etwas als das bestimmte Dieses bezeichnet, und drittens das aus Stoff und Form Zusammengesetzte. Der Stoff ist die Möglichkeit (Potentialität), die Form die Wirklichkeit (Aktualität).

Aristoteles, »Über die Seele«

Friedrich Wöhler (1800-1882) erfand einen Jahrmarktsrenner, die Pharaoschlange:

> Sie besteht aus einem Kegel mit gepreßtem gräulich-weißen Pulver, das auf einer feuerfesten Unterlag angebrannt wird. Bläuliche Flamme, daraus stieg phantastisch geformtes Ungetüm von braungelber Farbe auf, das wohl geeignet war,

die Erinnerungen an die Erzählung in der Bibel nachzuprüfen, derzufolge Moses seinen und seiner Begleiter vor dem Pharao niedergeworfene Stäbe in Schlangen verwandelte ...

So jedenfalls schilderte der Farbenchemiker *O. N. Witt* diesen Versuch [3].

Das gräulich-weiße Pulver war $Hg(SCN)_2$, ein starkes Gift. Deshalb bringen wir dieses Experiment in einer harmloseren Form, ohne daß wir auf den schönen Schaueffekt verzichten müssen.

Geräte

Feuerfeste Unterlage oder Porzellanschale, Schutzbrille, Schutzhandschuhe

Chemikalien

Sand, Ethanol, Emser Pastillen

Versuchsdurchführung

Auf einer feuerfesten Unterlage oder in einer Porzellanschale wird Sand zu einem Kegel aufgeschüttet. In dessen Spitze steckt man 3 bis 4 Emser Pastillen, die im wesentlichen $NaHCO_3$ und gepulverten Zucker enthalten, tränkt diese mit mindestens 5 ml Ethanol und entzündet den Alkohol. Nach dem Abbrennen des Alkohols beginnen sich die Pastillen bei Erreichen der entsprechenden Temperaturen zu schwärzen, sie blähen sich auf, und schließlich erhebt sich aus dem »Vulkankegel« eine schwarze poröse Masse, einer Schlange gleich, die immer größer wird und – daumendick – bis zu 1 m lang werden kann.

Erklärung

Die aus dem Natriumhydrogencarbonat beim Erhitzen entstehenden Gase erzeugen mit dem geschmolzenen Zucker einen äußerst voluminösen Schaum. Schließlich verbrennt ein Teil des Zuckers unter Verkohlung. Die Mischung aus dem zersetzten Salz und der Kohle ergibt den schaumartig zur Schlange aufgetriebenen Rückstand der Emser Pastillen.

Entsorgung

Die Rückstände werden über den Hausmüll entsorgt.

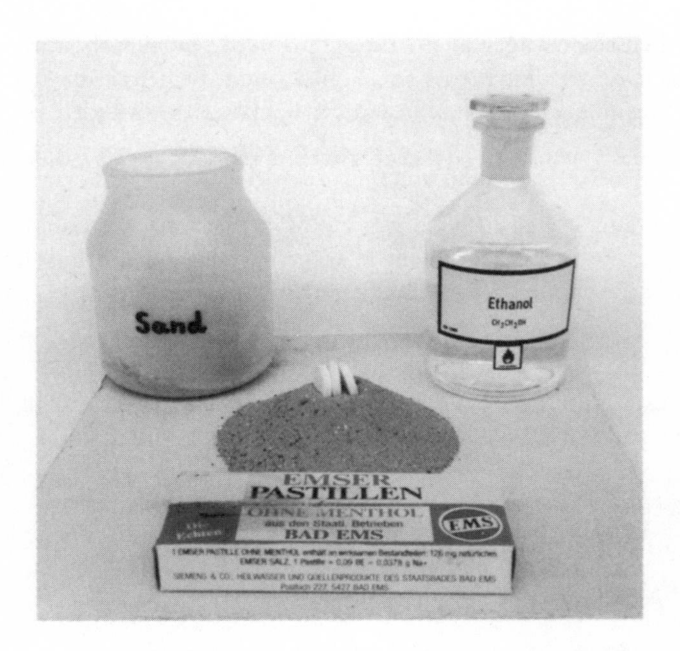

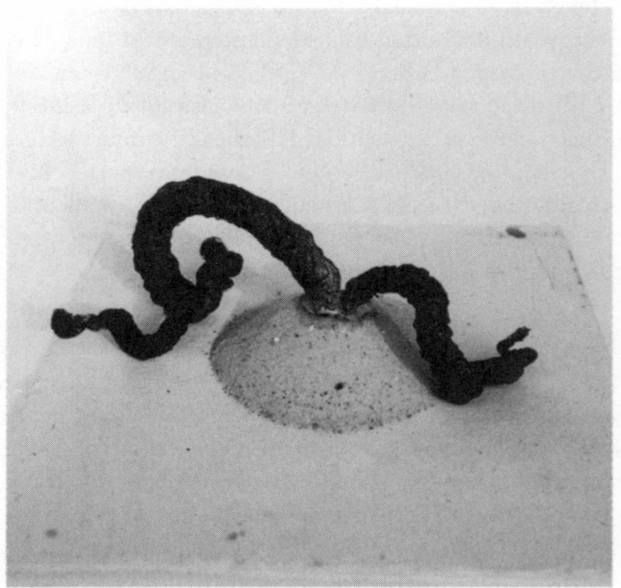

Abbildung 3: Pharaoschlange aus Emser Pastillen; *oben:* vorher, *unten:* nachher.

Selbstorganisation in Lösung

Wie im gewöhnlichen Leben die Denkungsart und Gemütsbeschaffenheit eines Menschen leichter sich verrät, wenn er in Leidenschaft geraten ist, so enthüllen sich auch die Verborgenheiten der Natur besser unter den Eingriffen der Kunst, als wenn man sie in ihrem Gang ungestört läßt.

Francis Bacon

Um die Konvektionsströmungen in einer Flüssigkeit sichtbar zu machen, eignet sich am besten eine Musterbildung, die durch einen Farbumschlag erfolgt. Sehr einfach wird dieser Effekt erreicht, wenn eine durch einen Indikator gefärbte, leicht alkalische wäßrige Oberfläche einer HCl-Atmosphäre ausgesetzt wird. Die Konvektion wird durch die Wärme der Lampe des Overhead-Projektors ausgelöst. Durch Variation der Ausgangsbedingungen läßt sich eine Vielfalt von Mustern erreichen.

Geräte

Overhead-Projektor, Glasschale (Durchmesser 10 cm, Höhe 1,5 cm), Glasschale (Durchmesser 15 cm), Filterpapier (Durchmesser 14 cm), Papiertücher, 250-ml-Becherglas, 1-ml-Pipette, Schutzbrille, Schutzhandschuhe

Chemikalien

1prozentige Bromkresolgrün-Indikator-Lösung, halbkonzentrierte HCl, 0,005 M Natronlauge (100 ml)

Versuchsdurchführung

Im 250-ml-Becherglas gibt man zu 1 ml 1prozentiger Bromkresolgrün-Indikator-Lösung ca. 100 ml 0,005 M Natronlauge. Davon werden zur Demonstration 50 ml in die auf dem Overhead-Projektor stehende Glasschale gegossen. Das an die Wand projizierte Bild zeigt eine blaue Lösung. Nun wird in der größeren Glasschale ein Filterpapier in halbkonzentrierter Salzsäure getränkt, zwischen Papiertüchern leicht abgetrocknet und für ca. 10 Sekunden auf die Glasschale mit der blauen

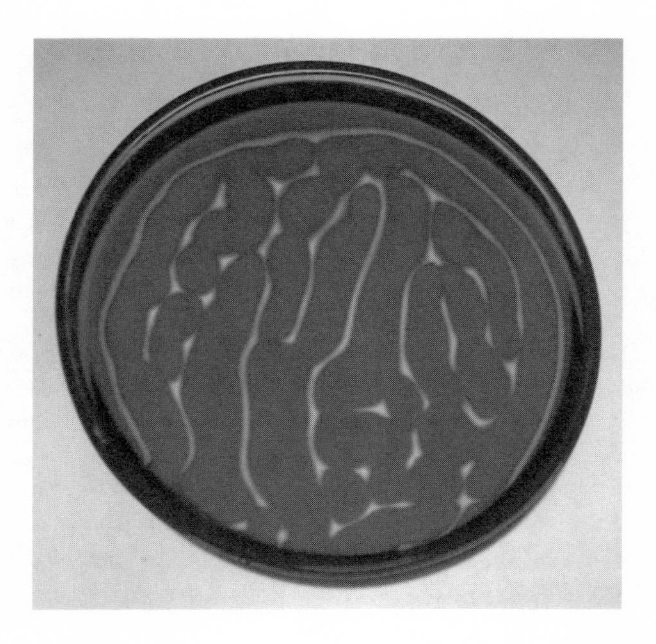

Abbildung 4: Strukturbildung in einer schwach alkalischen Lösung des Indikators Bromkresolgrün.

Lösung gelegt. Nach Entfernen des Filterpapiers beginnt ein chemisches Gebilde zu entstehen, gelbe fadenartige Maserungen auf blauem Untergrund, die sich mit der Zeit immer stärker herausbilden (Abb. 4).

Erklärung

Die blaue alkalische Lösung nimmt an der Oberfläche HCl auf. Es kommt zum Farbumschlag nach Gelb. Von unten strömt durch Konvektion ständig erwärmte Lösung nach und verdrängt die gelbe Oberflächenschicht, die sich abkühlt und in den gelben Bereichen nach unten sinkt.

Entsorgung

Die Lösung kann für weitere Experimente verwendet werden, man muß sie allerdings durch die Zugabe von 1 bis 2 Tropfen 0,1 M NaOH regenerieren. Anderenfalls kann die Lösung infolge der sehr geringen Konzentration ohne weiteres in den Ausguß gegeben werden.

Literaturverzeichnis

[1] D.M. Sullivan, *J. Chem. Educ.*, 69:326, 1992.
[2] W.H. Batschelet, *J. Chem. Educ.*, 63:435, 1986.
[3] O. Krätz, *Historisch-chemische Versuche*, Aulis-Verlag, Köln, 1987.
[4] P.G. Bowers und L. Soltzberg, *J. Chem. Educ.*, 66:210, 1989.

Die Autoren

Manfred Eigen, geb. 1927 in Bochum, studierte Physik und Chemie in Göttingen und promovierte 1951 in Physikalischer Chemie. Manfred Eigen wurde 1958 wissenschaftliches Mitglied der Max-Planck-Gesellschaft und war von 1964 bis zu seiner Emeritierung 1997 Direktor am Max-Planck-Institut für Biophysikalische Chemie in Göttingen. Manfred Eigen ist seit 1956 bis heute mit zahlreichen wissenschaftlichen Preisen ausgezeichnet worden, die ihre Krönung in der Vergabe des Nobelpreises für Chemie im Jahre 1967 gefunden haben. Herr Eigen erhielt zahlreiche Ehrendoktortitel deutscher und ausländischer Universitäten, wurde mehrfach zum Präsidenten wissenschaftsfördernder Organisationen gewählt und ist Mitglied der namhaftesten wissenschaftlichen Gesellschaften und Akademien weltweit.

Michael Hörner, geb. 1957 in Krefeld, studierte ab 1978 an den Universitäten Mainz und Göttingen Biologie.
Michael Hörner diplomierte (1985) und promovierte (1989) über ein neuroethologisches Thema. Nach mehrjährigen Forschungsaufenthalten in den USA habilitierte sich Hörner 1997 mit Arbeiten zur Bedeutung biogener Amine bei Wirbellosen im Fach Zoologie. Seit dem Jahr 2000 ist er Mitglied im Internationalen Studiengang ›Neurosciences‹ und wurde 2002 zum außerplanmäßigen Professor am Zoologischen Institut der Universität Göttingen ernannt. Von 2002 bis 2004 nahm er eine Gastprofessur für Neurowissenschaften an der University of Science and Technology in Hongkong an.

Robert Huber, geb. 1937 in München, studierte Chemie an der Technischen Universität München. Robert Huber diplomierte im Jahre 1960 und promovierte 1963 bereits mit Arbeiten zur Strukturaufklärung komplexer Moleküle mit Hilfe der Kristallographie. Von 1971 bis März 2005 war er Direktor am Max-Planck-Institut für Biochemie in Martinsried bei München und seit 1976 auch außerplanmäßiger Professor an der TU München.
Robert Huber erhielt den Nobelpreis für Chemie 1988 zusammen mit Johann Deisenhofer und Hartmut Michel »für die Erforschung

der dreidimensionalen Struktur des Reaktionszentrums der Photosynthese bei einem Purpurbakterium«. Robert Huber hat mit seinen Arbeiten zu experimentellen und theoretischen Methoden der Röntgenkristallographie von Proteinen zum Verständnis der Funktionsweise verschiedenster Proteine maßgeblich beigetragen.

Erwin Neher, geb. 1944 in Landsberg am Lech, Bayern, studierte ab 1963 an der Technischen Universität München und ab 1966 an der Universität von Wisconsin Physik. Er schloss sein Studium mit einem Schwerpunkt in Biophysik mit dem Master of Science ab.
Erwin Neher promovierte 1970 im Labor von Hans Dieter Lux am Max-Planck-Institut für Psychiatrie in München. Im Labor von Dieter Lux begegnete er Bert Sakmann, mit dem er ab 1973 gemeinsam am Max-Planck-Institut für Biophysikalische Chemie in Göttingen die elektrischen Eigenschaften von Ionenkanälen untersuchte. 1991 wurden Erwin Neher und Bert Sakmann mit dem Nobelpreis für Physiologie oder Medizin für die Entwicklung der Patch-Clamp-Technik ausgezeichnet.

Eva-Maria Neher, geb.1950 in Mülheim an der Ruhr, studierte Mikrobiologie und Biochemie an der Universität Göttingen. Sie legte das Diplom 1974 ab und promovierte 1977 bei Prof. Dr. Hans G. Schlegel mit einer Arbeit über die intrazelluläre Regulation eines Enzyms in Wasserstoffbakterien. Neher erhielt ein post-doc Stipendium am Max-Planck-Institut für Biophysikalische Chemie und wechselte danach an die Medizinische Fakultät der Universität Göttingen. Nach einer langen Familienpause erstellte Neher von 1998 bis 2000 das wissenschaftlich-didaktische Konzept zur EXPO Ausstellung »Faszination Pflanzenzüchtung« und verfolgte die Gründung des XLAB, eines Experimentallabors für Schüler, dessen Leitung und Geschäftsführung sie seit 2000 innehat.

Richard R. Ernst, geb.1933 in Winterthur in der Schweiz, hat einem frühen Interesse folgend an der Eidgenössischen Technischen Hochschule (ETH) in Zürich Chemie studiert. Er legte sein Diplom 1957 ab und promovierte 1962 bei Prof. Hans H. Günthard über Kernspinresonanz(NMR)-Spektroskopie. Nach 5-jähriger Forschungsarbeit in der Industrie bei Varian Associates in Paola Alto, Kalifornien, kehrte Richard Ernst1968 an die ETH zurück, wo er 1976 Inhaber des Lehrstuhls für Physikalische Chemie wurde und seine Forschungen über NMR zusammen mit seinen Kollegen und seinen Schülern erfolgreich fortsetzte. 1991 wurde Richard R. Ernst vom Nobel Komitee in Stockholm mit dem Nobelpreis für Chemie ausgezeichnet.

Herbert W. Roesky, geb. 1935 in Laukischen, Ostpreußen, studierte Chemie in Göttingen und promovierte 1963 bei Oskar Glemser. 1971 erhielt Herbert Roesky eine Professur an der Universität Frankfurt am Main war seit 1981 bis zu seiner Emeritierung Lehrstuhlinhaber und Direktor am Institut für Anorganische Chemie in Göttingen. Herbert Roesky hatte mehrere Gastprofessuren in Amerika und Japan. Er ist Mitglied zahlreicher ausländischer Wissenschaftsakademien und derzeit Präsident der Akademie der Universität Göttingen. Herbert Roesky wurde mehrfach durch wissenschaftliche Preise ausgezeichnet und ist als Autor populärwissenschaftlicher Bücher bekannt geworden.

Albrecht Schöne, geb. 1925 in Barby an der Elbe, studierte Germanistik an den Universitäten Freiburg, Basel, Münster und Göttingen. Albrecht Schöne promovierte 1952 in Göttingen und wurde Assistent am Seminar für deutsche Geschichte. Ein Jahr nach seiner Habilitation im Jahre 1957 wurde er außerplanmäßiger Professor für Neuere Deutsche Literaturwissenschaften an der Universität Münster. Von 1960 bis zu seiner Emeritierung 1990 war er ordentlicher Professor für deutsche Philologie an der Universität Göttingen. Albrecht Schöne ist vielfach ausgezeichnet worden, er ist Mitglied des Ordens Pour le mérite für Wissenschaften und Künste und Träger des großen Verdienstkreuzes mit Stern des Verdienstordens der Bundesrepublik Deutschland.

Der Erstdruck der Nobel-Vorträge erfolgte in den Jahrbüchern der Nobelstiftung: Robert Huber: 1988, Richard E. Ernst: 1991; Erwin Neher: 1991. Für unseren Druck dienten die Veröffentlichungen der Zeitschrift »Angewandte Chemie« als Vorlage: Robert Huber: 101. Jahrgang 1989, Heft 7; Richard E. Ernst, Erwin Neher: 104. Jahrgang 1992, Heft 7. Wir danken den Autoren für die freundliche Erteilung der Abdruckgenehmigungen.

Die Deutsche Bibliothek – CIP-Einheitsaufnahme
Ein Titeldatensatz für diese Publikation
ist bei Der Deutschen Bibliothek erhältlich

www.wallstein-verlag.de
Satz: Da-TeX Gerd Blumenstein (www.da-tex.de)
Umschlaggestaltung: Basta Werbeagentur, Steffi Riemann
Druck: Friedrich Pustet, Regensburg
ISBN 3-89244-989-9